高职高专『十三五』规划教材

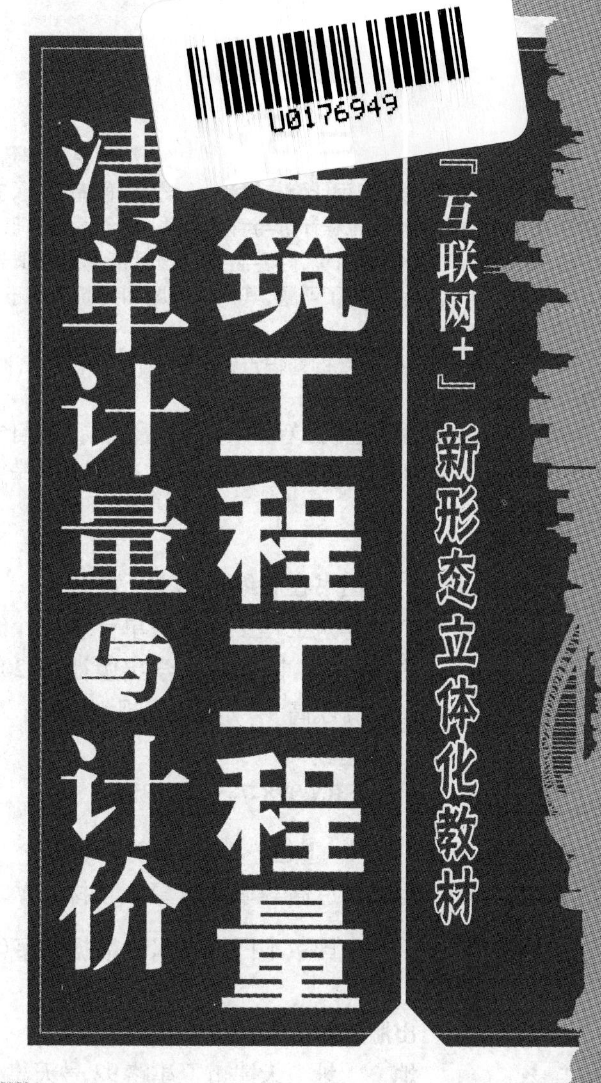

建筑工程工程量清单计量与计价

『互联网+』新形态立体化教材

主　编／孙敬涛　李利斌

JIANZHU GONGCHENG
GONGCHENGLIANG
QINGDAN JILIANG YU JIJIA

内容提要

本书根据优质高职高专建设的要求编写而成，满足工程造价及建筑工程技术专业人才培养目标及教学改革的要求，在介绍建筑工程计价与管理基本方法的基础上，充分考虑建筑工程计价与管理的区域性特点，重点突出重庆地区的建筑工程计价与管理方法，融合了相关职业资格对知识、技能和态度的要求。

本书共包括22个学习情境，内容涵盖工程量清单编制概论、房屋建筑与装饰工程工程量清单编制与计价。大多数学习情境后编排了习题，其中选择题和判断题用于检测学生对知识的掌握情况，综合题用于训练学生的操作技能。

本书为信息化教材，重要的知识点都有相应的微课视频，同时配套了习题库、素材库、试卷库等相关内容供课下学习使用。

本书可作为高职高专建筑工程技术、工程造价、工程项目管理、给排水等专业的建筑工程计价与管理教材，也可供其他类型的学校，如职工大学、函授大学、电视大学等的相关专业选用，同时可供有关的工程技术人员参考。

图书在版编目(CIP)数据

建筑工程工程量清单计量与计价/孙敬涛，李利斌主编. —天津：天津大学出版社，2020.1(2021.7重印)

高职高专"十三五"规划教材 "互联网+"新形态立体化教材

ISBN 978-7-5618-6359-6

Ⅰ.①建… Ⅱ.①孙…②李… Ⅲ.①建筑工程－工程造价－高等职业教育－教材 Ⅳ.①TU723.31

中国版本图书馆CIP数据核字(2019)第291019号

出版发行 天津大学出版社
地　　址 天津市卫津路92号天津大学内(邮编：300072)
电　　话 发行部：022-27403647
网　　址 www.tjupress.com.cn
印　　刷 廊坊市海涛印刷有限公司
经　　销 全国各地新华书店
开　　本 185mm×260mm
印　　张 19.75
字　　数 499千
版　　次 2020年1月第1版
印　　次 2021年7月第2次
定　　价 65.00元

本书编委会

主　编：孙敬涛　李利斌

参　编：陈淑珍　季　敏　赵媛静　李　伟　文婷婷

　　　　李思静　喻海军　黎万凤

前　言

近年来，建筑工程计价与管理的教学改革不断深入，从教学内容到教学手段，不断推出新思路、新方法。本书基于工作过程系统化建设课程的理念，重点突出建筑工程计价与管理基本方法的运用，充分考虑建筑工程计价与管理的区域性特点，根据高职高专人才培养目标和工学结合人才培养模式以及专业教学改革的要求，结合所有编者多年的教学实践编写而成，采用"边学、边做、边互动"的方法，实现所学即所用。

本书中的清单编制部分以《建设工程工程量清单计价规范》(GB 50500—2013)为依据编写，建筑面积计算规则以《建筑工程建筑面积计算规范》(GB/T 50353—2013)为依据编写，清单计价部分以《重庆市房屋建筑与装饰工程计价定额》(CQJZZSDE—2018)、《重庆市建设工程费用定额》(CQFYDE—2018)、《重庆市建设工程工程量清单计价编制指南》为依据编写。

高职高专院校的专业设置和课程内容的取舍要充分考虑企业和毕业生就业的需求，建筑工程技术专业的毕业生主要从事施工员、安全员、质检员、档案员、监理员等岗位的工作，所以本书的内容主要包括建筑工程、装饰装修工程工程量清单编制、计价及管理等内容。

本书是集体智慧的结晶，建设行业、企业、学校的专家审定了教材编写大纲，参与了教材编写过程中的研讨会。全书由孙敬涛统稿、定稿，孙敬涛、李利斌担任主编。参与本书编写的老师有重庆工程职业技术学院孙敬涛、陈淑珍、季敏、赵媛静、李伟，重庆机电职业技术学院文婷婷，重庆航天职业技术学院李利斌、李思静、喻海军、黎万凤。

本书的编写分工：学习情境 1、2 由孙敬涛编写，学习情境 3 ~ 5 由陈淑珍编写，学习情境 6 由李思静编写，学习情境 7 由喻海军编写，学习情境 8 由黎万凤编写，学习情境 9 ~ 11 由李利斌编写，学习情境 12、13 由孙敬涛编写，学习情境 14 ~ 16 由文婷婷编写，学习情境 17 ~ 19 由季敏编写，学习情境 20、21 由赵媛静编写，学习情境 22 由李伟编写，附录由孙敬涛编写。附录内容包括课程标准、教学设计方案、教学课件、试题及答案、相关图纸、案例等，读者可通过扫描二维码查看或下载，也可发邮件至邮箱 ccshan2008@ sina. com 获取。此外，读者还可通过"智慧职教"官网搜索"建设工程工程量清单计价"获取相关的电子资源并进行在线测试。

由于编者水平有限，书中存在错误和不妥之处在所难免，恳请专家和广大读者不吝赐教、批评指正，以便我们在今后的工作中改进和完善。

编者

2019 年 11 月

课程介绍

目 录

学习情境1　工程量清单计价概述

任务1　工程量清单计价的概念

工程量清单
编制概述

工程量清单计价就是建设工程投标时,招标人依据工程施工图纸及招标文件的要求,按现行的工程量计算规则为投标人提供的实体工程量项目和技术措施项目的数量清单,供投标单位逐项填写单价。投标人根据工程量清单自行计算并报出价格,通过市场竞争最终形成相对合理的中标价并确定中标人,中标后的单价一经合同确认,就成为竣工决算的依据。虽然工程量清单计价形式上只是要求招标文件中列出工程量表,但在具体计价过程中涉及造价构成、计价依据、评标办法等一系列问题,这些与定额预结算的计价形式有着根本的区别,所以说工程量清单计价是一种新的计价形式。

任务2　工程量清单计价的基本特征

1. 单位工程造价的构成

单位工程造价由工程量清单费用($=\sum$ 清单工程量×项目综合单价)、措施项目清单费用、其他项目清单费用、规费、税金五部分构成。

这样划分的目的是将施工过程中的实体性消耗和措施性消耗分开,对于措施性消耗费用只列出项目名称,由投标人根据招标文件要求和施工现场情况、施工方案自行确定,体现出以施工方案为基础的造价竞争;对于实体性消耗费用,则列出具体的工程数量,投标人要报出每个清单项目的综合单价。

2. 分项工程单价构成

工程量清单计价中的分项工程单价一般为综合单价,除了人工费、材料费、机械费,还包括管理费(现场管理费和企业管理费)、利润和必要的风险费。

综合单价中的直接费、企业管理费、利润由投标人根据本企业实际支出及利润预期、投标策略确定，是施工企业实际成本费用的反映，是工程的个别价格。

3. 单位工程项目划分

工程量清单计价的工程项目划分有较大的综合性，新规范中土建工程只有177个项目，它考虑了工程部位、材料、工艺特征，但不考虑具体的施工方法或措施，如人工或机械、机械的不同型号等。同时，对于同一项目不再按阶段或过程分为几项，而是综合到一起，如混凝土，可以将同一项目的搅拌(制作)、运输、安装、接头灌缝等综合为一项；如门窗，可以将制作、运输、安装、刷油、五金等综合为一项，这样能够减少原来定额对施工企业工艺方法选择的限制，报价时有更多的自主性。

4. 计价依据

工程量清单计价的主要依据是企业定额，包括企业生产要素消耗量标准、材料价格、施工机械配备及管理状况、各项管理费支出标准等。

目前，可能多数企业没有企业定额，但随着工程量清单计价形式的推广和报价实践的增加，企业将逐步建立起自身的定额和相应的项目单价，当企业都能根据自身状况和市场供求关系报出综合单价时，企业自主报价、通过招投标定价的计价格局也将形成，这也正是工程量清单所要实现的目标。

任务3　工程量清单计价的优点

1. 统一计价规则

通过制定统一的建筑工程工程量清单计价办法、统一的工程量计量规则、统一的工程量清单项目设置规则，达到规范计价行为的目的。

这些规则和办法是强制性的，各方都应该遵守，这是工程造价管理部门首次在文件中明确政府应管什么，不应管什么。实行工程量清单计价，工程量清单造价文件必须做到工程量清单的项目划分、计量规则、计量单位以及清单项目编码“四统一”，达到清单项目工程量统一的目的。

2. 有效控制消耗量，推动社会生产力发展

政府发布统一的社会平均消耗量指导标准，为企业提供一个社会平均尺度，避免企业盲目减少或扩大消耗量，从而保证工程质量。

实行工程量清单计价，有利于促进社会生产力发展。采用工程量清单招投标，经过充分竞争形成中标价，中标价应是采用先进、合理、可靠且最佳的施工方案计算出的价格，降低工程造价是不用争辩的事实。而且，综合单价的固定性也大大减少和有效控制了施工单位的不合理索赔，并且减少了低价中标、高价索赔的现象。因此，采用工程量清单计价，有利于企业提高管理水平和劳动生产率，促进企业技术进步，从而推动社会生产力的发展。

3. 彻底放开价格,与国际接轨

将工程消耗量定额中的人工费、材料费、机械费、利润和管理费全面放开，由企业根据市场的供求关系自行确定价格,有利于与国际社会接轨。

工程量清单计价是目前国际上通行的做法,一些发达国家和地区基本都采用这种方法。在我国,世界银行等一些国外金融机构、国外政府机构的贷款项目招标时，一般也要求采用工程量清单计价方法。

4. 企业自主报价,充分发挥竞争能力

投标企业根据自身的技术专长、材料采购渠道和管理水平等,制定企业自己的报价定额,自主报价。企业尚无报价定额的,可参考使用造价管理部门颁布的建设工程消耗量定额。

工程量清单将实体消耗量费用和措施费用分离,使施工企业的技术水平在投标中能够表现出来,可以充分发挥施工企业自主定价的能力,从而减少现有定额对企业自主报价的限制。

5. 市场有序竞争形成价格,真正体现公开、公平、公正

从工程计价体制改革的角度看,工程量清单计价只需实现一个目标,即由市场形成造价,这也是市场经济体制的基本要求。通过建立与国际惯例接轨的工程量清单计价模式,制定衡量投标报价合理性的基础标准,在投标过程中,有效引入竞争机制,在保证质量、工期的前提下,按国家招标投标法及有关条例的规定,最终“不低于成本”的合理低价者中标。

实行工程量清单计价,有利于建筑市场公平竞争。作为招标文件的组成部分,工程量清单是公开的,合理低价中标防止了暗箱操作、行政干预。招标人统一提供工程量清单,不仅减少了不必要的工程量重复计算,而且保证了投标人竞争基础的一致性，减少了投标人偶然工程量计算误差造成的投标失败。工程量清单计价有效改变了招标单位在招标中盲目压价,施工单位在工程结算时加大工程量高套定额的行为,减少了结算争议,从而真正形成“用水平决定报价,用报价决定竞争”的竞争局面,真正体现了“公开、公平、公正”的竞争原则。

任务4　工程量清单编制内容

工程量清单作为招标文件的组成部分,其最基本的功能是作为信息的载体,以便投标人能对工程有全面充分的了解。从这个意义上讲,工程量清单的内容应全面、准确。以住房和城乡建设部颁发的《建设工程工程量清单计价规范》为例,工程量清单主要包括工程量清单说明和工程量清单表两部分。

1. 工程量清单说明

工程量清单说明主要用于招标人解释拟招标工程的工程量清单的编制依据以及重要作用,明确清单中的工程量是招标人估算得出的,仅作为投标报价的基础,结算时的工程量应以招标人或由其授权委托的监理工程师核准的实际完成量为依据,提示投标申请人重视清单以及如何使用清单。

2. 工程量清单表

工程量清单表(见表1.4.1)作为清单项目和工程数量的载体,是工程量清单的重要组成部分。

表1.4.1 工程量清单表

(招标工程项目名称)工程 共 页 第 页

序号	项目编码	项目名称	计量单位	工程数量
1		(分项工程名称)		
2		(分项工程名称)		
3		(分项工程名称)		
4		(分项工程名称)		
5		(分项工程名称)		

合理的清单项目设置和准确的工程数量是清单计价的前提和基础,对于招标人来讲,工程量清单是进行投资控制的前提和基础,工程量清单表的编制质量直接关系和影响到工程建设的最终结果。

3. 工程量清单的编制

工程量清单是招标文件的组成部分,主要由分部分项工程量清单、措施项目清单和其他项目清单等组成,是编制标底和投标报价的依据,是签订工程合同、调整工程量和办理竣工结算的基础。

工程量清单由有编制招标文件能力的招标人或受其委托具有相应资质的工程造价咨询机构、招标代理机构,依据有关计价方法、招标文件的有关要求、设计文件和施工现场实际情况进行编制。

4. 招标文件中工程量清单的标准格式

招标文件中工程量清单的标准格式扫描二维码可见。

工程量清单的
标准格式

《建设工程工程量清单计价规范》
解读总则术语

学习情境2　工程量清单计价编制内容

任务1　工程量清单计价的基本原理

以招标人提供的工程量清单为平台，投标人根据自身的技术、财务、管理能力进行投标报价，招标人根据具体的评标细则进行优选。这种计价方式是市场定价体系的具体表现形式。因此，在市场经济比较发达的国家，工程量清单计价方法非常流行。随着我国建设市场的不断成熟和发展，工程量清单计价方法必然会越来越成熟和规范。

清单计价与定额计价的区别

1. 工程量清单计价的基本方法与程序

工程量清单计价的基本过程可以描述为在统一的工程量计量规则的基础上，制定工程量清单项目设置规则，根据具体工程的设计施工图计算出各个清单项目的工程量，再根据从各种渠道获得的工程造价信息和经验数据计算得到工程造价。这一基本的计算过程如图 2.1.1 所示。

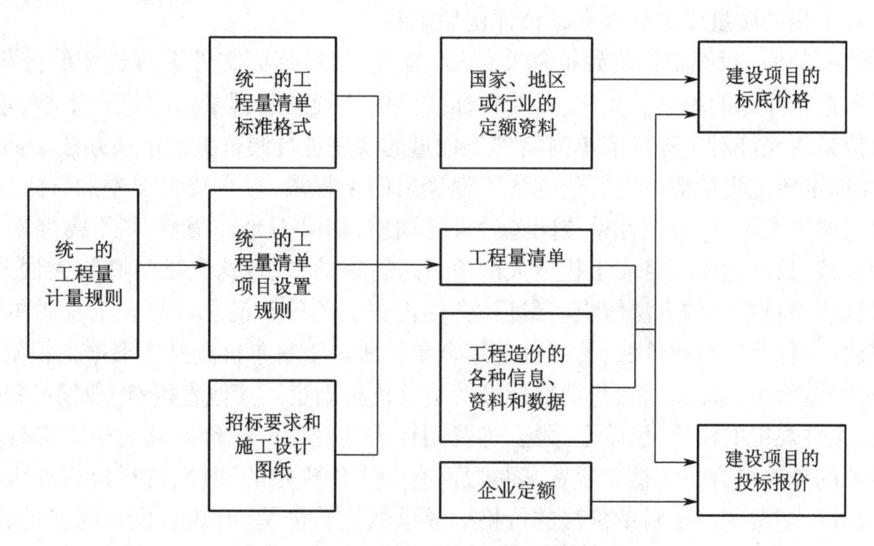

图 2.1.1　工程量清单计价过程示意图

从图2.1.1可以看出,工程量清单计价过程可以分为两个阶段,即工程量清单的编制和利用工程量清单来编制投标报价。投标报价是在业主提供的工程量计算结果的基础上,根据企业自身所掌握的各种信息、资料结合企业定额编制得出的。

$$分部分项工程费 = \sum 分部分项工程量 \times 分部分项工程单价$$

其中,分部分项工程单价由人工费、材料费、机械费、管理费、利润等组成,并考虑风险费用。

$$措施项目费 = 措施项目工程量 \times 措施项目综合单价$$

其中,措施项目包括通用项目、建筑工程措施项目、安装工程措施项目和市政工程措施项目,措施项目综合单价的构成与分部分项工程单价的构成类似。

$$单位工程报价 = 分部分项工程费 + 措施项目费 + 其他项目费 + 规费 + 税金$$

$$单项工程报价 = \sum 单位工程报价$$

$$建设项目总报价 = \sum 单项工程报价$$

2. 工程量清单计价的操作过程

就我国目前的实践而言,工程量清单计价作为一种市场价格的形成机制,主要使用在工程招投标阶段。因此,工程量清单计价的操作过程可以从招标、投标、评标三个阶段来阐述。

(1)招标阶段。招标单位在工程方案、初步设计或部分施工图设计完成后,即可委托标底编制单位(或招标代理单位)按照统一的工程量计算规则,以单位工程为对象,计算并列出各分部分项工程的工程量清单(应附有有关的施工内容说明),作为招标文件的组成部分发放给各投标单位。其工程量清单的粗细程度、准确程度取决于工程的设计深度及编制人员的技术水平和经验,在分部分项工程量清单中,项目编号、项目名称、计量单位和工程数量等项由招标单位根据全国统一的工程量清单项目设置规则和计量规则填写。单价与合价由投标人根据自己的施工组织设计(如工程量、施工方案的选择、施工机械和劳动力的配备、材料供应等)以及招标单位对工程的质量要求等因素综合评定后填写。

(2)投标阶段。投标单位收到招标文件后,首先,要对招标文件进行透彻的分析研究,对设计施工图进行仔细的理解。其次,要对招标文件中所列的工程量清单进行审核,审核时,要视招标单位是否允许对工程量清单内所列工程量的误差进行调整决定审核办法。如果允许调整,就要详细审核工程量清单内所列的各工程项目的工程量,对有较大误差的,通过招标单位答疑会提出调整意见,取得招标单位同意后进行调整;如果不允许调整,则不需要对工程量进行详细的审核,只对主要项目或工程量大的项目进行审核,发现这些项目有较大误差时,可以利用调整这些项目单价的方法解决。最后,套用工程量单价及汇总计算。工程量单价的套用有两种方法:一种是工料单价法,另一种是综合单价法。工料单价法是指根据工程量清单的单价,按照现行造价定额的工、料、机消耗标准及造价价格确定。其他直接费、现场经费、管理费、利润、有关文件规定的调价、风险金、税金等费用计入其他相应标价计算表中。综合单价法即工程量清单的单价综合了直接工程费、间接费、有关文件规定的调价、材料价格差价、利润、风险金、税金等一切费用。工料单价法的价格构成虽然比较清楚,但缺点也是明显的,即由于反映不出工程实际的质量要求和投标企业的真实技术水平,而容易使企业再次陷入定额计价的老路。综合单价法的优点是当工程量发生变更时,易于查对,能够反映本企业的技术能力、工程管理能力。根据我国现行的工程量清单计价方法,目前采用的是综合单价法。

(3)评标阶段。在评标时,可以对投标单位的最终总报价以及分项工程的综合单价的合理性进行评分。由于采用了工程量清单计价方法,所有投标单位都站在同一起跑线上,因而竞争更为公平、合理,有利于实现优胜劣汰,评标时应坚持合理低价中标的原则。当然,在评标时仍然可以采用综合计分的方法,不仅考虑报价因素,而且还对投标单位的施工组织设计、企业业绩和信誉等按一定的权重分别进行计分,按总评分的高低确定中标单位;或者采用两阶段评标的方法,即先对投标单位的技术方案进行评价,在技术方案可行的前提下,再以投标单位的报价作为评标定标的唯一依据,这样既可以保证建设工程的质量,又有利于业主选择一个合理的、报价较低的单位。

任务2 工程量清单计价法的特点

工程造价的计算具有多次性特点,在项目建设的各个阶段都要进行造价的预测与计算。在投资决策、初步设计、扩大初步设计和施工图设计阶段,业主委托有关的工程造价中介咨询机构根据某一阶段所具备的信息确定造价,这一阶段的工程造价还不完全具备价格属性,因为此时交易的另一方主体还没有真正出现,此时的造价确定过程可以理解为业主的单方面行为,属于业主管理投资费用的范畴。

工程价格形成的主要阶段是招投标阶段,但由于我国目前的投资费用管理和工程价格管理模式并没有严格区分,所以长期以来在招投标阶段实行"按造价定额规定的分部分项子目,逐项计算工程量,套用造价定额单价(或单位估价表)确定直接费,然后按规定的取费标准确定其他直接费、现场经费、间接费、计划利润和税金,加上材料调差系数和适当的不可预见费,经汇总后即为工程造价或标底,而标底则作为评标定标的主要依据"这一模式,这种模式在工程价格的形成过程中存在比较明显的缺陷。

在工程量清单计价方法的招标方式下,由业主或招标单位根据统一的工程量清单项目设置规则和工程量清单计量规则编制工程量清单,鼓励企业自主报价,业主根据其报价,结合质量、工期等因素综合评定,选择最佳的投标企业中标。在这种模式下,标底不再成为评标的主要依据,甚至可以不编制标底,从而在工程价格的形成过程中摆脱了长期以来的计划管理色彩,由市场的参与双方主体自主定价。

工程量清单计价真实反映了工程实际,为把定价自主权交给市场参与方提供了可能。在工程招投标过程中,投标企业在投标报价时必须考虑工程本身的内容、范围、技术特点要求以及招标文件的有关规定、工程现场情况等因素,同时还必须充分考虑许多其他方面的因素,如投标单位自己编制的工程总进度计划、施工方案、分包计划、资源安排计划等。这些因素对投标报价有着直接而重大的影响,而且对每一项招标工程来讲其都具有特殊的一面,所以应该允许投标单位针对这些因素灵活机动地调整报价,以使报价能够与工程实际相吻合,只有这样才能把投标定价自主权真正交给招标和投标单位,投标单位才会对自己的报价承担相应的风险与责任,从而建立起真正的风险制约和竞争机制,避免合同实施过程中推诿和扯皮现象的发生,为工程管理提供方便。

与在招投标过程中采用定额计价法相比,采用工程量清单计价方法具有以下一些特点。

(1)满足竞争的需要。招投标过程本身就是一个竞争的过程,招标人给出工程量清单,投标人去填单价(此单价一般包括成本、利润),填高了可能不中标,填低了又要赔本,这时就体现出企业技术、管理水平的重要性,因此形成了企业整体实力的竞争。

(2)提供一个平等的竞争环境。采用施工图投标报价,由于设计施工图的缺陷,不同投标企业的人员理解不一,计算出的工程量也不同,报价相差甚多,容易产生纠纷。而工程量清单报价就为投标者提供了一个平等竞争的环境,工程量相同,由企业根据自身的实力来填写不同的单价,符合商品交换的一般性原则。

(3)有利于工程款的拨付和工程造价的最终确定。中标后,业主要与中标施工企业签订施工合同,以工程量清单报价为基础的中标价就成了合同价的基础,投标清单上的单价也就成了拨付工程款的依据。业主根据施工企业完成的工程量,可以很容易确定进度款的拨付额。工程竣工后,业主根据设计变更、工程量的增减以及相应单价,很容易确定工程的最终造价。

(4)有利于实现风险的合理分担。采用工程量清单计价方式后,投标单位只对自己所报的成本、单价等负责,而对工程量的变更或计算错误等不负责任;相应地,这一部分的风险则应由业主承担,这种方式符合风险合理分担与责权利关系对等的一般原则。

(5)有利于业主对投资的控制。采用施工图造价形式,业主对因设计变更、工程量增减所引起的工程造价变化不敏感,往往等竣工结算时才知道这些对项目投资的影响有多大,但此时常常是为时已晚。采用工程量清单计价的方式则一目了然,在进行设计变更时,能马上知道它对工程造价的影响,这样业主就能根据投资情况决定是否变更或进行方案比较,以确定最恰当的处理方法。

任务3　工程量清单计价方法概述

1. 工程造价费用项目

工程量清单计价的工程造价费用项目由工程量清单项目费、施工措施项目费、专项费用和税金组成。

(1)工程量清单项目费。工程量清单项目费采用综合单价计,综合单价包含完成分项工程所必需的各项费用,包括人工费、材料费、机械费、管理费、利润(含风险金)等。其中,人工费、材料费、机械费指市场价的人、材、机费用,人工费还应包括企业定额中的人工费附加的内容;管理费指发生在企业、施工现场的各项费用,内容同企业定额的综合费用项目;利润(含风险金)由施工单位根据工程情况和市场因素自主确定。

(2)施工措施项目费。清单计价模式下的施工措施项目费包括施工技术措施项目费和施工组织措施项目费两种。施工技术措施项目费包括脚手架使用费,模板使用费,垂直运输机械使用费,建筑物超高增加费,大型机械进出场和安装、拆除费。施工组织措施项目费包括材料二次搬运费、远途施工增加费、缩短工期增加费、安全文明施工增加费、总承包管理费及其他费用。

(3)专项费用。专项费用同企业定额中的费用内容,包括社会保险费和工程定额测定费。

(4)税金。税金与企业定额的规定相同。

2. 标底价的编制

考虑到我国国情,建筑工程招标编制标底仍是国家或项目法人控制投资、进度和质量的一项重要措施。《中华人民共和国招标投标法》第四十条规定:"评标委员会应当按照招标文件确定的评标标准和方法,对投标文件进行评审和比较;设有标底的,应当参考标底。"

一般来讲,标底的编制依据如下。

(1)本地区的《建筑工程施工招标投标工程量清单计价办法》和招标文件的有关规定。

(2)工程量清单。

(3)本地区建设行政主管部门制定的企业定额及其计价办法。

(4)工程造价管理机构发布的人工、材料、机械信息价。

(5)设计施工图。

(6)施工现场条件和合理的施工手段。

标底价的编制可以采用综合单价法和全费用单价法。

标底由具有编制招标文件能力的招标人或其委托的具有相应资质的工程造价咨询机构、招标代理机构编制。

3. 投标报价

投标人应当响应招标人发出的工程量清单,结合施工现场条件,自行制定施工技术方案和施工组织设计,按招标文件的要求,根据当地企业定额或者当地建设行政主管部门发布的企业定额及其计价办法和工程造价管理机构发布的市场价格信息编制投标报价。

投标报价采用企业定额是工程造价计价办法的重大改革,是市场决定价格的体现。目前,企业定额对大多数企业而言是个空白,实施时可以参照各地区的企业定额。企业定额计价办法引入自主报价成分,让企业在提高管理水平、优化施工组织设计、选择经济合理的施工技术方案、利润与风险共担的同时,互相竞争,优胜劣汰。

投标报价由投标人自主确定,但不得低于本企业成本。

任务4　工程量清单计价与工程招投标、工程合同管理的关系

工程量清单计价虽然只是一种计价模式,但其影响却不仅仅体现在工程造价的计算方法和计算过程中,这一计价模式的改革必然对招投标制度和工程合同管理体系有深远的影响。

1. 工程量清单计价与工程招投标

从严格意义上说,工程量清单计价作为一种独立的计价模式,并不一定用在招投标阶段,但在我国目前的情况下,工程量清单计价作为一种市场定价模式,主要在工程项目的招投标过程中使用,而估算、概算、造价的编制依然沿用过去的计算方法,因此工程量清单计价方法又时常被称为工程量清单招标。

2. 工程量清单计价与合同管理

在招投标阶段运用工程量清单计价方法确定的合同价格需要在施工过程中得到实施和控制,因此工程量清单计价方法将给合同管理体制带来新的挑战和变革。

工程量清单计价制度要求采用单价合同的合同计价方式。在现行的施工承包合同中,按计价方式的不同,主要有总价合同与单价合同两种形式。总价合同的特点是总价包干、按总价办理结算,它只适用于设计施工图明确、工程规模较小且技术不太复杂的工程。在这种情况下,合同管理的工作量较小,结算工作也十分简单,且便于进行投资控制。单价合同的特点是合同中各工程细目的单价明确,承包商完成的工程量要通过计量来确定,合同管理中便于处理工程变更及施工索赔,且合同的公正性及可操作性相对较好。工程量清单是技术规范相对应的文件,其中详细地说明了合同中需要或可能发生的工程细目及相应的工程量,可作为办理计量支付和结算的依据。因此,工程量清单计价制度必须配套单价合同的合同计价方式,当然最常用的还是固定合同单价的形式,即在工程结算时,结算单价按照投标人的投标价格确定,而工程量则依照实际完成的工程量结算,这是因为工程量清单中的工程量是由招标人提供的,故工程量变动的风险应该由招标人承担。

工程量清单计价制度中,工程量计算对合同管理的影响:由于工程量清单中所提供的工程量是投标单位投标报价的基本依据,因此其计算的要求相对比较高,在工程量的计算过程中,要做到不重不漏,不能发生计算错误,否则会带来下列问题。

(1)工程量错误会引发其他施工索赔。承包商除通过不平衡报价获取了超额利润外,还可能提出索赔。例如,由于工程量增加,承包商的开办费用(如施工队伍调遣费、临时设施费等)不够开支,可能要求业主赔偿。

(2)工程量错误会增加变更工程的处理难度。由于承包商采用了不平衡报价,所以当合同发生设计变更而引起工程量清单中的工程量增减时,会使工程师不得不和业主及承包商协商确定新的单价,对变更工程进行计价。

(3)工程量错误会造成投资控制和造价控制的困难。由于合同的造价通常是根据投标报价加上适当的预留费确定的,工程量错误会造成项目管理中造价控制和造价追加的困难。

任务5　投标报价中工程量清单计价

1. 工程量清单计价

工程量清单计价包括编制招标标底、投标报价,确定与调整合同价款,办理工程结算等。

招标控制价与投标报价的编制

招标工程如设标底,标底应根据招标文件中的工程量清单和有关要求、施工现场实际情况、合理的施工方法以及建设行政主管部门制定的有关工程造价计价办法进行编制。

投标报价应根据招标文件中的工程量清单和有关要求、施工现场实际情况、拟定的施工方案或施工组织设计以及企业定额和市场价格信息,并参照建设行政主管部门发布的现行消耗量定额进行编制。

工程量清单计价应包括按招标文件规定完成工程量清单所需的全部费用,通常由分部分项工程费、措施项目费、其他项目费和规费、税金组成。

(1)分部分项工程费是指为完成分部分项工程量所需的实体项目费用。

(2)措施项目费是指除分部分项工程费以外,为完成该工程项目施工,发生于该工程施工前和施工过程中的技术、生活、安全等方面的非工程实体项目所需的费用。

(3)其他项目费是指除分部分项工程费和措施项目费以外,该工程项目施工中可能发生的其他费用。

分部分项工程费、措施项目费和其他项目费均采用综合单价计价,综合单价由完成规定计量单位工程量清单项目所需的人工费、材料费、机械使用费、管理费、利润等费用组成,综合单价应考虑风险因素。

2. 工程量变更及其计价

合同中的综合单价因工程量变更,除合同另有约定外,应按照下列办法确定。

(1)工程量清单漏项或由于设计变更引起新的工程量清单项目,其相应综合单价由承包方提出,经发包人确认后作为结算的依据。

(2)设计变更引起工程量增减的部分,属合同约定幅度以内的,应执行原有的综合单价;属合同约定幅度以外的,其综合单价由承包人提出,经发包人确认后作为结算的依据。

由于工程量的变更,实际发生了规定以外的费用损失,承包人可提出索赔要求,经与发包人协商确认后,获得补偿。

学习情境3　工程量清单编制方法

任务1　工程量清单的编制依据和原则

1.1　工程量清单的编制依据

1. 工程量清单计价规范与工程量计算规范

(1)《建设工程工程量清单计价规范》(以下简称《计价规范》)是统一工程量清单编制、规范工程量清单计价的国家标准,是调整建设工程工程量清单计价活动中发包人与承包人各种关系的规范文件。迄今为止,我国共发布过三部《建设工程工程量清单计价规范》,目前使用的是2013年4月1日开始实施的GB 50500—2013。

(2)《建设工程工程量清单计价规范》(GB 50500—2013)共包括15章:第1章总则,第2章术语,第3章一般规定,第4章招标工程量清单,第5章招标控制价,第6章投标报价,第7章合同价款约定,第8章工程计量,第9章合同价款调整,第10章合同价款中期支付,第11章竣工结算与支付,第12章合同解除的价款结算与支付,第13章合同价款争议的解决,第14章工程计价资料与档案,第15章计价表格。

(3)《房屋建筑与装饰工程工程量计算规范》(GB 50854—2013)(以下简称《工程量计算规范》)用于规范工程造价计量行为,统一房屋建筑与装饰工程工程量清单的编制、项目设置和计量规则。其内容包括正文、附录、条文说明三个部分,其中正文部分包括总则、术语、工程计量、工程量清单编制(一般规定、分部分项工程、措施项目);附录部分包括附录A土石方工程,附录B地基处理与边坡支护工程,附录C桩基工程,附录D砌筑工程,附录E混凝土及钢筋混凝土工程,附录F金属结构工程,附录G木结构工程,附录H门窗工程,附录J屋面及防水工程,附录K保温、隔热、防腐工程,附录L楼地面装饰工程,附录M墙、柱面装饰与隔断、幕墙工程,附录N天棚工程,附录P油漆、涂料、裱糊工程,附录Q其他装饰工程,附录R拆除工程,附录S措施项目等17个附录。

(4)《计价规范》是编制工程量清单的重要依据,规定了编制清单的方法、清单的组成内容与格式、计价的方法等内容,《工程量计算规范》中的清单项目划分及工程量计算规则,也是编制房屋建筑与装饰工程工程量清单必须用到的内容,所以一定要熟悉并准确掌握这两个规范的内容。

课堂活动：分小组翻阅、讨论《计价规范》《工程量计算规范》的内容。

2. 国家或省级、行业建设主管部门颁发的计价依据和办法

计价办法是确定计价程序、计算费用的依据，如《建筑安装工程费用项目组成》（建标〔2013〕44号）、《重庆市建设工程工程量清单计价规则》《重庆市建设工程工程量清单计价编制指南》等。

提示：为规范各地区建设工程工程量清单计价行为，我国许多省、市都根据国家计价规范，结合各地区的实际，制定了各地区的工程量清单计价规则，因此各地区的工程量清单计价既要遵照国家计价规范，又要符合本地计价规则，本书在介绍清单的编制方法时以国家计价规范为主。

3. 建设工程设计文件

建设工程设计文件主要指设计图纸及相关的说明文字。

4. 与建设工程项目有关的标准、规范、技术资料

与建设工程项目有关的标准、规范、技术资料指与某项工程相关的建筑标准、规范、技术资料，如设计图中注明的标准图集、施工规范等。

5. 招标文件及其补遗书、答疑纪要

招标文件是招标人向投标人提供的为进行投标工作所必需的文件，招标文件中的投标人须知、技术条款等都是编制工程量清单的重要依据。招标补遗书是工程招投标过程中，招标人根据实际情况对招标文件做出的补充说明和规定；答疑纪要是在投标答疑会上或信函中，招标人对投标人提出的图纸、施工等问题进行答复而形成的文件，补遗书和答疑纪要将以书面通知的形式发给所有投标人，作为编制工程量清单的依据。

6. 施工现场情况、工程特点及常规施工方案

除了通过读图了解工程特点外，参与工程招标及投标工作的相关人员，都必须到工地现场进行实地勘察，了解现场施工条件、施工环境、道路交通状况、与现场相关的工程特点、可以采用的施工方案等，这些都与施工方案的选择以及工程造价密切相关。

7. 其他相关资料

除上述6条外，可能用到的其他资料有预算工作手册等。

1.2 工程量清单的编制原则

为了保证工程量清单的准确性，在编制工程量清单时，应该遵循以下原则。

(1)客观、公正、公平的原则。工程量清单计价活动要高度透明，工程量清单的编制要实事求是，不弄虚作假。

(2)遵守有关法律法规的原则。工程量清单的编制首先不能违背国家的有关法律法规，否则会使工程结算工作变得非常复杂。

(3)严格按照《计价规范》进行清单编制。重庆地区的房屋建筑专业应按照《计价规范》和《工程量计算规范》、相应专业分册及其配套的消耗量定额等编制清单。

(4)遵守招标文件相关要求的原则。工程量清单作为招标文件的重要组成部分，必须与招标文件的原则保持一致，与投标须知、合同条款、技术规范等相互照应，较好地反映本工程的特点。

(5)编制依据齐全的原则。受委托的编制人首先要检查招标人提供的设计图纸、设计资料、招标范围等编制依据是否齐全。其中，容易忽视设计图纸的表达深度是否满足准确、全面计算工程量的要求。

(6)力求准确合理的原则。工程量的计算应力求准确，清单项目的设置应力求合理、不漏不重。从事工程造价咨询的中介咨询单位还应建立健全工程量清单编制审查制度，确保工程量清单编制的全面性、准确性和合理性，提高工程量清单编制质量和服务质量。

任务2　工程量清单的编制方法

按照《计价规范》中“工程计价表格”的规定，工程量清单由下列内容组成：封面，扉页，总说明，分部分项工程和单价措施项目清单与计价表，总价措施项目清单与计价表，其他项目清单与计价汇总表，暂列金额明细表，材料(工程设备)暂估单价及调整表，专业工程暂估单价及结算价表，计日工表，总承包服务费计价表，规费、税金项目计价表，发包人提供材料和工程设备一览表，承包人提供主要材料和工程设备一览表(适用于造价信息差额调价法)或承包人提供主要材料和工程设备一览表(适用于价格指数差额调价法)。

2.1　分部分项工程项目清单的编制

分部分项工程是分部工程和分项工程的总称。分部工程是单位工程的组成部分，是按结构部位、路段长度及施工特点或施工任务将单位工程划分为若干分部的工程。例如，砌筑工程分为砖砌体、砌块砌体、石砌体、垫层分部工程。分项工程是分部工程的组成部分，是按不同施工方法、材料、工序及路段长度等将分部工程划分为若干分项或项目的工程。例如，砖砌体分为砖基础、砖砌挖孔桩护壁、实心砖墙、多孔砖墙、空心砖墙、空斗墙等分项工程。

分部分项工程项目清单必须载明项目编码、项目名称、项目特征、计量单位和工程量。分部分项工程项目清单必须根据各专业工程计量规范规定的项目编码、项目名称、项目特征、计量单位和工程量计算规则进行编制，其格式如表3.2.1所示。在分部分项工程量清单的编制过程中，由招标人负责前六项内容的填列，金额部分在编制招标控制价或投标报价时填列。

表3.2.1　分部分项工程和单价措施项目清单与计价表

工程名称：　　　　　　　　标段：　　　　　　　　　　　第　页　共　页

序号	项目编码	项目名称	项目特征	计量单位	工程量	金额(元)		
						综合单价	合价	其中暂估价

注:为计取规费等,可在表中增设“其中定额人工费”。

分部分项工程量清单根据《计价规范》中附录A至附录E统一规定的项目编码、项目名称、计量单位和工程量计算规则进行编制,步骤如下。

1.项目编码

项目编码以5级编码进行设置,用12位阿拉伯数字表示,第1、2、3、4级编码应按《计价规范》规定进行统一编码,第5级应由工程量清单编制人员根据各分项工程清单项目的具体内容与特征进行编码。各级编码的具体含义如下。

(1)第1级编码:表示工程分类码(2位数),如建筑工程为01、装饰装修工程为02、安装工程为03、市政工程为04、园林绿化工程为05。

(2)第2级编码:表示各章顺序码(2位数)。

(3)第3级编码:表示各节顺序码(2位数)。

(4)第4级编码:表示清单项目名称码(3位数)。

(5)第5级编码:表示具体各分项工程清单项目码(3位数)。

当同一标段(或合同段)的一份工程量清单中含有多个单位工程且工程量清单是以单位工程为编制对象时,在编制工程量清单时应特别注意对项目编码第10~12位的设置不得有重码的规定。例如一个标段(或合同段)的工程量清单中含有3个单位工程,每个单位工程中都有项目特征相同的实心砖墙砌体,在工程量清单中又需要反映3个不同单位工程的实心砖墙砌体工程量,则第1个单位工程的实心砖墙的项目编码应为010401003001,第2个单位工程的项目编码应为010401003002,第3个单位工程的项目编码应为010401003003,并应分别列出各单位工程实心砖墙砌体的工程量。

2.项目名称

应根据工程量清单项目设置和工程量计算规则的项目名称,结合项目特征中的描述,按照不同的项目特征组合确定该具体分项工程的项目名称。

分部分项工程项目清单的项目名称应按各专业工程量计算规范附录的项目名称结合拟建工程的实际确定。附录表中的“项目名称”为分项工程项目名称,是形成分部分项工程项目清单项目名称的基础。在编制分部分项工程项目清单时,以附录中的分项工程项目名称为基础,考虑该项目的规格、型号、材质等特征要求,结合拟建工程的实际情况,使其工程量清单项目名称具体化、细化,以反映影响工程造价的主要因素。例如“门窗工程”中的“特种门”应区分“冷藏门”“冷冻闸门”“保温门”“变电室门”“隔音门”“放射线门”“人防门”“金库门”等。项目名称应表述详细、准确。计算规则中的项目名称如有缺陷,招标人可进行补充,并报当地工程造价管理机构(省级)备案。

3. 项目特征

项目特征是构成分部分项工程项目、措施项目自身价值的本质特征。项目特征是对项目的准确描述,是确定一个清单项目综合单价不可缺少的重要依据,是区分清单项目的依据,是履行合同义务的基础。分部分项工程项目清单的项目特征应按各专业工程工程量计算规范附录中规定的项目特征,结合技术规范、标准图集、施工图纸,按照工程结构、使用材质及规格或安装位置等,予以详细而准确的表述和说明。凡项目特征中未描述到的其他独有特征,由清单编制人视项目具体情况确定,以准确描述清单项目为准。

4. 计量单位

计量单位应采用基本单位,除各专业另有特殊规定外均按以下单位计量。

(1)以重量计算的项目:吨或千克(t 或 kg)。

(2)以体积计算的项目:立方米(m^3)。

(3)以面积计算的项目:平方米(m^2)。

(4)以长度计算的项目:米(m)。

(5)以自然计量单位计算的项目:个、套、块、樘、组、台等。

(6)没有具体数量的项目:宗、项等。

各专业有特殊计量单位的,再另外加以说明,当计量单位有两个或两个以上时,应根据所编工程量清单项目的特征要求,选择最适宜表现该项目特征且方便计量的单位。

例如:门窗工程有“樘”“m^2”两个计量单位,在实际工作中,应选择最适宜、最方便计量和组价的单位来表示。

计量单位的有效位数应遵守下列规定。

(1)以“t”为单位,应保留小数点后 3 位数,第 4 位小数四舍五入。

(2)以“m^3”“m^2”“m”“kg”为单位,应保留小数点后 2 位数字,第 3 位小数四舍五入。

(3)以“个”“项”等为单位,应取整数。

5. 补充项目

随着工程建设中新材料、新技术、新工艺等的不断涌现,《工程量计算规范》附录所列的工程量清单项目不可能包含所有项目。在编制工程量清单时,当出现《工程量计算规范》附录中未包含的清单项目时,编制人应进行补充。在编制补充项目时应注意以下三个方面。

(1)补充项目的编码应按《工程量计算规范》的规定确定。具体做法如下:补充项目的编码由《工程量计算规范》的代码与 B 和三位阿拉伯数字组成,并应从 001 起顺序编制,例如房屋建筑与装饰工程如需补充项目,则其编码应从 01B001 起顺序编制,同一招标工程的项目不得重码。

(2)在工程量清单中应附补充项目的项目名称、项目特征、计量单位、工程量计算规则和工作内容。

(3)将编制的补充项目报省级或行业工程造价管理机构备案。

2.2　措施项目清单的编制

措施项目是指为完成工程项目施工，发生于该工程施工准备和施工过程中的技术、生活、安全、环境保护等方面的项目。

措施项目费用的发生与使用时间、施工方法或者两个以上的工序相关，如安全文明施工，夜间施工，非夜间施工照明，二次搬运，冬雨季施工，地上地下设施、建筑物的临时保护设施，已完工程及设备保护等。但是有些措施项目则是可以计算工程量的项目，如脚手架工程，混凝土模板及支架(撑)，垂直运输，超高施工增加，大型机械设备进出场及安拆，施工排水、降水等，这类措施项目按照分部分项工程量清单的方式采用综合单价计价，更有利于措施费的确定和调整。措施项目中可以计算工程量的项目清单宜采用分部分项工程量清单的方式编制，列出项目编码、项目名称、项目特征、计量单位和工程量计算规则(如表3.2.2所示)；不能计算工程量的项目清单以“项”为计量单位进行编制(如表3.2.3所示)。

表3.2.2　单价措施项目清单与计价表

工程名称：　　　　　　　　　　标段：　　　　　　　　　　　　　　　第　页　共　页

序号	项目编码	项目名称	项目特征	计量单位	工程量计算规则	金额	
						综合单价	合价
本页小计							
合计							

注：本表适用于以综合单价形式计价的措施项目。

表3.2.3　措施项目清单与计价表

工程名称：　　　　　　　　　　标段：　　　　　　　　　　　　　　　第　页　共　页

序号	项目编码	项目名称	计算基础	费率(%)	金额(元)	调整费率(%)	调整后金额(元)	备注
		安全文明施工						
		夜间施工						
		非夜间施工照明						
		冬雨季施工						

续表

序号	项目编码	项目名称	计算基础	费率（%）	金额（元）	调整费率（%）	调整后金额（元）	备注
		已完工程及设备保护						
		合计						

编制人（造价人员）： 复核人（造价工程师）：

注：①“计算基础”中的安全文明施工费可为“定额基价”“定额人工费”或“定额人工费＋定额机械费”，其他项目可为“定额人工费”或“定额人工费＋定额机械费”。

②按施工方案计算的措施费，若无“计算基础”和“费率”的数值，也可只填“金额”数值，但应在“备注”栏中说明施工方案出处或计算方法。

2.3 其他项目清单的编制

其他项目清单是指除分部分项工程量清单、措施项目清单所包含的内容以外，因招标人的特殊要求而发生的与拟建工程有关的其他费用项目和相应数量的清单。工程建设标准、工程的复杂程度、工程的工期、工程的组成内容、发包人对工程管理的要求等都直接影响其他项目清单的具体内容。其他项目清单包括暂列金额、暂估价（包括材料暂估单价、工程设备暂估单价、专业工程暂估价）、计日工、总承包服务费。其他项目清单宜按照表3.2.4的格式编制，出现未包含在表格中的项目，可根据工程实际情况补充。

表3.2.4 其他项目清单与计价汇总表

工程名称： 第 页 共 页

序号	项目名称	计量单位	金额（元）	备注
1	暂列金额			
2	暂估价			
2.1	材料暂估单价			
2.2	工程设备暂估单价			
2.3	专业工程暂估价			
3	计日工			
4	总承包服务费			
	合计			

注：材料（工程设备）暂估单价计入清单项目综合单价，此处不汇总。

1. 暂列金额

暂列金额是招标人在工程量清单中暂定并包括在合同价款中的一笔款项，用于工程合同签订时尚未确定或者不可预见的所需材料、工程设备、服务的采购，施工中可能发生的工程变更、合同约定调整因素出现时的合同价款调整以及发生的索赔、现场签证确认等的费用。不管采用何种合同形式，其理想的标准是一份合同的价格就是其最终的竣工结算价格，或者至少两者应尽可能接近。我国规定对政府投资工程实行概算管理，经项目审批部门批复的设计概算是工程投资控制的刚性指标，即使商业性开发项目也有成本的预先控制问题，否则无法相对准确地预测投资的收益和科学合理地进行投资控制，但工程建设自身的特性决定了工程的设计需要根据工程进展不断地进行优化和调整，业主需求可能会随工程建设进展出现变化，工程建设过程中还会存在一些不能预见、不能确定的因素。消化这些因素必然会影响合同价格的调整，暂列金额正是因这类不可避免的价格调整而设立的，以便达到合理确定和有效控制工程造价的目标。设立暂列金额并不能保证合同结算价格不会出现超过合同价格的情况，合同结算价格是否超出合同价格完全取决于工程量清单编制人对暂列金额预测的准确性以及工程建设过程中是否出现了其他事先未预测到的事件。暂列金额应根据工程特点，按有关计价规定估算，暂列金额可按照表3.2.5的格式列示。

表3.2.5 暂列金额清单与计价表

工程名称：

序号	项目名称	计量单位	暂列金额(元)	备注
1				
2				
3				
合计				

注：此表由招标人填写，如不能详列，也可只列暂列金额总额，投标人应将上述暂列金额计入投标总价中。

2. 暂估价

暂估价是指招标人在工程量清单中提供的用于支付必然发生但暂时不能确定价格的材料、工程设备的单价以及专业工程的金额，包括材料暂估单价、工程设备暂估单价和专业工程暂估价。暂估价类似于FIDIC合同条款中的Prime Cost Items，在招标阶段预见肯定要发生，只是因为标准不明确或者需要由专业承包人完成，暂时无法确定价格。暂估价数量和拟用项目应当结合工程量清单中的“暂估价表”予以补充说明。为方便合同管理，需要纳入分部分项工程项目清单综合单价中的暂估价应只是材料、工程设备暂估单价，以方便投标人组价。

专业工程暂估价一般应是综合暂估价，同样包括人工费、材料费、施工机具使用费、企业管理费和利润，不包括规费和税金，总承包招标时，专业工程设计深度往往是不够的，一般需要交由专业设计人员设计，在国际社会，出于对提高可建造性的考虑，一般由专业承包人负责设计，以发挥其专业技能和专业施工经验的优势。这类专业工程交由专业分包人完成，在国际工程施工中有良好实践，目前在我国工程建设领域也已经比较普遍，公开、透明、合理地确定这类暂估价实际金额的最佳途径，就是通过施工总承包人与工程建设项目招标人共同组织的招标。

暂估价中的材料、工程设备暂估单价应根据工程造价信息或参照市场价格估算，列出明细表；专业工程暂估价应分不同专业，按有关计价规定估算，列出明细表。暂估价可按照表3.2.6的格式列示。

表3.2.6 材料（工程设备）暂估单价表

序号	材料（工程设备）名称、规格、型号	计量单位	数量		暂估（元）		确认（元）		差额（元）		备注
			暂估	确认	单价	合价	单价	合价	单价	合价	
合计											

注：此表由招标人填写暂估单价，并在“备注”栏说明暂估价的材料、工程设备拟用在哪些清单项目上，投标人应将上述材料、工程设备暂估单价计入工程量清单综合单价报价中。

3. 计日工

计日工是指在施工过程中，承包人完成发包人提出的工程合同范围以外的零星项目或工作，并按合同中约定的单价计价的一种方式。计日工是为解决现场发生的零星工作的计价而设立的。国际上常见的标准合同条款中，大多数设立了计日工（Daywork）计价机制，计日工对完成零星工作所消耗的人工工时、材料数量、施工机械台班进行计量，并按照计日工表中填报的适用项目的单价进行计价支付。计日工适用的所谓零星项目或工作一般是指合同约定之外的或者因变更而产生的，工程量清单中没有相应项目的额外工作，尤其是那些难以事先商定价格的额外工作。

计日工应列出项目名称、计量单位和暂估数量，计日工可按照表3.2.7的格式列示。

表3.2.7 计日工报价表

工程名称：　　　　　　　　　　　　　　　　第　页 共　页

编号	项目名称	计量单位	暂估数量	综合单价（元）	合价（元）
一	人工				
1					
2					

续表

编号	项目名称	计量单位	暂估数量	综合单价(元)	合价(元)
3					
	人工小计				
二	材料				
1					
2					
3					
	材料小计				
三	施工机械				
1					
2					
3					
	施工机械小计				
	总计				

4. 总承包服务费

总承包服务费是指总承包人为配合、协调发包人进行的专业工程发包，对发包人自行采购的材料、工程设备等进行保管以及施工现场管理、竣工资料汇总整理等服务所需的费用。招标人应预计该项费用并按投标人的投标报价向投标人支付该项费用。总承包服务费应列服务项目及其内容等。

2.4　规费、税金项目清单的编制

规费项目清单应按照下列内容列项：社会保险费，包括养老保险费、失业保险费、医疗保险费、工伤保险费、生育保险费；住房公积金；工程排污费。出现《计价规范》中未列的项目，应根据省级政府或省级有关权力部门的规定列项。

税金项目清单应包括下列内容：营业税、城市维护建设税、教育费附加、地方教育附加。出现《计价规范》中未列的项目，应根据税务部门的规定列项。

规费、税金项目计价表如表3.2.8所示。

表 3.2.8 规费、税金项目计价表

序号	项目名称	计算基础	计算基数	计算费率(%)	金额(元)
1	规费	定额人工费+定额施工机具使用费			
1.1	社会保险费	定额人工费+定额施工机具使用费			
(1)	养老保险费	定额人工费+定额施工机具使用费			
(2)	失业保险费	定额人工费+定额施工机具使用费			
(3)	医疗保险费	定额人工费+定额施工机具使用费			
(4)	工伤保险费	定额人工费+定额施工机具使用费			
(5)	生育保险费	定额人工费+定额施工机具使用费			
1.2	住房公积金	定额人工费+定额施工机具使用费			
1.3	工程排污费	按工程所在地环境保护部门收取标准,按实计入			
2	税金	分部分项工程费+措施项目费+其他项目费+规费-按规定不计税的工程设备金额			

2.5 完成清单其余部分

除了上面4种主要清单以外,工程量清单还有封面、总说明等内容,这些表格都需要填写,此外还要完成签字、盖章等工作。

学习情境4　工程量清单计价的编制方法

任务1　工程量清单计价的编制依据

工程量清单计价的编制依据如下。

(1)《建设工程工程量清单计价规范》。《计价规范》的第6部分是针对工程量清单计价的规定。

(2)国家或省级、行业建设主管部门颁发的计价办法。计价办法是确定计价程序、计算费用的依据,有国家级的,如住房和城乡建设部、财政部颁发的《建设工程工程量清单计价规范》(GB 50500—2013);也有省级的,如《重庆市建设工程工程量清单计价规则》(CQJJGZ—2013)。

(3)企业定额,国家或省级、行业建设主管部门颁发的计价定额。工程定额是完成规定计量单位的合格建筑安装产品所消耗资源的数量标准。工程定额是一个综合概念,是建设工程造价计价和管理中各类定额的总称,包括许多种类的定额。

提示:由于计价定额的编制时间与工程的投标时间不同,所以使用计价定额中的基价计算投标价时,还需要按照投标时的人工、材料、机械单价进行调整。

课堂活动:翻阅计价定额,找出人工、材料和机械的定额单位、单价,分项工程的人工费、材料费、机械费、基价直接费。

(4)招标文件、工程量清单及其补充通知、答疑纪要。

(5)建设工程设计文件及相关资料。

(6)施工现场情况、工程特点及拟定的投标施工组织设计或施工方案。

(7)与建设项目相关的标准、规范等技术资料,主要包括制图标准、质量验收规范、施工技术规程等,它们都是计算工程量的依据。

(8)市场价格信息或工程造价管理机构发布的工程造价信息,其是计算人工费、材料费、机械费及其价差的依据。

(9)其他相关资料。

提示:以上的计价依据,有一部分也是编制清单的依据。

课堂活动:试比较清单编制依据和清单计价依据,找出不同点。

任务2 工程量清单计价方法

工程量清单计价采用综合单价计价。其费用是招标文件确定的招标范围内的除规费、税金以外的全部费用,包括人工费、材料费、机械使用费、管理费、利润和一定的风险费用。

2.1 单位工程造价的构成

采用工程量清单计价,工程造价由五项组成:分部分项工程费、措施项目费、其他项目费、规费和税金。分部分项工程费、措施项目费和其他项目费很容易理解,就是根据工程量清单当中的分部分项工程量清单、措施项目清单和其他项目清单计算出来的费用;规费是指按国家法律法规规定,由省级政府和省级有关权力部门规定必须缴纳或计取的费用,包括社会保险费(养老保险费、失业保险费、医疗保险费、生育保险费、工伤保险费)、住房公积金、工程排污费等;税金是指国家税法规定应计入建筑安装工程造价内的营业税、城市维护建设税、教育费附加及地方教育附加。

2.2 综合单价的确定

综合单价的分析、确定是工程量清单计价的核心内容。综合单价不但适用于分部分项工程量清单,也适用于措施项目清单。

1. 综合单价的含义和组成

综合单价是完成一个规定清单项目所需的人工费、材料和工程设备费、施工机具使用费、企业管理费、利润以及一定范围内的风险费用。综合单价分析表包含各项费用的明细组成,在评标过程中,用于评标人分析综合单价的各项组成是否合理。

2. 综合单价的特点

投标报价的综合单价应具备以下特点。

(1)各项平均数消耗要比社会平均水平低,体现其先进性。

(2)体现本企业在某些方面的技术优势。

(3)体现本企业局部或全面管理方面的优势。

(4)所有的单价都是动态的。

3. 综合单价中各项费用的含义

1)人工费

人工费是指按工资总额构成规定,支付给从事建筑安装工程施工的生产工人和附属生产单位工人的各项费用,包括以下内容。

(1)计时工资或计件工资:指按计时工资标准和工作时间或对已做工作按计件单价支付给个人的劳动报酬。

(2)奖金:指对超额劳动和增收节支支付给个人的劳动报酬。

(3)津贴补贴:指为了补偿职工特殊或额外的劳动消耗和因其他特殊原因支付给个人的津贴以及为了保证职工工资水平不受物价影响支付给个人的物价补贴。

(4)加班加点工资:指按规定支付的在法定节假日工作的加班工资和在法定日工作时间外延时工作的加点工资。

(5)特殊情况下支付的工资:指根据国家法律法规和政策规定,因病、工伤、产假、计划生育假、婚丧假、事假、探亲假、定期休假、停工学习、执行国家或社会义务等原因按计时工资标准或计件工资标准的一定比例支付的工资。

2)材料和工程设备费

材料和工程设备费是指施工过程中耗费的原材料、辅助材料、构配件、零件、半成品或成品、工程设备的费用,包括以下内容。

(1)材料原价:指材料、工程设备的出厂价格或商家供应价格。

(2)运杂费:指材料、工程设备自来源地运至工地仓库或指定堆放地点所发生的全部费用。

(3)运输损耗费:指材料在运输装卸过程中不可避免的损耗费。

(4)采购及保管费:指为组织采购、供应和保管材料、工程设备的过程中所需要的各项费用,包括采购费、仓储费、工地保管费、仓储损耗费。

(5)工程设备费:指构成或计划构成永久工程一部分的机电设备、金属结构设备、仪器装置及其他类似的设备和装置的费用。

3)施工机具使用费

施工机具使用费是指施工作业所发生的施工机械、仪器仪表使用费。

(1)施工机械使用费:指施工机械作业所发生的施工使用费、机械安拆费和场外运输费。施工机械使用费以施工机械台班耗用量乘以施工机械台班单价表示,施工机械台班单价由下列七项费用组成。

①折旧费:指施工机械在规定的耐用总台班内,陆续收回其原值的费用。

②检修费:指施工机械在规定的耐用总台班内,按规定的检修间隔进行必要的检修,以恢复其正常功能所需的费用。

③维护费:指施工机械在规定的耐用总台班内,按规定的维护间隔进行各级维护和临时故障排除所需的费用,包括为保障机械正常运转所需替换设备与随机配备工具附具的摊销费用、机械运转中日常维护所需润滑与擦拭的材料费用及机械停滞期间的维护费用等。

④安拆及场外运费:安拆费是指中、小型施工机械在现场进行安装与拆卸所需的人工、材料、机械和试运转费用以及机械辅助设施的折旧、搭设、拆除等费用;场外运费是指中、小型施工机械整体或分体自停放地点运至施工现场或由一施工地点运至另一施工地点的运输、装卸、辅助材料、回程等费用。

⑤人工费:指机上司机(司炉)和其他操作人员的人工费。

⑥燃料动力费:指施工机械在运转作业中所耗用的燃料及水、电等费用。

⑦其他:指施工机械按照国家规定应缴纳的车船税、保险费及检测费等。

(2)仪器仪表使用费:指工程施工所需使用的仪器仪表的摊销及维修费用。

4)企业管理费

企业管理费是指建筑安装企业组织施工生产和经营管理所需的费用,包括以下内容。

(1)管理人员工资:指按规定支付给管理人员的计时工资、奖金、津贴补贴、加班加点工资及特殊情况下支付的工资等。

(2)办公费:指企业管理办公用的文具、纸张、账表、印刷、邮电、书报、办公软件、现场监控、会议、水电、烧水和集体取暖降温(包括现场临时宿舍取暖降温)等费用。

(3)差旅交通费:指职工因公出差、调动工作的差旅费、住勤补助费,市内交通费和误餐补助费,职工探亲路费,劳动力招募费,职工退休、退职一次性路费,工伤人员就医路费,工地转移费以及管理部门使用的交通工具的油料、燃料等费用。

(4)固定资产使用费:指管理和试验部门及附属生产单位使用的属于固定资产的房屋、设备、仪器等的折旧、大修、维修或租赁费。

(5)工具用具使用费:指企业施工生产和管理使用的不属于固定资产的工具、器具、家具、交通工具和检验、试验、测绘、消防用具等的购置、维修和摊销费。

(6)劳动保险和职工福利费:指由企业支付的职工退职金、按规定支付给离休干部的经费、集体福利费、夏季防暑降温补贴、冬季取暖补贴、上下班交通补贴等。

(7)劳动保护费:指企业按规定发放的劳动保护用品的支出,如工作服、手套、防暑降温饮料以及在有碍身体健康的环境中施工的保健费用等。

(8)工会经费:指企业按《中华人民共和国工会法》规定的全部职工工资总额比例计提的工会经费。

(9)职工教育经费:指按职工工资总额的规定比例计提,企业为职工进行专业技术和职业技能培训,专业技术人员继续教育,职工职业技能鉴定、职业资格认定以及根据需要对职工进行各类文化教育所发生的费用。

(10)财产保险费:指施工管理用财产、车辆等的保险费用。

(11)财务费:指企业为施工生产筹集资金或提供预付款担保、履约担保、职工工资支付担保等所发生的各种费用。

(12)税金:指企业按规定缴纳的房产税、车船使用税、土地使用税、印花税等。

(13)其他:包括技术转让费、技术开发费、投标费、业务招待费、广告费、公证费、法律顾问费、审计费、咨询费、保险费、建设工程综合(交易)服务费及配合工程质量检测取样送检或为送检单位在施工现场开展有关工作所发生的费用等。

5）利润

利润是指施工企业完成所承包工程获得的盈利。

6）风险费用

风险费用是指一般风险费和其他风险费。

（1）一般风险费：指工程施工期间因停水、停电、材料设备供应不及时、材料代用等不可预见的一般风险因素影响正常施工而又不便计算的损失费用。其内容包括：一个月内临时停水、停电在工作时间16小时以内的停工、窝工损失；建设单位供应材料设备不及时造成的停工、窝工，每月在8小时以内的损失；材料的理论质量与实际质量的差；材料代用，但不包括建筑材料中钢材的代用。

（2）其他风险费：指除一般风险费外，招标人根据《计价规范》《重庆市建设工程工程量清单计价规则》（CQJJGZ—2013）的有关规定，在招标文件中要求投标人承担的人工、材料、机械价格及工程量变化导致的风险费用。

4. 综合单价的计算

综合单价是指完成工程量清单中一定计量单位项目所需的人工费、材料费、机械使用费、管理费和利润，并考虑风险因素。

综合单价以招标文件、施工图纸、工程量清单、消耗量定额为依据计算。其中，人工费、材料费、机械使用费是根据消耗量定额所反映的人工消耗量指标、材料消耗量指标、机械台班消耗量指标，依据施工图纸、消耗量定额中工程量计算规则计算的工程量，结合市场人、材、机单价计算出来的。

综合单价的确定是一项复杂的工作，需要在熟悉工程的具体情况、当地市场价格、各种技术经济法规等的情况下进行。

由于计价办法与定额中的工程量计算规则、计量单位、项目内容不尽相同，综合单价的组合方法包括以下几种：

（1）直接套用定额组价；

（2）重新计算工程量组价；

（3）复合组价。

不论采用哪种组价方法，都必须弄清以下两个问题。

（1）拟组价项目的内容。比较计价办法规定的内容与相应定额项目的内容，判断拟组价项目应该用哪几个定额项目来组价（目前，绝大多数施工企业还没有自己的消耗量定额，可直接使用当地建设行政主管部门编制的消耗量定额）。如“预制预应力C20混凝土空心板”项目，计价办法规定此项目包括制作、运输、安装及接头灌缝，而定额分别有制作、运输、安装及接头灌缝，则用这4个定额项目组合该综合单价。

（2）计价办法与定额的工程量计算是否相同。在组合单价时要弄清具体项目包括的内容，各部分内容是直接套用定额组价，还是需要重新计算工程量组价。能直接组价的内容，用前面讲述的“直接套用定额组价”方法进行组价；若不能直接套用定额组价，用前面讲述的“重新计算工程量组价”方法进行组价。

1)直接套用定额组价

这种组价方法较简单,在一个单位工程中,大多数的分项工程可利用这种方法组价。

(1)特点:

①内容比较简单;

②计价办法与所使用定额中的工程量计算规则相同。

(2)组价方法:直接使用相应定额中的消耗量组合单价,具体有以下几个步骤。

第一步:直接套用定额的消耗量。

第二步:计算直接工程费,包括人工费、材料费、机械费。

第三步:计算企业管理费、利润、规费、税金。

建筑工程管理费 =(基期人工费 + 基期机械费)× 企业管理费率

装饰工程管理费 = 基期人工费 × 企业管理费率

建筑工程利润 =(基期人工费 + 基期机械费)× 利润率

装饰工程利润 = 基期人工费 × 利润率

第四步:汇总形成综合单价。综合单价见"分部分项工程量清单综合单价分析表"。

2)重新计算工程量组价

重新计算工程量组价是指工程量清单给出的分项工程项目的单位与所用消耗量定额的单位不同,或工程量计算规则不同,需要按消耗量定额的计算规则重新计算工程量来组价。

工程量清单是根据计价办法计算规则编制的,综合性很强,其工程量的计量单位可能与所使用的消耗量定额的计量单位不同,如铝合金门,工程量清单的单位为"樘",而消耗量定额的计量单位是"m^2",因此需要重新计算其工程量。

(1)特点:

①内容比较复杂;

②计价办法与所使用定额中的工程量计算规则不相同。

(2)组价方法如下。

第一步:重新计算工程量(定额量),根据所使用定额中的工程量计算规则计算工程量。

以后的步骤同"直接套用定额组价"的第二步至第四步。

3)复合组价

复合组价是指一些复合分项工程项目,要根据多个定额项目组价,这种组价方法较为复杂。

在组合综合单价完成之后,根据工程量清单及综合单价,按单位工程计算分部分项工程费。

$$分部分项工程费 = \sum(清单工程量 \times 综合单价)$$

任务3　工程量清单计价程序

3.1　工程量清单计价步骤

(1)收集、审阅编制依据,包括熟悉工程量清单、分析招标文件、熟悉施工图纸、了解施工组织设计。

(2)取定市场价格。

(3)确定每个清单项目的组价内容。

(4)确定各定额子目的消耗量。

(5)计算组成清单项目的各定额子目的直接工程费、管理费、利润。

(6)计算清单项目综合单价。

(7)计算分部分项工程费。

(8)计算措施项目费。

(9)计算其他项目费。

(10)计算规费、税金。

(11)汇总各项费用,计算出单位工程造价。

3.2　单位工程清单计价的一般程序

根据工程造价的编制原理,可以得到工程造价的计算公式:

工程造价 = 分部分项工程费 + 措施项目费 + 其他项目费 + 规费 + 税金

1. 分部分项工程费

分部分项工程费 = $\sum$（清单工程量 × 综合单价）

其中,综合单价包括人工费、材料费、施工机具使用费、企业管理费和利润以及一定范围内的风险费用。

在计算分部分项工程费时,需要对该工程的各个子目按照列项、计算工程量、套价三个步骤进行计算。

1)列项

根据安装工程的构造及其施工工艺,结合定额中各个子目及其工作内容,通过图纸、相关文件、施工组织设计等资料进行列项。

2)计算工程量

列项后,根据定额中规定的工程量计算规则,按照工程图纸等相关资料计算工程量。

3)套价

根据列项的子目,选用定额中相应的子目,列出该子目的定额综合单价,与工程量相乘后得到该子目的合价。各个子目的合价即为该工程的分部分项工程费。

另外,当综合单价中的人工单价和材料单价与市场价不一致时,可通过人工费、材料费价差调整表进行调整,调整结果计入调整后的综合单价中。

房屋建筑工程采用一般计税法时,综合单价计算程序见表4.3.1。

表4.3.1　综合单价计算程序(一般计税法)

序号	费用名称	一般计税法计算式
1	定额综合单价	1.1+1.2+…+1.6
1.1	定额人工费	
1.2	定额材料费	
1.3	定额施工机具使用费	
1.4	企业管理费	(1.1+1.3)×企业管理费率
1.5	利润	(1.1+1.3)×利润率
1.6	一般风险费	(1.1+1.3)×风险费率
2	人材机价差	2.1+2.2+2.3
2.1	人工费价差	合同价(信息价、市场价)-定额人工价
2.2	材料费价差	不含税合同价(信息价、市场价)-定额材料价
2.3	施工机具使用费价差	2.3.1+2.3.2
2.3.1	机上人工费价差	合同价(信息价、市场价)-定额机上人工价
2.3.2	燃料动力费价差	不含税合同价(信息价、市场价)-定额燃料动力费
3	其他风险费	
4	综合单价	1+2+3

房屋建筑工程采用简易计税法时,综合单价计算程序见表4.3.2。

表4.3.2　综合单价计算程序(简易计税法)

序号	费用名称	简易计税法计算式
1	定额综合单价	1.1+1.2+…+1.6
1.1	定额人工费	
1.2	定额材料费	
1.2.1	其中:定额其他材料费	

续表

序号	费用名称	简易计税法计算式
1.3	定额施工机具使用费	
1.4	企业管理费	(1.1+1.3)×企业管理费率
1.5	利润	(1.1+1.3)×利润率
1.6	一般风险费	(1.1+1.3)×风险费率
2	人材机价差	2.1+2.2+2.3
2.1	人工费价差	合同价(信息价、市场价)-定额人工价
2.2	材料费价差	2.2.1+2.2.2
2.2.1	计价材料价差	不含税合同价(信息价、市场价)-定额材料价
2.2.2	定额其他材料费进项税	1.2.1×材料进项税税率(16%)
2.3	施工机具使用费价差	2.3.1+2.3.2
2.3.1	机上人工费价差	合同价(信息价、市场价)-定额机上人工价
2.3.2	燃料动力费价差	不含税合同价(信息价、市场价)-定额燃料动力费
2.3.3	施工机具进项税	2.3.3.1+2.3.3.2+2.3.3.3
2.3.3.1	机械进项税	按施工机械台班定额进项税税额计算
2.3.3.2	仪器仪表进项税	按仪器仪表台班定额进项税税额计算
2.3.3.3	定额其他施工机具使用费进项税	定额其他施工机具使用费×施工机具进项税税率(16%)
3	其他风险费	
4	综合单价	1+2+3

2.措施项目费

措施项目费=施工技术措施项目费+施工组织措施项目费

其中,施工技术措施项目费包括特大型施工机械设备进出场及安拆费、脚手架费、混凝土模板及支架费、施工排水及降水费和其他技术措施费;施工组织措施项目费包括组织措施费、安全文明施工费、建设工程竣工档案编制费、住宅工程质量分户验收费。

(1)计量规范规定应予计量的措施项目,其计算式为

$$措施项目费=\sum(措施项目工程量\times定额综合单价)$$

方法同分部分项工程项目费。

(2)计量规范规定不宜计量的措施项目,其计算式为

组织措施费=计算基数×组织措施费费率

房屋建筑工程中,计算基数为定额人工费与定额机具使用费之和,费率根据一般计税法和简易计税法参考费率表取用。

安全文明施工费 = 计算基数 × 安全文明施工费费率

房屋建筑工程中，计算基数为工程造价，费率根据一般计税法和简易计税法参考费率表取用。

建设工程竣工档案编制费 = 计算基数 × 建设工程竣工档案编制费费率

建设工程竣工档案编制费按现行建设工程竣工档案编制费的有关规定执行，房屋建筑工程中，计算基数为定额人工费与定额机具使用费之和，费率根据一般计税法和简易计税法参考费率表取用。

住宅工程质量分户验收费 = 计算基数 × 费用标准

住宅工程质量分户验收费按现行住宅工程质量分户验收费的有关规定执行，计算基数为住宅单位工程建筑面积，费用标准根据一般计税法和简易计税法参考费用标准取用。《重庆市建设工程费用定额》(CQFYDE—2018)规定：一般计税法的费用标准为 1.32 元/m^2，简易计税法的费用标准为 1.35 元/m^2。

3. 其他项目费

其他项目费 = 暂列金额 + 暂估价 + 计日工 + 总承包服务费 + 索赔及现场签证

(1)暂列金额：由建设单位根据工程特点按有关计价规定估算，列在合同价款中，由建设单位掌握使用。当施工过程中发生相关事件时，按合同条款的约定扣除或调整，其余额部分归建设单位。

(2)暂估价：指招标人在工程量清单中提供的用于支付必然发生但暂时不能确定价格的材料、工程设备的单价以及专业工程的金额。

(3)计日工：由建设单位和施工企业按施工过程中的签证计价。

(4)总承包服务费：由建设单位在招标控制价中，根据总承包服务范围和有关计价规定编制，施工企业投标时自主报价，施工过程中按签订的合同价执行。

总承包服务费 = 计算基数 × 费用标准

总承包服务费以分包工程的造价或人工费为计算基数，费用标准根据一般计税法和简易计税法参考费用标准取用。《重庆市建设工程费用定额》(CQFYDE—2018)规定：分包工程为安装工程的，一般计税法的费用标准为 11.32%，简易计税法的费用标准为 12%。

4. 规费和税金

建设单位和施工企业均应按照省、自治区、直辖市或行业建设主管部门发布的标准计算规费和税金，不得作为竞争性费用。

1)规费

规费 = 社会保险费 + 住房公积金

社会保险费和住房公积金应以定额人工费与定额机具使用费之和为计算基数，根据工程所在地省、自治区、直辖市或行业建设主管部门规定的费率计算。

社会保险费和住房公积金 = $\sum$ (工程定额人工费与定额机具使用费之和 × 社会保险费和住房公积金费率)

其中，社会保险费和住房公积金可以按每万元发承包价的生产工人人工费和管理人员工资含量与工程所在地规定的缴纳标准进行综合分析取定。

2)税金

税金 = 增值税 + 附加税 + 环境保护税

增值税 = 计算基数 × 税率

增值税应以税前造价为计算基数,根据工程所在地省、自治区、直辖市或行业建设主管部门规定的税率计算。《重庆市建设工程费用定额》(CQFYDE—2018)规定:一般计税法的税率标准为10%,简易计税法的税率标准为3%。

附加税 = 城市维护建设税 + 教育费附加 + 地方教育附加

附加税应以增值税税额为计算基数,根据工程所在地省、自治区、直辖市或行业建设主管部门规定的税率计算。

环境保护税按实计算。

5.计算程序表

《建筑安装工程费用项目组成》(建标〔2013〕44号)和《计价规范》中都列出了单位工程的计算程序,但在实际工作中,应该依照工程所在地区的具体规定计算单位工程的造价,《重庆市建设工程费用定额》(CQFYDE—2018)中列出了单位工程造价的计算程序,见表4.3.3。

表4.3.3　单位工程造价的计算程序

序号	项目名称	计算式	金额(元)
1	分部分项工程费		
2	措施项目费	2.1 + 2.2	
2.1	技术措施项目费		
2.2	组织措施项目费		
其中	安全文明施工费		
3	其他项目费	3.1 + 3.2 + 3.3 + 3.4 + 3.5	
3.1	暂列金额		
3.2	暂估价		
3.3	计日工		
3.4	总承包服务费		
3.5	索赔及现场签证		
4	规费		
5	税金	5.1 + 5.2 + 5.3	
5.1	增值税	(1 + 2 + 3 + 4 − 甲供材料费) × 税率	

续表

序号	项目名称	计算式	金额(元)
5.2	附加税	5.1×税率	
5.3	环境保护税	按实计算	
6	合价	1+2+3+4+5	

应根据国家标准《建设工程工程量清单计价规范》(GB 50500—2013)、《房屋建筑与装饰工程工程量计算规范》(GB 50854—2013)及《重庆市建设工程工程量清单计价规则》(CQJJGZ—2013)、《重庆市建设工程工程量计算规则》(CQJLGZ—2013)及《重庆市建设工程费用定额》(CQFYDE—2018)的规定,编制工程量清单,进行清单计价、签订合同价款、办理工程结算等。

习　题

一、单项选择题

1.(　　)是统一工程量清单编制和规范工程量清单计价的国家标准,是调整建设工程工程量清单计价活动中发包人与承包人各种关系的规范文件。

A.设计图纸　　B.建筑安装工程费用项目组成

C.建设工程工程量清单计价规范　　D.工程量清单计价编制指南

2.(　　)是表明拟建工程的全部分项实体工程名称和相应数量的工程量清单。

A.实体项目清单　　B.措施项目清单

C.其他项目清单　　D.分部分项工程量清单

3.(　　)是为完成工程项目施工,发生于该工程施工准备和施工过程中的技术、生活、安全、环境保护等方面的非工程实体项目。

A.其他项目　　B.措施项目

C.分部分项工程项目　　D.建设项目

二、多项选择题

1.工程量清单是招标文件的组成部分,是载明建设工程的(　　)的名称和相应数量等内容的明细清单。

A.分部分项工程项目　　B.措施项目

C.其他项目　　D.规费项目和税金项目

E.投标项目

2.工程量清单主要由(　　)组成。

A.分部分项工程量清单　　B.措施项目清单

C.其他项目清单　　D.规费项目和税金项目清单

E. 投标项目清单

3. 以下(　　)是建设项目的组成层次。

A. 招标工程　　B. 分部工程　　C. 分项工程　　D. 单位工程

E. 投标工程

4. 分部分项工程量清单的要素有(　　)。

A. 项目编码　　B. 项目金额　　C. 项目特征　　D. 工程量

E. 项目名称

三、判断题

1. 工程量清单的两种封面——工程量清单封面及投标总价封面,可以同时出现在一个工程的招标文件中。(　　)

2. 单项工程是单位工程的组成部分。(　　)

3. 编制工程量清单必须到工地现场了解工程施工条件、道路交通等情况。(　　)

4. 编制工程量清单只需要工程量清单计价规范和图纸。(　　)

5. 工程量就是工程实际施工的实物量。(　　)

6. 分部分项工程量清单的项目编码一共有9位。(　　)

学习情境5 土石方工程工程量清单编制与计价

任务1 土石方工程工程量清单编制

1.1 土石方工程工程量清单项目设置

在《工程量计算规范》中,土石方工程工程量清单项目共3节13个项目,包括土方工程、石方工程、回填,适用于建筑物和构筑物的土石方开挖及回填工程,土石方工程工程量清单项目名称及编码见表5.1.1。

表5.1.1 土石方工程工程量清单项目名称及编码

项目编码	项目名称	项目编码	项目名称
010101001	平整场地	010102001	挖一般石方
010101002	挖一般土方	010102002	挖沟槽石方
010101003	挖沟槽土方	010102003	挖基坑石方
010101004	挖基坑土方	010102004	挖管沟石方
010101005	冻土开挖	010103001	回填方
010101006	挖淤泥、流砂	010103002	余土弃置
010101007	管沟土方		

编制土石方工程工程量清单,首先将施工图纸与《工程量计算规范》相对照,列出需要计算的清单项目名称。项目编码是分部分项工程量清单项目名称的数字标识,每个项目的编码是9位阿拉伯数字。

提示:《工程量计算规范》中已经提供了9位编码,工程量清单要求为12位编码,后3位编码由清单编制人自行编制。

1.2　土石方工程工程量清单编制规定

1. 土方工程工程量清单编制规定

(1)挖土方平均厚度应按自然地面测量标高至设计地坪标高的平均厚度确定。基础土方开挖深度应按基础垫层底表面标高至交付施工场地标高确定,无交付施工场地标高时,应按自然地面标高确定。

(2)建筑物场地厚度≤±300 mm 的挖、填、运、找平,应按平整场地项目编码列项;厚度>±300 mm 的竖向布置挖土或山坡切土,应按挖一般土方项目编码列项。

(3)沟槽、基坑、一般土方的划分:底宽≤7 m 且底长>3 倍底宽为沟槽;底长≤3 倍底宽且底面积≤150 m^2为基坑;超出上述范围则为一般土方。

(4)挖土方如需截桩头,应按桩基工程相关项目编码列项。

(5)弃、取土运距可以不描述,但应注明由投标人根据施工现场实际情况自行考虑,决定报价。

(6)土壤的分类应按表5.1.2确定,如土壤类别不能准确划分,招标人可注明为综合,由投标人根据地勘报告决定报价。

(7)土方体积应按挖掘前的天然密实体积计算。如需按天然密实体积折算,应按表5.1.3的系数折算。

(8)挖沟槽、基坑、一般土方因工作面和放坡增加的工程量(管沟工作面增加的工程量)是否并入各土方工程量中,按各省、自治区、直辖市或行业建设主管部门的规定实施,如并入各土方工程量中,办理工程结算时,按经发包人认可的施工组织设计规定计算,编制工程量清单时,可按表5.1.4至表5.1.6的规定计算。

(9)挖方出现流砂、淤泥时,应根据实际情况由发包人与承包人双方现场签证确认工程量。

(10)管沟土方项目适用于管道(给排水、工业、电力、通信)、光(电)缆沟(包括人(手)孔、接口坑)及连接井(检查井)等。

表5.1.2　土壤分类表

土壤分类	土壤名称	开挖方法
一、二类土	粉土、砂土(粉砂、细砂、中砂、粗砂、砾砂)、粉质黏土、弱中盐渍土、软土(淤泥质土、泥炭、泥炭质土)、软塑红黏土、冲填土	用锹,少许用镐、条锄开挖。机械能全部直接铲挖满载者
三类土	黏土、碎石土(圆砾、角砾)混合土、可塑红黏土、硬塑红黏土、强盐渍土、素填土、压实填土	主要用镐、条锄,少许用锹开挖。机械需部分刨松方能铲挖满载者或可直接铲挖但不能满载者

续表

土壤分类	土壤名称	开挖方法
四类土	碎石土(卵石、碎石、漂石、块石)、坚硬红黏土、超盐渍土、杂填土	全部用镐、条锄挖掘,少许用撬棍挖掘。机械须普遍刨松方能铲挖满载者

注:本表中土的名称及含义按国家标准《岩土工程勘察规范》(GB 50021—2001(2009 年版))定义。

表 5.1.3　土方体积折算系数表

天然密实度体积	虚方体积	夯实后体积	松填体积
0.77	1.00	0.67	0.83
1.00	1.30	0.87	1.08
1.15	1.50	1.00	1.25
0.92	1.20	0.80	1.00

注:①虚方指未经碾压、堆积时间≤1 年的土壤。
②本表按《全国统一建筑工程预算工程量计算规则》(GJDGZ—101—95)整理。
③设计密实度超过规定的,填方体积按工程设计要求执行;无设计要求的按各省、自治区、直辖市或行业建设行政主管部门规定的系数执行。

表 5.1.4　放坡系数表

土类别	放坡起点(m)	人工挖土	机械挖土		
			在坑内作业	在坑上作业	顺沟槽在坑上作业
一、二类土	1.20	1∶0.5	1∶0.33	1∶0.75	1∶0.5
三类土	1.50	1∶0.33	1∶0.25	1∶0.67	1∶0.33
四类土	2.00	1∶0.25	1∶0.10	1∶0.33	1∶0.25

注:①沟槽、基坑中土类别不同时,分别按其放坡起点、放坡系数,依不同土类别厚度加权平均计算。
②计算放坡时,在交接处的重复工程量不予扣除,原槽、坑做基础垫层时,放坡自垫层上表面开始计算。

表 5.1.5　基础施工所需工作面宽度计算表

基础材料	每边各增加工作面宽度(mm)
砖基础	200
浆砌毛石、条石基础	150
混凝土基础垫层支模板	300
混凝土基础支模板	300
基础垂直面做防水层	1 000(防水层面)

注:本表按《全国统一建筑工程预算工程量计算规则》(GJDGZ—101—95)整理。

表 5.1.6　管沟施工每侧所需工作面宽度计算表

管沟材料	管道结构宽(mm)			
	≤500	≤1 000	≤2 500	>2 500
混凝土及钢筋混凝土管道(mm)	400	500	600	700
其他材质管道(mm)	300	400	500	600

注:①本表按《全国统一建筑工程预算工程量计算规则》(GJDGZ—101—95)整理。

②管道结构宽:有管座的按基础外缘,无管座的按管道外径。

2. *石方工程工程量清单编制规定*

(1)挖石应按自然地面测量标高至设计地坪标高的平均厚度确定。基础石方开挖深度应按基础垫层底表面标高至交付施工场地标高确定,无交付施工场地标高时,应按自然地面标高确定。

(2)厚度 > ±300 mm 的竖向布置挖石或山坡凿石应按挖一般石方项目编码列项。

(3)沟槽、基坑、一般石方的划分:底宽≤7 m 且底长 >3 倍底宽为沟槽;底长≤3 倍底宽且底面积≤150 m^2为基坑;超出上述范围则为一般石方。

(4)弃碴运距可以不描述,但应注明由投标人根据施工现场实际情况自行考虑,决定报价。

(5)岩石的分类应按表 5.1.7 确定。

(6)石方体积应按挖掘前的天然密实体积计算。如需按天然密实体积折算,应按表 5.1.8 的系数计算。

(7)管沟石方项目适用于管道(给排水、工业、电力、通信)、电缆沟(包括人(手)孔、接口坑)及连接井(检查井)等。

表 5.1.7　岩石分类表

岩石分类		代表性岩石	开挖方法
极软岩		1. 全风化的各种岩石 2. 各种半成岩	部分用手凿工具,部分用爆破法开挖
软质岩	软岩	1. 强风化的坚硬岩或较硬岩 2. 中等风化—强风化的较软岩 3. 未风化—微风化的页岩、泥岩、泥质砂岩等	用风镐和爆破法开挖
	较软岩	1. 中等风化—强风化的坚硬岩或较硬岩 2. 未风化—微风化的凝灰岩、千枚岩、泥灰岩、砂质泥岩等	用爆破法开挖

续表

岩石分类		代表性岩石	开挖方法
硬质岩	较硬岩	1. 微风化的坚硬岩 2. 未风化—微风化的大理岩、板岩、石灰岩、白云岩、钙质砂岩等	用爆破法开挖
	坚硬岩	未风化—微风化的花岗岩、闪长岩、辉绿岩、玄武岩、安山岩、片麻岩、石英岩、石英砂岩、硅质砾岩、硅质石灰岩等	用爆破法开挖

注:本表依据国家标准《工程岩体分级级标准》(GB 50218—94)和《岩土工程勘察规范》(GB 50021—2001(2009 年版))整理。

表 5.1.8　石方体积折算系数表

石方类别	天然密实体积	虚方体积	松填体积	码方
石方	1.0	1.54	1.31	
块石	1.0	1.75	1.43	1.67
砂夹石	1.0	1.07	0.94	

注:本表按建设部颁发的《爆破工程消耗量定额》(GYD—102—2008)整理。

3. 回填土工程量清单编制规定

(1)填方密实度要求,在无特殊要求的情况下,项目特征可描述为满足设计和规范的要求。

(2)填方材料品种可以不描述,但应注明由投标人根据设计要求验方后方可填入,并符合相关工程的质量规范要求。

(3)填方粒径要求,在无特殊要求的情况下,项目特征可以不描述。

土石方工程量清单编制与计价

1.3　土石方工程工程量清单编制方法与案例

1.3.1　平整场地工程量清单编制

1. 平整场地适用范围

“平整场地”项目适用于建筑场地厚度在 ±30 cm 以内的挖、填、运、找平。

平整场地工程量清单编制与计价

2. 平整场地工程量清单编制案例

【例 5.1.1】编制某工程平整场地工程量清单。根据施工现场勘测情况,该工程土石方无须外运或取土回填。(图纸见本书附录 5)

1)平整场地的项目编码

项目编码是分部分项工程和技术措施项目清单名称的阿拉伯数字标识。《计价规范》规定,工程量清单的项目编码应该为12位,在《工程量计算规范》附录中只能查出前9位项目编码,剩下的3位由编制人根据拟建工程的项目名称设置,应注意同一招标工程不得有重码。一般情况下,后3位可以从001开始编码。如果某项工程招标含有2个单位工程,2个单位工程都有平整场地这项工程内容,则后3位的设置如下:第一个单位工程为001,第2个单位工程为002。

根据上述规定,本案例平整场地的项目编码为010101001001。

2)平整场地的项目名称

《工程量计算规范》附录中有的项目名称包含范围很小,可以直接使用,如010102002挖沟槽土方;有的项目名称包含范围较大,这时采用具体的名称则更恰当,如011407001墙面喷刷涂料,可采用011407001001外墙乳胶漆、011407001002内墙乳胶漆,这样较为直观。本案例中,如果清单编制人不需要限定平整场地的方式是人工还是机械,则项目名称写为“平整场地”。

3)平整场地的计量单位

根据《工程量计算规范》附录查出平整场地的计量单位是 m^2。

4)平整场地的工程量

(1)平整场地工程量计算规则:平整场地工程量按设计图示尺寸以建筑物首层建筑面积计算。

课堂活动:分组讨论“根据平整场地工程量计算规则,计算平整场地工程量主要依据哪些图纸?”

(2)平整场地工程量计算。计算工程量时应注意单位,除总平面图及标高外,图纸标注一般以mm为单位,在工程量计算中,应该以m为单位,所以列公式时需要换算一下。一般情况下,工程量计算用简单的四则运算公式就可以解决,当建筑物设计复杂、工程量很大时,要列出的计算式比较长,可以将计算式分步骤写。

$$
\begin{aligned}
S_{平} &= (14.1+0.2)\times(14.4+0.2)-(1.5+4.5+2.1/2)\times(2.2+1.7+2.7)\\
&=14.3\times14.6-7.05\times6.6\\
&=208.78-46.53\\
&=162.25\ m^2
\end{aligned}
$$

提示:施工图上标注的建筑面积一般不能直接使用,要根据建筑面积计算规则重新验算。门廊按其顶板水平投影面积的1/2计算建筑面积。

课堂活动:上述计算式中的数据是从哪些图纸上读取的?

5)平整场地的项目特征

项目特征是构成分部分项工程项目、技术措施项目自身价值的本质特征。项目特征有助于相关人员正确地理解工程,工程造价的计算与项目特征密切相关,因此在《工程量计算规范》中列出了每个清单项目应描述的项目特征,编制人对照施工图纸、施工方案及技术规范进行描述。当然,《工程量计算规范》中列出的是与分项工程相关的所有特征,针对一个具体的工程,并非每一条都必须描述,应该根据具体情况选用。项目特征描述的原则如下。

Ⅰ.必须描述的内容

(1)涉及正确计量的内容必须描述,如门窗洞口尺寸或框外围尺寸。

(2)涉及结构要求的内容必须描述,如混凝土构件的混凝土强度等级,是 C20 还是 C30 或 C40,因混凝土强度等级不同,其价值也不同,因此必须描述。

(3)涉及材质要求的内容必须描述,如油漆品种,是调和漆还是硝基清漆等。

(4)涉及安装方式的内容必须描述,如管道工程中钢管的连接方式,是螺纹连接还是焊接。

Ⅱ.可不详细描述的内容

(1)无法准确描述的可不详细描述。如土壤类别,我国幅员辽阔,南北东西差异较大,特别是南方,在同一地点,表层土与表层土以下的土壤,其类别是不同的,清单编制人无法准确判定某类土壤在土石方中所占的比例。在这种情况下,可将土壤类别描述为“综合”,但是应注明由投标人根据地勘资料自行确定土壤类别,决定报价。

(2)施工图纸、标准图集标注明确的,可不再详细描述。对于这些项目,可描述为见××图集××页及节点大样等。

(3)有一些项目虽然可不详细描述,但清单编制人在项目特征描述中应注明“由投标人自定”,如土方工程中的“取土运距”“弃土运距”等。

由于本项目工程表层土与表层土以下的土壤类别是不同的,清单编制人无法准确判定某类土壤所占的比例,所以土的类别不用准确描述。此外,本案例平整场地无须弃土和取土,其项目特征见表 5.1.9。

表 5.1.9　平整场地的项目特征

《工程量计算规范》列出的项目特征	本案例的项目特征
1.土壤类别	综合
2.弃土运距	—
3.取土运距	—

6)平整场地的工程量清单

完成上述步骤 1)至 5)以后,需要将所有的结果填入分部分项工程和单价措施项目清单与计价表,这样才算完成了一个分部分项工程的清单编制,如表 5.1.10 所示。

表 5.1.10　分部分项工程和单价措施项目清单与计价表

工程名称：××建筑工程　　　　　　标段：　　　　　　第　页　共　页

序号	项目编码	项目名称	项目特征描述	计量单位	工程量	金额(元)		
						综合单价	合价	其中：暂估价
1	010101001001	平整场地	1. 土壤类别:综合	m^2	162.25			

注:金额(包括综合单价、合价、暂估价)部分将由投标人在投标计价时填写,在此不用填写。

1.3.2　挖一般土方工程量清单编制

1. 挖一般土方适用范围

“挖一般土方”项目适用于厚度 > ±300 mm 的竖向布置挖土或山坡切土,它是指设计标高以上的挖土,并包括指定范围内的土方运输。设计标高以下的填土应按“回填方”项目编码列项。

超过 300 mm 的挖、填土方,用方格网法或断面法控制,确定自然标高和设计标高以及应挖或填的高度,以便挖填至设计标高,称为竖向布置挖、填土方。

2. 挖一般土方工程量清单编制案例

【例 5.1.2】某工程设计室外地坪标高为 305.20 m,方格网间距为 10 m,网点右上角为设计室外地坪标高,右下角为自然地面标高,左上角为施工高度,试编制挖一般土方工程量清单。(根据现场施工条件,无须放坡施工)

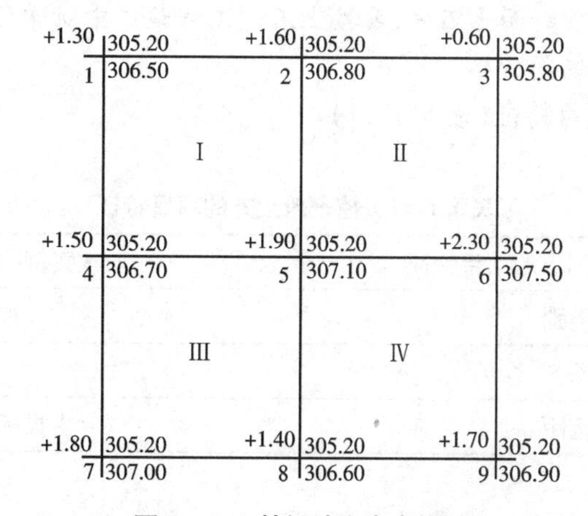

图 5.1.1　某场地土方方格网

课堂活动:请查《工程量计算规范》附录,填写下面3项。

(1)挖一般土方的项目编码:________________。

(2)挖一般土方的项目名称:________________。

(3)挖一般土方的计量单位:________________。

提示:在确定项目名称时,可以按施工方案或各地区通常的做法,写明是人工还是机械挖土方,如不清楚也可以不写。

(1)挖一般土方的工程量。

①挖一般土方工程量计算规则:按设计图示尺寸以体积计算。

提示:地形起伏变化不大,可按平均挖土厚度计算;地形起伏变化大,不能提供平均挖土厚度时,应提供方格网法或断面法施工的设计文件。

②挖一般土方工程量计算。

平均挖土厚度:

$$H=\frac{1.30+0.60+1.70+1.80+(1.60+2.30+1.40+1.50)\times2+1.90\times4}{4\times4}$$

$$=1.6625\ \text{m}$$

挖一般土方工程量:

$$V_{挖}=H\times10\times10\times4$$

$$=1.6625\times10\times10\times4$$

$$=665.00\ \text{m}^3$$

提示:复杂的方格网或断面土石方,要按土石方工程施工中所学的方法计算工程量。如果有填方,应按回填方项目编制清单。

(2)挖一般土方的项目特征(表5.1.11)。

表5.1.11　挖一般土方的项目特征

《工程量计算规范》列出的项目特征	本案例的项目特征
1.土壤类别	综合
2.挖土深度	—
3.弃土运距	由投标人自定

(3)挖一般土方的工程量清单(表5.1.12)。

表 5.1.12　分部分项工程和单价措施项目清单与计价表

工程名称：××建筑工程　　　　标段：　　　　第　页　共　页

序号	项目编码	项目名称	项目特征描述	计量单位	工程量	金额(元)		
						综合单价	合价	其中：暂估价
1	010101002001	挖一般土方	1.土壤类别:综合 2.弃土运距：由投标人自定	m^3	665.00			

1.3.3　挖基坑土方工程量清单编制

基坑土方工程量清单编制与计价

1.挖基坑土方适用范围

根据计算规则,底长≤3倍底宽且底面积≤150 m^2为基坑。

2.挖基坑土方工程量清单编制案例

【例5.1.3】编制某工程Ⓐ轴挖基坑土方工程量清单。土壤类别为三类土,设计室外地坪标高为-0.450 m,场地已按设计室外地坪标高进行平整。(图纸见附录5)

(1)挖基坑土方的项目编码:010101004001。

(2)挖基坑土方的项目名称:挖基坑土方。

(3)挖基坑土方的计量单位:m^3。

(4)挖基坑土方的工程量。

①挖基坑土方工程量计算规则:房屋建筑按设计图示尺寸以基础垫层底面积乘以挖土深度计算。重庆市规定:因工作面和放坡增加的土方,并入土方工程量内计算。本例的挖土深度为2.65 m,三类土的放坡起点深度为1.5 m,应该放坡,放坡系数为0.33,工作面为0.3 m。

②挖基坑土方工程量计算:

$$S_{下}=(1.8+0.3\times2)^2=2.4^2=5.76\ m^2$$

$$S_{上}=(1.8+0.3\times2+2\times0.33\times2.65)^2=4.149^2=17.21\ m^2$$

(5)挖基坑土方的项目特征(表5.1.13)。

表 5.1.13　挖基坑土方的项目特征

《工程量计算规范》列出的项目特征	本案例的项目特征
1.土壤类别	三类土
2.挖土深度	2.65 m
3.弃土运距	—

(6)挖基坑土方的工程量清单(表5.1.14)。

表 5.1.14　分部分项工程和单价措施项目清单与计价表

工程名称：××建筑工程　　　　标段：　　　　第　页　共　页

序号	项目编码	项目名称	项目特征描述	计量单位	工程量	金额(元)		
						综合单价	合价	其中：暂估价
1	010101004001	挖基坑土方	1. 土壤类别：三类土 2. 挖土深度：2.65 m	m^3	116.36			

1.3.4　回填方工程量清单编制

1. 回填方适用范围

“回填方”项目适用于场地回填、室内回填和基础回填。

2. 回填方工程量清单编制案例

【例 5.1.4】编制例 5.1.3 基坑的回填方工程量清单。

课堂活动：请查《工程量计算规范》，填写下面 3 项。

(1) 回填方的项目编码：＿＿＿＿＿＿＿＿＿＿。

(2) 回填方的项目名称：＿＿＿＿＿＿＿＿＿＿。

(3) 回填方的计量单位：＿＿＿＿＿＿＿＿＿＿。

(1) 回填方的工程量。

①回填方工程量计算规则：按设计图示尺寸以体积计算。可分为三种情况：场地回填，回填面积乘以平均回填厚度；室内回填，主墙间净面积乘以回填厚度，不扣除间隔墙；基础回填，挖方体积减去自然地坪以下埋设的基础体积（包括基础垫层及其他构筑物）。

提示：室内回填土方工程量以主墙间净面积乘以填土厚度计算，这里的“主墙”是指结构厚度在 120 mm 以上（不含 120 mm）的各类墙体。

②回填方工程量计算。埋设在室外地坪以下的混凝土垫层、基础及柱：

$$V_{梁及垫层} \times 4 = 8.13\ m^3$$

$$\begin{aligned} V_{基填} &= V_{梁土} - 8.13 \\ &= 116.36 - 8.13 \\ &= 108.23\ m^3 \end{aligned}$$

提示：按照计算规则，要先计算自然地坪以下埋设的基础体积，这个数据也是后面需要计算的工程量，所以在手工计算时，可以计算完基础砌筑及混凝土工程量以后再计算回填方工程量。

(2) 回填方的项目特征（表 5.1.15）。

表5.1.15　回填方的项目特征

《工程量计算规范》列出的项目特征	本案例的项目特征
1. 密实度要求	按规范
2. 填方材料品种	按规范
3. 填方粒径要求	按规范
4. 填方来源、运距	由投标人自定

(3)回填方的工程量清单(表5.1.16)。

表5.1.16　分部分项工程和单价措施项目清单与计价表

工程名称:××建筑工程　　　　标段:　　　　第　页　共　页

序号	项目编码	项目名称	项目特征描述	计量单位	工程量	金额(元)		
						综合单价	合价	其中:暂估价
1	010103001001	回填方	1. 密实度要求:按规范 2. 填方材料品种:按规范 3. 填方粒径要求:按规范 4. 填方来源、运距:由投标人自定	m^3	108.23			

任务2　土石方工程工程量清单计价

2.1　土石方工程工程量清单项目与定额项目的对应关系

综合单价是用计价定额或企业定额来计算的,但是《工程量计算规范》与计价定额或企业定额项目划分的粗细并不同。在编制分部分项工程量清单的过程中也能体会到,一个清单项目往往包括几项工作,如平整场地就包含土方挖填、找平和运输三项工作。所以,一个分部分项工程量清单项目往往对应一个或几个定额项目,计算综合单价的第一步就是找出与清单项目对应的定额项目。《重庆市建设工程工程量清单计价编制指南》中列出了《工程量计算规范》与重庆市计价定额的对应关系(表5.2.1)。

表 5.2.1　土石方工程工程量清单项目与定额项目对应表(摘录)

<table>
<tr><th>项目编码</th><th>清单项目名称</th><th colspan="2">建筑工程定额编号</th></tr>
<tr><td>010101001</td><td>平整场地</td><td colspan="2">人工平整:AA0001
机械平整:AA0023
人工运:AA0012、AA0013、AA0016、AA0017</td></tr>
<tr><td>010101002</td><td>挖一般土方</td><td colspan="2">人工挖:AA0002
人工运:AA0012、AA0013、AA0016、AA0017
机械挖:AA0024
机械装运:AA0030 ~ AA0038</td></tr>
<tr><td>010101003</td><td>挖沟槽土方</td><td>挖沟槽土方</td><td>人工挖:AA0004 ~ AA0007
支挡板:AB0046 ~ AB0048
人工运:AA0012、AA0013、AA0016、AA0017
机械挖:AA0026、AA0027
机械装运:AA0030 ~ AA0038</td></tr>
<tr><td>010101004</td><td>挖基坑土方</td><td>挖基坑土方</td><td>人工挖:AA0008 ~ AA0011
支挡板:AB0046 ~ AB0048
人工运:AA0012、AA0013、AA0016、AA0017
机械挖:AA0026、AA0027
机械装运:AA0030 ~ AA0038</td></tr>
<tr><td>010102001</td><td>挖一般石方</td><td>一般石方开挖</td><td>人工挖:AA0039 ~ AA0041
人工运:AA0080 ~ AA0083
机械凿打:AA0085 ~ AA0089
机械挖:AA0084
机械装运:AA0101 ~ AA0109</td></tr>
<tr><td>010102002</td><td>挖沟槽石方</td><td>沟槽石方开挖</td><td>人工挖:AA0042 ~ AA0053
人工运:AA0080 ~ AA0083
机械凿打:AA0096 ~ AA0100
机械挖:AA0090 ~ AA0092
机械装运:AA0101 ~ AA0109</td></tr>
<tr><td>010102003</td><td>挖基坑石方</td><td>基坑石方开挖</td><td>人工挖:AA0054 ~ AA0065
人工运:AA0080 ~ AA0083
机械凿打:AA0096 ~ AA0100
机械挖:AA0093 ~ AA0095
机械装运:AA0101 ~ AA0109</td></tr>
</table>

续表

项目编码	清单项目名称	建筑工程定额编号
010103001	回填方	人工填:AA0110 ~ AA0112 人工填槽(坑):AA0113 ~ AA0115 人工运:AA0012、AA0013、AA0016、AA0017、AA0080 ~ AA0083 机械填:AA0118、AA0121 机械运:AA0030 ~ AA0038、AA0101 ~ AA0109

注:表中只列出一种可能的对应关系,实际选用时,应该根据具体情况从三个方面来考虑,即清单中的项目特征、《工程量计算规范》中的工程内容及施工方案。

2.2　土石方工程工程量清单计价方法及案例

扫一扫

平整场地工程量清单编制与计价

1. 平整场地工程量清单计价

1)计算平整场地综合单价的注意事项

(1)可能出现 ±30 cm 以内的全部是挖方或全部是填方,需外运土方或借土回填时,在工程量清单项目中应描述弃土运距(或弃土地点)或取土运距(或取土地点),这部分的运输费用应包括在“平整场地”项目报价内。

(2)工程量按“建筑物首层建筑面积计算”,如施工组织设计规定超面积平整场地时,超出部分应包括在报价内。

(3)计价定额与工程量清单计算规则的差异。

2)平整场地工程量清单计价案例

【例 5.2.1】根据例 5.1.1,完成平整场地工程量清单计价。

(1)对应的计价定额:AA0001 人工平整场地。

提示:应该根据施工方案确定是采用机械还是人工施工,此处假定为人工施工。

(2)计算定额工程量。根据企业定额或计价定额计算定额工程量。《重庆市房屋建筑与装饰工程计价定额》中的平整场地工程量计算规则:平整场地按实际平整面积以 m^2 计算。实际平整面积指的是施工组织设计中规定的平整面积,一般来讲,为了施工方便,平整场地的面积会超过建筑物外墙外边线的范围。本案例中,施工方案规定整个场地共平整 300 m^2,则工程量为 300 m^2。

(3)计算综合单价,见表 5.2.2。

表 5.2.2　分部分项工程项目综合单价分析表

工程名称：××建筑工程　　　　　　　　　　　　　　　　　　　　第　页　共　页

项目编码	010101001001	项目名称	平整场地	计量单位	m^2	综合单价	4.091 9

定额编号	定额名称	单位	数量	定额综合单价									人材机价差	其他风险费	合价
				定额人工费	定额材料费	定额施工机具使用费	企业管理费		利润		一般风险费用				
				1	2	3	4 费率(%)	5 (1+3)×4	6 费率(%)	7 (1+3)×6	8 费率	9 (1+3)×8	10	11	12 1+2+3+5+7+9+10+11
AA0001	人工平整场地	100 m^2	1	357.90	—	—	10.78	38.58	3.55	12.71	—	—			409.19
合计															

人工、材料及机械名称	单位	数量	定额单价	市场单价	价差合计	市场合价	备注
1.人工							
土石方综合工日	工日	3.579					

注：《重庆市建设工程费用定额》规定，人工土石方工程的利润率为3.55%，管理费率为10.78%，计算基数为定额人工费，价差暂不考虑。

编者注：表中各种费用的单位均为元，限于表格篇幅，未在表中进行标注，后面类似的表格采用相同的处理方法，不再一一说明。

(4)平整场地的工程量清单计价见表5.2.3。

表 5.2.3　分部分项工程和单价措施项目清单与计价表

工程名称：××建筑工程　　　　　　　标段：　　　　　　　　　　　第　页　共　页

序号	项目编码	项目名称	项目特征描述	计量单位	工程量	金额(元)		
						综合单价	合价	其中：暂估价
1	010101001001	平整场地	1.土壤类别：综合	m^2	162.25	4.091 9	663.910 8	

注：在填写分部分项工程和单价措施项目清单与计价表时，不能改动分部分项工程量清单的项目编码、项目名称、项目特征描述、计量单位、工程量，这五项内容必须与招标人提供的一致。

2.挖一般土方工程量清单计价

1)计算挖一般土方综合单价的注意事项

施工方案规定的放坡、操作工作面和机械挖土进出施工工作面的坡道等增加的施工量，应包括在挖一般土方报价内，重庆市计价定额的工程量计算规则与《工程量计算规范》相同。

2)挖一般土方工程量清单计价案例

【例5.2.2】根据例5.1.2挖一般土方的工程量清单，完成挖一般土方工程量清单计价。根据施工现场勘测情况，投标人的施工方案采用机械挖方，选定的弃土地点与施工现场的距离为 3 km,用自卸式汽车运土。

(1)对应的计价定额:AA0024 机械挖一般土方、AA0031 机械装运土方(1 km 内)、AA0037 机械装运土方(每增加 1 km)。

(2)计算定额工程量:与清单工程量相等。

(3)计算综合单价,见表 5.2.4。

表 5.2.4　分部分项工程项目综合单价分析表

工程名称:××建筑工程　　　　　　　　　　　　　　　　第　页　共　页

项目编码	010101002001	项目名称		挖一般土方					计量单位		m³		综合单价		19.15
定额编号	定额名称	单位	数量	定额综合单价									人材机价差	其他风险费	合价
				定额人工费	定额材料费	定额施工机具使用费	企业管理费		利润		一般风险费用				
				1	2	3	4 费率(%)	5 (1+3)×4	6 费率(%)	7 (1+3)×6	8 费率(%)	9 (1+3)×8	10	11	12 1+2+3+5+7+9+10+11
AA0024	挖一般土方	1 000 m³	1	400	—	2 409.11	18.40	516.88	7.64	214.62	1.2	33.71	—	—	3 574.32
AA0031	机械装运土方(1 km内)	1 000 m³	1	400	53.04	7 931.90	18.40	1 533.07	7.64	636.56	1.2	99.98	—	—	10 654.55
AA0037×2	机械装运土方(每增加 1 km)×2	1 000 m³	2	—	26.52	1 913.84	18.40	352.15	7.64	146.22	1.2	22.97	—	—	4 923.4
合计															

人工、材料及机械名称	单位	数量	定额单价	市场单价	价差合计	市场合价	备注
1.人工							
土石方综合工日	工日	8	100	100	—	800	
2.材料							
(1)计价材料							
水	m³	24	4.42	4.42	—	106.08	
(2)其他材料							
3.机械							
(1)机上人工							
履带式单斗液压挖掘机 1 m³	台班	0.448	1 078.6	1 078.6	—	483.21	
履带式单斗液压挖掘机 1.25 m³	台班	1	1 253.33	1 253.33	—	1 253.33	

续表

履带式单斗液压挖掘机 1.6 m³	台班	0.505	1 331.81	1 331.81	—	672.56	
自卸式汽车 12 t	台班	5.289	816.75	816.75	—	4 319.79	
自卸式汽车 15 t	台班	0.448	913.17	913.17	—	409.10	
自卸式汽车 18 t	台班	0.181	954.78	954.78	—	172.82	
履带式推土机 105 kW	台班	0.427	945.95	945.95	—	403.92	
履带式单斗液压挖掘机 1 m³	台班	0.444	1 078.60	1 078.60	—	478.90	
履带式单斗液压挖掘机 1.25 m³	台班	0.982	1 253.33	1 253.33	—	1 230.77	
履带式单斗液压挖掘机 1.6 m³	台班	0.525	1 331.81	1 331.81	—	699.20	
洒水车 4 000 L	台班	0.484	449.19	449.19	—	217.41	
自卸式汽车 12 t	台班	1.796×2	816.75	816.75	—	2 933.76	
自卸式汽车 15 t	台班	0.174×2	913.17	913.17	—	317.78	
自卸式汽车 18 t	台班	0.074×2	954.78	954.78	—	141.30	
洒水车 4 000 L	台班	0.484×2	449.19	449.19	—	434.82	
(2)燃油动力费							

注:查《重庆市建设工程费用定额》及计价管理文件,确定机械土石方工程的企业管理费率为 18.40%,利润费率为 7.64%,价差暂不考虑。

(4)挖一般土方的工程量清单计价(表 5.2.5)。

表 5.2.5　分部分项工程和单价措施项目清单与计价表

工程名称:××建筑工程　　　　标段:　　　　第　页共　页

序号	项目编码	项目名称	项目特征描述	计量单位	工程量	金额(元)		
						综合单价	合价	其中:暂估价
1	010101002001	挖一般土方	1. 土的类别:综合 2. 弃土运距:由投标人自定	m³	665.00	19.15	12 734.75	

基坑土方工程量清单编制与计价

3. 挖基坑土方工程量清单计价

1)计算挖基坑土方综合单价的注意事项

施工方案规定的放坡、操作工作面和机械挖土进出施工工作面的坡道等增加的施工量,应包括在挖基坑土方报价内,重庆市计价定额的工程量计算规则与《工程量计算规范》相同。

2)挖基坑土方工程量清单计价案例

【例 5.2.3】根据例 5.1.3 挖基坑土方的工程量清单,完成挖基坑土方清单计价。投标人的施工方案为采用人工开挖，将土置于坑边 1 m 以外、5 m 以内自然堆放。

（1）对应的计价定额：AA0009 人工挖基坑土方（深度在 4 m 以内）。

（2）计算定额工程量：与清单工程量相等。

（3）计算综合单价，见表 5.2.6。

表 5.2.6　分部分项工程项目综合单价分析表

工程名称：××建筑工程　　　　　　　　　　　　　　　　　　　　　第　页 共　页

项目编码	010101004001	项目名称		挖基坑土方					计量单位		m^3		综合单价		70.45
定额编号	定额名称	单位	数量	定额综合单价									人材机价差	其他风险费	合价
				定额人工费	定额材料费	定额施工机具使用费	企业管理费		利润		一般风险费用				
				1	2	3	4	5	6	7	8	9	10	11	12
							费率（%）	（1+3）×4	费率（%）	（1+3）×6	费率	（1+3）×8			1+2+3+5+7+9+10+11
AA0009	人工挖基坑土方	100 m^3	1	6 162.00	—	—	10.78	664.26	3.55	218.75	—	—	—	—	7 045.01
合计															
人工、材料及机械名称					单位	数量	定额单价		市场单价		价差合计		市场合价		备注
1. 人工															
土石方综合工日					工日	61.62	100		100		—		6 162		
2. 材料															
（1）计价材料															
（2）其他材料															
3. 机械															
（1）机上人工															
（2）燃油动力费															

注：《重庆市建设工程费用定额》规定，人工土石方工程的利润率为 3.55%，管理费率为 10.78%，计算基数为定额人工费，价差暂不考虑。

（4）挖基坑土方的工程量清单计价（表 5.2.7）。

表 5.2.7　分部分项工程和单价措施项目清单与计价表

工程名称：× ×建筑工程　　　　　　　　标段：　　　　　　　　　　　第　页　共　页

序号	项目编码	项目名称	项目特征描述	计量单位	工程量	金额(元)		
						综合单价	合价	其中：暂估价
1	010101004001	挖基坑土方	1. 土壤类别：三类土 2. 挖土深度：2.65 m	m^3	116.36	70.45	8 197.56	

基础回填工程量清单编制与计价

4. 回填方工程量清单计价

1) 计算回填方综合单价的注意事项

基础土方放坡等施工的增加量，应包括在回填方报价内，重庆市计价定额的工程量计算规则与《工程量计算规范》相同。

2) 回填方工程量清单计价案例

【例 5.2.4】根据例 5.1.4 基坑的回填方工程量清单，完成回填方工程量清单计价。根据施工现场勘测情况，投标人施工方案为人工就地取土夯填。

(1) 对应的计价定额：AA0114 人工槽、坑回填(夯填土方)。

(2) 计算定额工程量：同清单工程量。

(3) 计算综合单价，见表 5.2.8。

表 5.2.8　分部分项工程项目综合单价分析表

工程名称：× ×建筑工程　　　　　　　　　　　　　　　　　　第　页　共　页

项目编码	010103001001	项目名称		回填方					计量单位		m^3		综合单价		36.603
定额编号	定额名称	单位	数量	定额综合单价									人材机价差	其他风险费	合价
				定额人工费	定额材料费	定额施工机具使用费	企业管理费		利润		一般风险费用				
							4	5	6	7	8	9			12
				1	2	3	费率(%)	1×4	费率(%)	1×6	费率	(1+3)×8	10	11	1+2+3+5+7+9+10+11
AA0114	人工槽、坑回填(夯填土方)	100 m^3	1	3 024.50	6.85	195.54	10.78	326.04	3.55	107.37	—	—	—	—	3 660.30
合计															
人工、材料及机械名称				单位	数量	定额单价		市场单价		价差合计		市场合价		备注	
1. 人工															
土石方综合工日				工日	30.245	100		100		—		3 024.5			

续表

2. 材料							
(1)计价材料							
水	m^3	1.550	4.42			6.85	
(2)其他材料							
3. 机械							
(1)机上人工							
电动夯实机 200 ~ 620 N · m	台班	7.090	27.58			195.54	
(2)燃油动力费							

注:《重庆市建设工程费用定额》规定,人工土石方工程的利润率为3.55%,管理费率为10.78%,计算基数为定额人工费,价差暂不考虑。

(4)挖基坑土方的工程量清单计价(表5.2.9)。

表5.2.9　分部分项工程和单价措施项目清单与计价表

工程名称:××建筑工程　　　　标段:　　　　第　页　共　页

序号	项目编码	项目名称	项目特征描述	计量单位	工程量	金额(元)		
						综合单价	合价	其中:暂估价
1	010103001001	回填方	1. 密实度要求:按规范 2. 填方材料品种:按规范 3. 填方粒径要求:按规范 4. 填方来源、运距:由投标人自定	m^3	108.23	36.603	3 961.54	

习　题

一、单项选择题

1. 编制土石方工程量清单,土石方体积应按(　　)计算。

A. 挖掘前的天然密实体积　　B. 挖掘后的松散体积

C. 夯实后的体积　　D. 碾压前的松散体积

2. (　　)项目适用于建筑场地厚度在±30 cm以内的挖、填、运、找平。

A. 挖土方　　B. 挖基础土方　　C. 平整场地　　D. 挖山坡土方

3. 平整场地工程量按设计图示尺寸以建筑物(　　)计算。

A. 首层面积　　B. 首层建筑面积

C. 建筑面积　　D. 首层使用面积

4. 挖土方项目适用于(　　)的竖向布置的挖土或山坡切土。

A. ±30 cm 以内　　B. ±30 cm 以外　　C. ±50 cm 以外　　D. ±50 cm 以内

5. 挖基础土方工程量按设计图示尺寸以(　　)乘以挖土深度计算。

A. 基础垫层底面积　　B. 基础垫层宽

C. 基础垫层长　　D. 基础底面积

6. 室内回填土方工程量以主墙间净面积乘以填土厚度计算,这里的“主墙”是指结构厚度大于(　　)的各类墙体。

A. 100 mm　　B. 120 mm　　C. 150 mm　　D. 180 mm

7. 基础回填工程量以挖方体积减去(　　)以下埋设的基础体积。

A. 设计地坪　　B. 设计室内地坪

C. 自然地坪　　D. 设计室外地坪

二、多项选择题

1. 必须描述的项目特征包括(　　)。

A. 涉及正确计量的内容　　B. 涉及材料品牌的内容

C. 涉及结构要求的内容　　D. 涉及材质要求的内容

E. 涉及安装方式的内容

2. 土(石)方回填项目适用于(　　)并包括指定范围内的运输以及借土回填的土方开挖。

A. 挖土回填　　B. 场地回填　　C. 室内回填　　D. 基础回填

E. 人工回填

三、判断题

1. 土方和石方的开挖应分开列项。(　　)

2. 分部分项工程量清单的项目名称要严格按照《计价规范》的项目名称确定,不可改动。(　　)

3. 工程量计算以 mm 为单位比较方便。(　　)

4.《计价规范》附录列出的项目特征并非每一条都必须描述。(　　)

学习情境6　地基处理与边坡支护工程工程量清单编制与计价

任务1　地基处理与边坡支护工程工程量清单编制

1.1　地基处理与边坡支护工程工程量清单项目设置

在《工程量计算规范》中，地基处理与边坡支护工程工程量清单项目共2节28个项目，包括地基处理、基坑与边坡支护等，适用于建筑物和构筑物的地基处理与边坡支护工程。地基处理与边坡支护工程工程量清单项目名称及编码见表6.1.1。

表6.1.1　地基处理与边坡支护工程工程量清单项目名称及编码

项目编码	项目名称	项目编码	项目名称
010201001	换填垫层	010201015	柱锤冲扩桩
010201002	铺设土工合成材料	010201016	注浆地基
010201003	预压地基	010201017	褥垫层
010201004	强夯地基	010202001	地下连续墙
010201005	振冲密实(不填料)	010202002	咬合灌注桩
010201006	振冲桩(填料)	010202003	圆木桩
010201007	砂石桩	010202004	预制钢筋混凝土板桩
010201008	水泥粉煤灰碎石桩	010202005	型钢桩
010201009	深层搅拌桩	010202006	钢板桩
010201010	粉喷桩	010202007	锚杆(锚索)
010201011	夯实水泥土桩	010202008	土钉
010201012	高压喷射注浆桩	010202009	喷射混凝土、水泥砂浆
010201013	石灰桩	010202010	钢筋混凝土支撑
010201014	灰土(土)挤密桩	010202011	钢支撑

课堂活动:讨论如何列出需要计算的地基处理与边坡支护工程工程量清单项目名称、项目编码。

1.2 地基处理与边坡支护工程工程量清单编制规定

地基处理与边坡支护工程工程量清单编制

(1)地层情况按土石方工程工程量清单编制中的相关规定,并根据岩土工程勘察报告按单位工程各地层所占比例(包括范围值)进行描述。对无法准确描述的地层情况,可注明由投标人根据岩土工程勘察报告自行决定报价。

(2)项目特征中的桩长应包括桩尖,空桩长度=孔深-桩长,孔深为自然地面至设计桩底的深度。

(3)高压喷射注浆类型包括旋喷、摆喷、定喷,高压喷射注浆方法包括单管法、双重管法、三重管法。

(4)复合地基的检测费用按国家相关取费标准单独计算,不在本章清单项目中。

(5)如采用泥浆护壁成孔,工作内容包括土方、废泥浆外运;如采用沉管灌注成孔,工作内容包括桩尖制作、安装。

(6)弃土(不含泥浆)清理、运输按《工程量计算规范》土石方分部工程中相关项目编码列项。

(7)其他锚杆是指不施加预应力的土层锚杆和岩石锚杆,置入方法包括钻孔置入、打入或射入等。

(8)基坑与边坡的检测、变形观测等费用按国家相关取费标准单独计算,不在《工程量计算规范》清单项目中。

(9)地下连续墙和喷射混凝土的钢筋网及咬合灌注桩的钢筋笼制作、安装,按混凝土及钢筋混凝土分部工程中相关项目编码列项。本分部工程未列的基坑与边坡支护的排桩按桩基分部工程中相关项目编码列项。水泥土墙、坑内加固按本分部工程其他相关项目编码列项。砖、石挡土墙、护坡按砌筑分部工程相关项目编码列项。混凝土挡土墙按混凝土分部工程相关项目编码列项。

1.3 地基处理与边坡支护工程工程量清单编制方法及案例

土钉支护工程量清单编制

土钉支护项目工程量清单编制如下。

1. 土钉支护适用范围

“土钉支护工程”项目适用于土层的锚固，措施项目应列入措施项目清单中。

2. 土钉支护项目工程量清单编制案例

【例6.1.1】某工程地基采用土钉支护，如图6.1.1所示。土钉深度为2 m，平均每平方米设1个，C25混凝土喷射厚度为60 mm。试编制工程量清单。

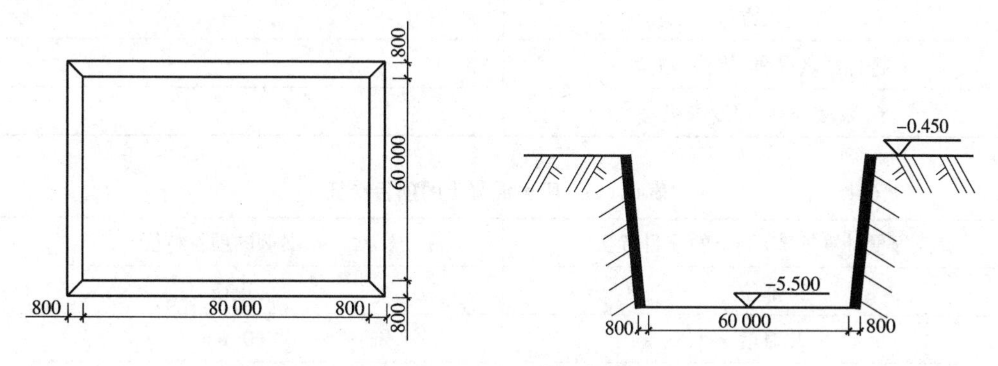

图6.1.1　土钉支护示意图

1）土钉支护的项目编码

（1）土钉的项目编码：010202008001。

（2）喷射混凝土的项目编码：010202009001。

2）土钉支护的项目名称

本案例包括两个清单项目，项目名称分别为土钉、喷射混凝土。

3）土钉支护的计量单位

（1）根据《工程量计算规范》附录查出土钉的计量单位为m或根，本案例以m计量。

（2）以同样的方法查出喷射混凝土的计量单位为m^2。

4）土钉支护的工程量

（1）工程量计算规则。

土钉的工程量计算规则：以m计量，按设计图示尺寸以钻孔深度计算；以根计量，按设计图示数量计算。

喷射混凝土的工程量计算规则：按设计图所示喷射的坡面面积计算。

（2）土钉支护工程量计算。

喷射混凝土：

$$S_{喷} = (80.80 + 60.80) \times 2 \times \sqrt{0.8^2 + (5.5 - 0.45)^2} = 1\,445.95\ m^2$$

土钉：

$$L = 1\,445.95 \div 1.00 \times 2.00 = 2\,891.90\ m$$

（3）土钉支护和喷射混凝土的项目特征，见表6.1.2和表6.1.3。

表 6.1.2　土钉支护的项目特征

《工程量计算规范》列出的项目特征	本案例的项目特征
1. 地层情况	土
2. 钻孔深度	2 m
3. 钻孔直径	—
4. 置入方法	—
5. 杆体材料品种、规格、数量	—
6. 浆液种类、强度等级	—

表 6.1.3　喷射混凝土的项目特征

《工程量计算规范》列出的项目特征	本案例的项目特征
1. 部位	边坡
2. 厚度	60 mm
3. 材料种类	混凝土
4. 混凝土(砂浆)类别、强度等级	C25

5)土钉支护的工程量清单

土钉支护的工程量清单见表 6.1.4。

表 6.1.4　分部分项工程和单价措施项目清单与计价表

工程名称:××建筑工程　　　　标段:　　　　第　页　共　页

序号	项目编码	项目名称	项目特征描述	计量单位	工程量	金额(元)		
						综合单价	合价	其中:暂估价
A.2	地基处理与边坡支护工程							
1	010202008001	土钉	1. 地层情况:土 2. 钻孔深度:2 m	m	2 891.90			
2	010202009001	喷射混凝土、水泥砂浆	1. 部位:边坡 2. 厚度:60 mm 3. 材料种类:混凝土 4. 强度等级:C25	m^2	1 445.95			
本页小计								
合计								

任务2　地基处理与边坡支护工程工程量清单计价

2.1　地基处理与边坡支护工程工程量清单项目与定额项目的对应关系

地基处理与边坡支护工程工程量清单项目与定额项目的对应关系见表6.2.1。

表6.2.1　地基处理与边坡支护工程工程量清单项目与定额项目对应表(摘录)

项目编码	清单项目名称	建筑工程定额编号
010201004	强夯地基	地基强夯:AA0179
010202007	锚杆(锚索)	钻孔:AB0049～AB0054 锚杆:AB0055、AB0056 锚索:AB0057～AB0062 锚具:AB0063 灌浆:AB0064
010202008	土钉	其他锚杆:《重庆市房屋建筑与装饰工程计价定额》无相关子目,编制综合单价时自行确定 土钉:AB0031 砂浆锚钉:AB0032
010202009	喷射混凝土、水泥砂浆	喷射混凝土:AB0033～AB0040 泄水孔:AB0096、AB0097

2.2　地基处理与边坡支护工程工程量清单计价方法及案例

【例6.2.1】根据例6.1.1土钉支护项目工程量清单(表6.1.4),完成清单计价。

综合单价分析见表6.2.2。

表 6.2.2 分部分项工程项目综合单价分析表

工程名称：××建筑工程　　　　标段：　　　　第　页　共　页

项目编码	010202009001	项目名称		喷射混凝土、水泥砂浆					计量单位		m²		综合单价		64.43
定额编号	定额项目名称	单位	数量	定额综合单价									人材机价差	其他风险费	合价
				定额人工费	定额材料费	定额施工机具使用费	企业管理费		利润		一般风险费用				
				1	2	3	4 费率(%)	5 (1+3)×4	6 费率(%)	7 (1+3)×6	8 费率(%)	9 (1+3)×8	10	11	12 1+2+3+5+7+9+10+11
AB0033	喷射混凝土，初喷厚50 mm，垂直面素喷	100 m²	0.01	19.15	14.96	8.16	18.46	5.04	7.7	2.1	1.5	0.41	5.91	0	55.72
AB0034	喷射混凝土，每增减10 mm，垂直面素喷	100 m²	0.01	2.04	2.88	1.63	18.46	0.68	7.7	0.28	1.5	0.06	1.14	0	8.71
合　计				21.19	17.84	9.79	—	5.72	—	2.39	—	0.47	7.05	0	64.43

人工、材料及机械名称	单位	数量	定额单价	市场单价	价差合计	市场合价	备注
1.人工							
混凝土综合工	工日	0.184 2	115	115	0	21.18	
2.材料							
(1)计价材料							
水泥 32.5R	kg	26.715 6	0.31	0.43	3.21	11.49	
特细砂	t	0.032 9	63.11	257	6.38	8.46	
水	m³	0.016 3	4.42	3.88	-0.01	0.06	
特细砂塑性混凝土(坍落度 75～90 mm)，碎石公称粒级 5～31.5 mm，C20	m³	0.072 4	236.8	369.18	9.58	26.73	
碎石 5～31.5 mm	t	0.098 8	67.96	67.96	0	6.71	
高压胶皮风管 φ50 mm	m	0.017	20.51	20.51	0	0.35	
(2)其他材料费							
其他材料费	元	—	—	1	—	0.34	

续表

3.机械							
(1)机上人工							
机上人工	工日	0.044 1	120	84.67	-1.56	3.73	
(2)燃油动力费							
电	kW·h	4.086 8	0.7	0.46	-0.98	1.88	

土钉支护项目工程量清单计价步骤如下。

(1)对应的计价定额:AB0031 土钉、AB0033 初喷厚50 mm、AB0034 每增厚10 mm。

(2)计算定额工程量。《重庆市房屋建筑与装饰工程计价定额》(CQJZZSDE—2018)中土钉支护项目工程量计算规则如下。

①土钉、砂浆锚钉:按照设计图示钻孔深度以"m"计算。

②喷射混凝土,按照设计图示面积以"m^2"计算。

根据以上工程量计算规则,本案例各个项目的工程量计算如下:

①喷射混凝土工程量同清单工程量,为1 447.99 m^2;

②土钉工程量同清单工程量,为2 895.98 m。

(3)计算综合单价及合价,结果见表6.2.3。

(4)水泥砂浆楼地面工程量清单计价。

表6.2.3　分部分项工程和单价措施项目清单与计价表

工程名称:××建筑工程　　　　标段:　　　　第　页　共　页

序号	项目编码	项目名称	项目特征描述	计量单位	工程量	金额(元)		
						综合单价	合价	其中:暂估价
A.2	地基处理与边坡支护工程							
1	010202008001	土钉	1.地层情况:土 2.钻孔深度:2 m	100 m	28.91	1 596	46 140.36	—
2	010202009001	喷射混凝土、水泥砂浆	1.部位:边坡 2.厚度:60 mm 3.材料种类:混凝土 4.强度等级:C25	100 m^2	14.46	6 442	93 151.32	—
本页小计							139 291.68	
合计							139 291.68	

习　题

判断题

1. 预应力锚杆、锚索、土钉应按设计图示尺寸以钻孔深度计算，以 m 计量，或按设计图示数量计算，以根计量。(　　)

2. 基坑边坡支护中，喷射的混凝土、水泥砂浆量应按设计图示尺寸按体积计算，以 m^3 计量。(　　)

学习情境7　桩基工程工程量清单编制与计价

任务1　桩基工程工程量清单编制

1.1　桩基工程工程量清单项目设置

桩基础工程定额

在《工程量计算规范》中,桩基工程工程量清单项目共2节11个项目,包括打桩、灌注桩,适用于建筑物和构筑物的桩基工程。桩基工程工程量清单项目名称及编码见表7.1.1。

表7.1.1　桩基工程工程量清单项目名称及编码

项目编码	项目名称	项目编码	项目名称
010301001	预制钢筋混凝土方桩	010302003	干作业成孔灌注桩
010301002	预制钢筋混凝土管桩	010302004	挖孔桩土(石)方
010301003	钢管桩	010302005	人工挖孔灌注桩
010301004	截(凿)桩头	010302006	钻孔压浆桩
010302001	泥浆护壁成孔灌注桩	010302007	灌注桩后压浆
010302002	沉管灌注桩		

课堂活动:讨论如何列出需要计算的桩基工程工程量清单项目名称、项目编码。

1.2 桩基工程工程量清单编制规定

(1)地质情况和地基处理与边坡支护工程的规定相同。

(2)混凝土灌注桩的钢筋笼制作、安装,应按混凝土及钢筋混凝土工程中的相关项目编码列项。

1.3 桩基工程工程量清单编制方法及案例

1.3.1 预制钢筋混凝土桩工程量清单编制

1.预制钢筋混凝土桩适用范围

预制桩是指在工厂或施工现场制成的各种材料和类型的桩(如木桩、钢筋混凝土方桩、预应力钢筋混凝土桩、钢管桩或型钢桩),而后用沉桩设备将桩打入、压入、旋入或振入土中。

"预制钢筋混凝土桩"项目适用于预制混凝土方桩、管桩等。注意:试桩应按"预制钢筋混凝土桩"项目编码单独列项。

预制钢筋混凝土桩工程量计量

2.预制钢筋混凝土桩工程量清单编制案例

【例 7.1.1】某工程采用预制钢筋混凝土方桩基础,设计情况如图 7.1.1 所示,二类土质,用柴油打桩机打预制 C20 混凝土方桩 280 根。试编制分部分项工程量清单。

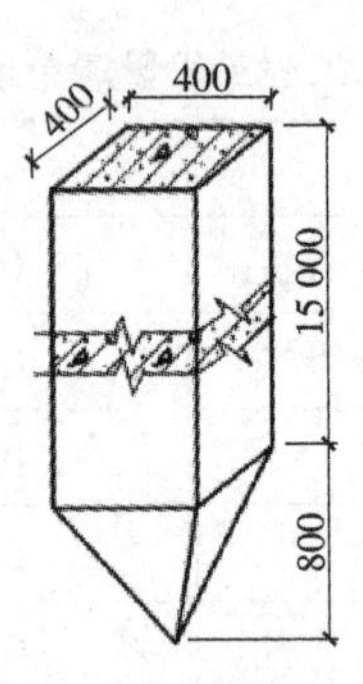

图 7.1.1 预制钢筋混凝土方桩示意图

(1)预制钢筋混凝土方桩的项目编码:010301001001。

(2)预制钢筋混凝土方桩的项目名称:预制钢筋混凝土方桩。

(3)预制钢筋混凝土方桩的计量单位:m 或 m^3 或根。本案例以 m 为计量单位。

(4)预制钢筋混凝土方桩的工程量。

①预制钢筋混凝土方桩的工程量计算规则:按设计图示尺寸以桩长(包括桩尖)或根数计算。

②预制钢筋混凝土方桩的工程量计算。本案例按桩长计算清单工程量。

$H=(15+0.8)\times 280=4\ 424.00$ m

(5)预制钢筋混凝土方桩的项目特征见表7.1.2。

表7.1.2　预制钢筋混凝土方桩的项目特征

《工程量计算规范》列出的项目特征	本案例的项目特征
1.地层情况	投标人自定
2.桩长	单桩长度:15.8 m
3.桩截面	400 mm×400 mm
4.桩倾斜度	—
5.沉桩方法	—
6.接桩方式	—
7.混凝土强度等级	C20

(6)预制钢筋混凝土方桩的工程量清单见表7.1.3。

表7.1.3　分部分项工程和单价措施项目清单与计价表

工程名称:××建筑工程　　　　标段:　　　　第　页　共　页

序号	项目编码	项目名称	项目特征描述	计量单位	工程量	金额(元)		
						综合单价	合价	其中:暂估价
1	010301001001	预制钢筋混凝土方桩	1.地层情况:投标人自定 2.桩长:15.8 m 3.根数:280根 4.桩截面:400 mm×400 mm 5.混凝土强度等级:C20	m	4 424.00			

1.3.2　混凝土灌注桩工程量清单编制

现场灌注钢筋混凝土桩工程量计量

1.混凝土灌注桩适用范围

混凝土灌注桩是在施工现场的桩位上用机械或者人工成孔,然后在孔内灌注混凝土,或先在孔中吊放钢筋笼再浇筑混凝土而成的桩。

“混凝土灌注桩”项目适用于泥浆护壁成孔灌注桩、沉管灌注桩、干作业成孔灌注桩、人工挖孔灌注桩等。

2. 混凝土灌注桩工程量清单编制案例

【例 7.1.2】已知某工程采用人工挖孔桩基础，设计情况如图 7.1.2 所示，共 10 根桩，桩芯混凝土使用强度等级为 C25 的商品混凝土，护壁混凝土使用强度等级为 C20 的商品混凝土，桩端进入中风化岩 1.5 m。地层情况自上而下分别为土层（三类土）厚 5.6 m，强风化岩（软质岩）厚 5 m，中风化岩（较硬岩）。土方采用场内转运。试编制该桩基础分部分项工程量清单。

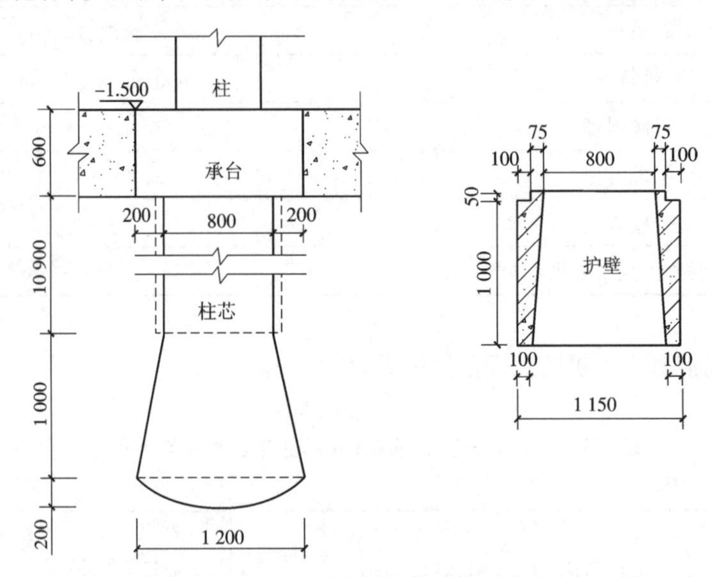

图 7.1.2　某桩基础工程示意图

1）人工挖孔混凝土灌注桩的项目编码

（1）挖孔桩土（石）方的项目编码，根据人工挖孔混凝土灌注桩所处土壤类别不同分别为 010302004001（土）、010302004002（软质岩）、010302004003（较硬岩）。

（2）人工挖孔混凝土灌注桩的项目编码为 010302005001（桩芯混凝土）。

2）人工挖孔混凝土灌注桩的项目名称

人工挖孔混凝土灌注桩土（石）方的项目名称，根据挖孔桩所处土壤类别不同分别为人工挖孔混凝土灌注桩挖土方、人工挖孔混凝土灌注桩凿软质岩、人工挖孔混凝土灌注桩凿较硬岩。

3）人工挖孔混凝土灌注桩土（石）方的计量单位

（1）从《工程量计算规范》附录查出挖孔桩土（石）方的计量单位是 m^3。

（2）用同样的方法查出人工挖孔混凝土灌注桩混凝土的计量单位是 m^3 或根，本案例以 m^3 计。

4）人工挖孔混凝土灌注桩的工程量

（1）工程量计算规则。

①人工挖孔混凝土灌注桩土（石）方的工程量按设计图示尺寸截面面积乘以挖孔深度，以

m^3 计算。

②人工挖孔混凝土灌注桩混凝土的工程量以 m^3 计量，按桩芯混凝土体积计算；或者以根计量，按设计图示数量计算。

(2)人工挖孔混凝土灌注桩的工程量计算。

①人工挖土(石)方工程量计算。

人工挖孔混凝土灌注桩挖土方清单工程量：

$$V_1 = 3.1416 \times 0.575^2 \times 5.6 \times 10 = 58.17\ m^3$$

人工挖孔混凝土灌注桩凿软质岩清单工程量：

$$V_2 = 3.1416 \times 0.4^2 \times 5 \times 10 = 25.13\ m^3$$

人工挖孔混凝土灌注桩凿较硬岩清单工程量如下。

a. 人工凿较硬岩体积(圆柱)：

$$V_3 = 3.1416 \times 0.4^2 \times (10.9 - 5.6 - 5) \times 10 = 1.51\ m^3$$

b. 人工凿较硬岩体积(扩大头)：

$$V_4 = \frac{1}{3} \times 1 \times (3.1416 \times 0.4^2 + 3.1416 \times 0.6^2 + 3.1416 \times 0.4 \times 0.6) \times 10 = 7.96\ m^3$$

c. 扩大头球冠：

$$V_5 = 3.1416 \times 0.2^2 \times (R^2 - 0.2/3) \times 10 = 1.17\ m^3$$

式中，R 为球冠半径，$R = \dfrac{0.6^2 + 0.2^2}{2 \times 0.2} = 1\ m$。

d. 人工凿较硬岩的工程量：

$$V_6 = V_3 + V_4 + V_5 = 1.51 + 7.96 + 1.17 = 10.64\ m^3$$

②桩芯混凝土工程量。

护壁混凝土工程量：

$$V_7 = [3.1416 \times 0.575^2 - \frac{1}{3} \times 3.1416 \times (0.4^2 + 0.475^2 + 0.4 \times 0.475)] \times 5.6 \times 10 = 24.41\ m^3$$

桩芯混凝土工程量：

$$V_8 = V_1 + V_2 + V_6 - V_7 = 58.17 + 25.13 + 10.64 - 24.41 = 69.53\ m^3$$

5)人工挖孔混凝土灌注桩的项目特征

人工挖孔混凝土灌注桩的项目特征见表7.1.4和表7.1.5。

表7.1.4　人工挖孔混凝土灌注桩土(石)方的项目特征

《工程量计算规范》列出的项目特征	人工挖孔混凝土灌注桩挖土方的项目特征	人工挖孔混凝土灌注桩凿软质岩的项目特征	人工挖孔混凝土灌注桩凿较硬岩的项目特征
1. 地层情况	土	软质岩	较硬岩
2. 挖孔深度	单桩5.6 m	单桩10.6 m	单桩12.1 m
3. 弃土(石)运距	场内转运	场内转运	场内转运

表 7.1.5　人工挖孔混凝土灌注桩混凝土的项目特征

《工程量计算规范》列出的项目特征	人工挖孔桩的项目特征
1. 桩芯长度	单桩 12.1 m
2. 桩芯直径、扩底直径、扩底高度	桩芯直径:800 mm;扩底直径:1 200 mm;扩底高度:200 mm
3. 护壁厚度、高度	护壁厚度:100 ~ 175 mm;高度:5.6 m
4. 护壁混凝土种类、强度等级	护壁混凝土种类:商品混凝土;强度等级:C20
5. 桩芯混凝土种类、强度等级	桩芯混凝土种类:商品混凝土;强度等级:C25

6)人工挖孔混凝土灌注桩的工程量清单

人工挖孔混凝土灌注桩的工程量清单见表 7.1.6。

表 7.1.6　分部分项工程和单价措施项目清单与计价表

工程名称:××建筑工程　　标段:　　第 页 共 页

序号	项目编码	项目名称	项目特征描述	计量单位	工程量	金额(元)		
						综合单价	合价	其中:暂估价
1	010302004001	人工挖孔混凝土灌注桩挖土方	1. 地层情况:土 2. 挖孔深度:5.6 m 3. 弃土(石)运距:场内运转	m^3	58.17			
2	010302004002	人工挖孔混凝土灌注桩凿软质岩	1. 地层情况:软质岩 2. 挖孔深度:10.6 m 3. 弃土(石)运距:场内运转	m^3	25.13			
3	010302004003	人工挖孔混凝土灌注桩凿较硬岩	1. 地层情况:较硬岩 2. 挖孔深度:12.1 m 3. 弃土(石)运距:场内运转	m^3	10.64			

续表

序号	项目编码	项目名称	项目特征描述	计量单位	工程量	金额(元)		
						综合单价	合价	其中：暂估价
4	010302005001	人工挖孔灌注桩	1. 桩芯长度:12.1 m 2. 桩芯直径:800 mm;扩底直径:1 200 mm;扩底高度:200 mm 3. 护壁厚度:100 ~ 175 mm;高度:5.6 m 4. 护壁混凝土种类:商品混凝土;强度等级:C20 5. 桩芯混凝土种类:商品混凝土;强度等级:C25	m^3	69.53			
本页小计								
合　计								

课堂活动:某工程采用C30钻孔灌注桩80根,设计桩径1 200 mm,要求桩穿越卵石层后进入强度为280 MPa的中风化岩层1.7 m,入岩深度下面部分做成200 mm深的凹底;桩底标高(凹底)-49.8 m,桩顶设计标高-4.8 m,现场自然地坪标高-0.45 m,设计规定加灌长度1.5 m;废弃泥浆要求外运至5 km处。试计算该桩基础清单工程量,并编制C30钻孔灌注桩的工程量清单(表7.1.7)。

表7.1.7　分部分项工程和单价措施项目清单与计价表

工程名称:××建筑工程　　　　标段:　　　　第　页　共　页

序号	项目编码	项目名称	项目特征描述	计量单位	工程量	金额(元)		
						综合单价	合价	其中：暂估价
1								
2								
3								

任务2 桩基工程工程量清单计价

2.1 桩基工程工程量清单项目与定额项目的对应关系

桩基工程工程量清单项目与定额项目的对应关系见表7.2.1。

表7.2.1 桩基工程工程量清单项目与定额项目对应表(摘录)

项目编码	清单项目名称	建筑工程定额编号
010302004	挖孔桩土(石)方	人工挖孔桩挖土方:AC0031~AC0038 人工挖孔桩凿软质岩:AC0039~AC0049 人工挖孔桩凿较硬岩:AC0050~AC0060
010302005	人工挖孔灌注桩	混凝土护壁:AC0065~AC0067 桩芯混凝土:AC0068~AC0071

2.2 桩基工程工程量清单计价方法及案例

1.计算人工挖孔灌注桩综合单价注意事项

(1)人工挖孔时采用的护壁(如砖砌护壁、预制钢筋混凝土护壁、现浇钢筋混凝土护壁、钢模周转护壁、竹笼护壁等),应包括在报价内。

(2)钻孔护壁泥浆的搅拌运输,泥浆池、泥浆沟槽的砌筑和拆除,应包括在报价内。

2.人工挖孔灌注桩清单计价案例

【例7.2.1】根据例7.1.2 C25人工挖孔灌注桩工程量清单(表7.1.6),完成C25人工挖孔灌注桩清单计价。(四类工程)

C25人工挖孔灌注桩清单计价步骤如下。

(1)对应的计价定额:AC0031挖土方(深度在6 m以内)、AC0043凿软质岩(深度在16 m以内)、AC0054凿软硬岩(深度在16 m以内)、AC0066混凝土护壁(C20商品混凝土)、AC0070人工挖孔桩(C25商品混凝土)。

(2)计算定额工程量。《重庆市房屋建筑与装饰工程计价定额》的人工挖孔桩工程量计算规则如下。

①成孔:人工挖孔桩和人工挖沟槽、基坑,如在同一桩孔和同一沟槽、基坑内,有土有石时,按其土层与岩石的不同深度分别计算工程量,执行相应子目。

②护壁:混凝土护壁工程量按设计断面周边增加 20 mm,以 m^3 计算。

③人工挖孔灌注桩桩芯混凝土:无护壁的工程量按单根设计桩长另加 250 mm 乘设计断面面积(周边增加 20 mm)以 m^3 计算;有护壁的工程量按单根设计桩长另加 250 mm 乘设计断面面积以 m^3 计算。凿桩不另行计算。

a. 人工挖孔混凝土灌注桩挖土(石)方工程量计算。

- 人工挖土方体积(有护壁)同清单工程量,为 58.17 m^3。
- 人工凿软质岩体积同清单工程量,为 25.13 m^3。
- 人工凿较硬岩体积同清单工程量,为 10.64 m^3。

b. 混凝土护壁混凝土工程量计算。

混凝土护壁体积:

$$V_1 = [\frac{1}{3} \times 3.1416 \times (0.575 + 0.02)^2 \times 1 - \frac{1}{3} \times 3.1416 \times (0.4^2 + 0.475^2 + 0.4 \times 0.475) \times 1] \times 5.6 \times 10 = 28.53\ m^3$$

c. 桩芯混凝土工程量计算。

直芯:

$$V_2 = [\frac{1}{3} \times 3.1416 \times (0.4^2 + 0.475^2 + 0.4 \times 0.475) \times 5.6 + 3.1416 \times 0.4^2 \times (10.9 - 5.6 + 0.25)] \times 10 = 61.65\ m^3$$

扩大头:

$$V_3 = \frac{1}{3} \times 1 \times [3.1416 \times (0.4 + 0.02)^2 + 3.1416 \times (0.6 + 0.02)^2 + 3.1416 \times (0.4 + 0.02) \times (0.6 + 0.02)] \times 10 = 8.60\ m^3$$

扩大头球冠体积:

$$V_4 = 3.1416 \times 0.2^2 \times (R - 0.2/3) \times 10 = 1.13\ m^3$$

其中

$$R = \frac{(0.6 + 0.02)^2 + 0.02^2}{2 \times 0.2} = 0.962\ m$$

所以,人工挖孔桩桩芯混凝土工程量为

$$V_5 = V_2 + V_3 + V_4 = 61.65 + 8.60 + 1.13 = 71.38\ m^3$$

(3)计算综合单价,结果见表 7.2.2。

(4)人工挖孔桩的工程量清单计价见表 7.2.3。

表 7.2.2　工程量清单综合单价分析表

工程名称：××建筑工程　　标段：　　第　页　共　页

<table>
<tr><td>项目编码</td><td>010302004001</td><td colspan="2">项目名称</td><td colspan="5">人工挖孔混凝土灌注桩挖土方</td><td colspan="2">计量单位</td><td colspan="2">m^3</td><td colspan="2">综合单价</td><td>175.96</td></tr>
<tr><td rowspan="4">定额编号</td><td rowspan="4">定额项目名称</td><td rowspan="4">单位</td><td rowspan="4">数量</td><td colspan="9">定额综合单价</td><td rowspan="2">人材机价差</td><td rowspan="2">其他风险费</td><td rowspan="2">合价</td></tr>
<tr><td>定额人工费</td><td>定额材料费</td><td>定额施工机具使用费</td><td colspan="2">企业管理费</td><td colspan="2">利润</td><td colspan="2">一般风险费用</td></tr>
<tr><td rowspan="2">1</td><td rowspan="2">2</td><td rowspan="2">3</td><td>4</td><td>5</td><td>6</td><td>7</td><td>8</td><td>9</td><td rowspan="2">10</td><td rowspan="2">11</td><td>12</td></tr>
<tr><td>费率(%)</td><td>(1+3)×4</td><td>费率(%)</td><td>(1+3)×6</td><td>费率(%)</td><td>(1+3)×8</td><td>1+2+3+5+7+9+10+11</td></tr>
<tr><td>AC0031</td><td>人工挖孔桩，土方深度(m以内)：6</td><td>10 m^3</td><td>0.1</td><td>148.2</td><td>6.52</td><td>0</td><td>10.78</td><td>15.98</td><td>3.55</td><td>5.26</td><td>0</td><td>0</td><td>0</td><td>0</td><td>175.96</td></tr>
<tr><td colspan="4">合　计</td><td>148.2</td><td>6.52</td><td>0</td><td>—</td><td>15.98</td><td>—</td><td>5.26</td><td>—</td><td>0</td><td>0</td><td>0</td><td>175.96</td></tr>
</table>

人工、材料及机械名称	单位	数量	定额单价	市场单价	价差合计	市场合价	备注
1.人工							
土石方综合工	工日	1.482	100	100	0	148.2	
2.材料							
(1)计价材料							
(2)其他材料费							
照明及安全费用	元	—	—	1	—	6.52	
3.机 械							
(1)机上人工							
(2)燃油动力费							

续表

工程名称：××建筑工程　　　　标段：　　　　　　　　　　　　第　页　共　页

项目编码	010302004002	项目名称	人工挖孔混凝土灌注桩凿软质岩	计量单位	m^3	综合单价	270.67

定额编号	定额项目名称	单位	数量	定额综合单价									人材机价差	其他风险费	合价
				定额人工费	定额材料费	定额施工机具使用费	企业管理费		利润		一般风险费用				
							4	5	6	7	8	9			12
				1	2	3	费率(%)	(1+3)×4	费率(%)	(1+3)×6	费率(%)	(1+3)×8	10	11	1+2+3+5+7+9+10+11
AC0039	人工挖孔桩，软质岩，深度：(m以内)：6	10 m^3	0.05	92.75	3.91	2.1	10.78	10.22	3.55	3.37	0	0	-0.33	0	112.02
AC0040	人工挖孔桩，软质岩，深度：(m以内)：8	10 m^3	0.016 7	37.13	1.57	0.84	10.78	4.09	3.55	1.35	0	0	-0.13	0	44.85
AC0041	人工挖孔桩，软质岩，深度：(m以内)：10	10 m^3	0.016 7	42.85	1.81	0.97	10.78	4.72	3.55	1.56	0	0	-0.15	0	51.76
AC0042	人工挖孔桩，软质岩，深度：(m以内)：12	10 m^3	0.016 7	48.03	2.03	1.09	10.78	5.30	3.55	1.74	0	0	-0.17	0	58.02
AC0043	人工挖孔桩，软质岩，深度：(m以内)：16	10 m^3	0.001	3.32	0.14	0.08	10.78	0.37	3.55	0.12	0	0	-0.01	0	4.02
合　计				224.08	9.46	5.08	—	24.70	—	8.14	—	0	-0.79	0	270.67

人工、材料及机械名称	单位	数量	定额单价	市场单价	价差合计	市场合价	备注
1.人工							
土石方综合工	工日	2.240 7	100	100	0	224.07	
2.材料							
(1)计价材料							
(2)其他材料费							
照明及安全费用	元	—	—	1	—	9.45	
3.机械							
(1)机上人工							
(2)燃油动力费							
电	kW·h	3.312 5	0.7	0.46	-0.8	1.52	

续表

工程名称：××建筑工程　　　　　　　　标段：　　　　　　　　　　　　　　　第　页　共　页

项目编码	010302004003	项目名称		人工挖孔混凝土灌注桩凿较硬岩					计量单位		m^3		综合单价		452.00
定额编号	定额项目名称	单位	数量	定额综合单价									人材机价差	其他风险费	合价
				定额人工费	定额材料费	定额施工机具使用费	企业管理费		利润		一般风险费用				
				1	2	3	4	5	6	7	8	9	10	11	12
							费率(%)	(1+3)×4	费率(%)	(1+3)×6	费率(%)	(1+3)×8			1+2+3+5+7+9+10+11
AC0050	人工挖孔桩，较硬岩，深度(m以内)：6	10 m^3	0.05	156.85	6.12	9.99	10.78	17.99	3.55	5.92	0	0	-1.57	0	195.30
AC0051	人工挖孔桩，较硬岩，深度(m以内)：8	10 m^3	0.016 7	60.02	2.34	3.83	10.78	6.88	3.55	2.27	0	0	-0.6	0	74.74
AC0052	人工挖孔桩，较硬岩，深度(m以内)：10	10 m^3	0.016 7	67.09	2.62	4.27	10.78	7.69	3.55	2.53	0	0	-0.67	0	83.54
AC0053	人工挖孔桩，较硬岩，深度(m以内)：12	10 m^3	0.016 7	73.45	2.86	4.68	10.78	8.42	3.55	2.77	0	0	-0.73	0	91.46
AC0054	人工挖孔桩，较硬岩，深度(m以内)：16	10 m^3	0.001	5.6	0.22	0.36	10.78	0.64	3.55	0.21	0	0	-0.06	0	6.97
合　计				363.01	14.16	23.13	—	41.63	—	13.71	—	0	-3.63	0	452.00

人工、材料及机械名称	单位	数量	定额单价	市场单价	价差合计	市场合价	备注
1. 人工							
土石方综合工	工日	3.630 1	100	100	0	363.01	
2. 材料							
(1)计价材料							
(2)其他材料费							
照明及安全费用	元	—	—	1	—	14.16	
3. 机械							
(1)机上人工							
(2)燃油动力费							
电	kW·h	15.099 6	0.7	0.46	-3.62	6.95	

续表

工程名称：××建筑工程　　　　　标段：　　　　　第　页　共　页

项目编码	010302005001	项目名称		人工挖孔混凝土灌注桩					计量单位		m³		综合单价		691.48
定额编号	定额项目名称	单位	数量	定额综合单价									人材机价差	其他风险费	合价
				定额人工费	定额材料费	定额施工机具使用费	企业管理费		利润		一般风险费用				
				1	2	3	4 费率(%)	5 (1+3)×4	6 费率(%)	7 (1+3)×6	8 费率(%)	9 (1+3)×8	10	11	12 1+2+3+5+7+9+10+11
AC0068	钻孔灌注桩混凝土，桩芯混凝土土层、岩层自拌混凝土	10 m³	0.1	130.99	278.45	66.47	24.1	47.59	12.92	25.51	1.5	2.96	139.51	0	691.48
合　计				130.99	278.45	66.47	—	47.59	—	25.51	—	2.96	139.51	0	691.48

人工、材料及机械名称	单位	数量	定额单价	市场单价	价差合计	市场合价	备注
1.人工							
混凝土综合工	工日	1.139	115	115	0	130.99	
2.材料							
(1)计价材料							
水泥32.5R	kg	430.623	0.31	0.43	51.67	185.17	
特细砂	t	0.531	63.11	257	102.96	136.47	
水	m³	0.262 6	4.42	3.88	-0.14	1.02	
特细砂塑性混凝土(坍落度75~90 mm)碎石公称粒级:5~31.5mm C20	m³	1.167	236.8	369.18	154.49	430.83	
碎石5~31.5	t	1.591 8	67.96	67.96	0	108.18	
(2)其他材料费							
其他材料费	元	—	—	1	—	2.1	
3.机械							
(1)机上人工							
机上人工	工日	0.357 9	120	84.67	-12.64	30.3	
(2)燃油动力费							
电	kW·h	9.705 1	0.7	0.46	-2.33	4.46	
柴油	kg	0.789 9	5.64	5.64	0	4.46	

表 7.2.3　分部分项工程和单价措施项目清单与计价表

工程名称:××建筑工程　　　　　　标段:　　　　　　　　第　页　共　页

序号	项目编码	项目名称	项目特征描述	计量单位	工程量	金额(元)		
						综合单价	合价	其中:暂估价
1	010302004001	人工挖孔混凝土灌注桩挖土方	1. 地层情况:土 2. 挖孔深度:5.6 m 3. 弃土(石)运距:场内运转	m^3	58.17	175.96	10 235.59	
2	010302004002	人工挖孔混凝土灌注桩凿软质岩	1. 地层情况:软质岩 2. 挖孔深度:10.6 m 3. 弃土(石)运距:场内运转	m^3	25.13	270.67	6 801.94	
3	010302004003	人工挖孔混凝土灌注桩凿较硬岩	1. 地层情况:较硬岩 2. 挖孔深度:12.1 m 3. 弃土(石)运距:场内运转	m^3	10.64	452.00	4 809.28	
4	010302005001	人工挖孔灌注桩	1. 桩芯长度:12.1 m 2. 桩芯直径:800 mm;扩底直径:1 200 mm;扩底高度:200 mm 3. 护壁厚度:100 ~ 175 mm;高度:5.6 m 4. 护壁混凝土种类:商品混凝土;强度等级:C20 5. 桩芯混凝土种类:商品混凝土;强度等级:C25	m^3	69.53	691.48	48 078.6	
本页小计	69 871.09							
合计	69 871.09							

注:表中的数据由于计算过程中的四舍五入有少许的计算误差,属正常现象。后面的表格不再进行说明。

习　题

一、单项选择题

1. 在工厂或施工现场制成的各种材料和类型的桩(如木桩、钢筋混凝土方桩、预应力钢筋混凝土管桩、钢管桩或钢桩等),而后用沉桩设备将桩打入、压入、旋入或振入土中,这种桩称为(　　)。

A. 混凝土灌注桩　　B. 喷粉桩　　C. 预制桩　　D. 灰土挤密桩

2. 在施工现场的桩位上用机械或者人工成孔,然后在孔内灌注混凝土或先在孔中吊放钢筋笼再灌注混凝土而成的桩称为(　　)。

A. 混凝土灌注桩　　B. 喷粉桩　　C. 预制桩　　D. 灰土挤密桩

3. 一般钢筋混凝土预制桩桩长都不超过30 m,若过长对桩的起吊和运输等都将带来很多不便,所以如果打入桩很长时,一般都是分段预制,打桩时先把第一段打入,再采取某种技术措施,把第二段与第一段连接牢固后,继续向下打入土中。这种连接的过程叫(　　)。

A. 接桩　　B. 送桩　　C. 复打桩　　D. 旋喷桩

二、多项选择题

1. 根据单轴饱和抗压强度,岩石可以分为(　　)。

A. 土　　B. 软质岩　　C. 较硬岩　　D. 坚硬岩

E. 砂石

2. 桩基础是一种常见的深基础形式,它由桩和桩顶的承台组成。桩按受力情况,可分为(　　)两类。

A. 摩擦桩　　B. 端承桩　　C. 接桩　　D. 预制桩

E. 灌注桩

3. 桩基础是一种常见的深基础形式,它由桩和桩顶的承台组成。按桩的施工方法,分为(　　)两类。

A. 摩擦桩　　B. 端承桩　　C. 接桩　　D. 预制桩

E. 灌注桩

4. 清单列项中,预制钢筋混凝土桩的计量单位是(　　)。

A. m　　B. m^3　　C. 根　　D. m^2

E. 套

学习情境 8　砌筑工程工程量清单编制与计价

任务 1　砌筑工程工程量清单编制

1.1　砌筑工程工程量清单项目设置

在《工程量计算规范》中，砌筑工程工程量清单项目共 4 节 27 个项目，包括砖砌体、砌块砌体、石砌体、垫层等，适用于建筑物、构筑物的砌筑工程。砌筑工程工程量清单项目名称及编码见表 8.1.1。

表 8.1.1　砌筑工程工程量清单项目名称及编码

项目编码	项目名称	项目编码	项目名称
010401001	砖基础	010402001	砌块墙
010401002	砖砌挖孔桩护壁	010402002	砌块柱
010401003	实心砖墙	010403001	石基础
010401004	多孔砖墙	010403002	石勒脚
010401005	空心砖墙	010403003	石墙
010401006	空斗墙	010403004	石挡土墙
010401007	空花墙	010403005	石柱
010401008	填充墙	010403006	石栏杆
010401009	实心砖柱	010403007	石护坡
010401010	多孔砖柱	010403008	石台阶
010401011	砖检查井	010403009	石坡道
010401012	零星砌砖	010403010	石地沟、明沟
010401013	砖散水、地坪	010404001	垫层
010401014	砖地沟、明沟		

课堂活动：识读附录5中的相关图纸，讨论如何列出需要计算的砌筑工程工程量清单、项目名称及项目编码。

1.2　砌筑工程工程量清单编制规定

1. 砖砌体工程工程量清单编制规定

砖砌体工程工程量清单编制的规定如下。

(1)标准砖尺寸为240 mm ×115 mm ×53 mm。砖墙厚度示意图如图8.1.1所示。标准砖墙厚度应按表8.1.2计算。

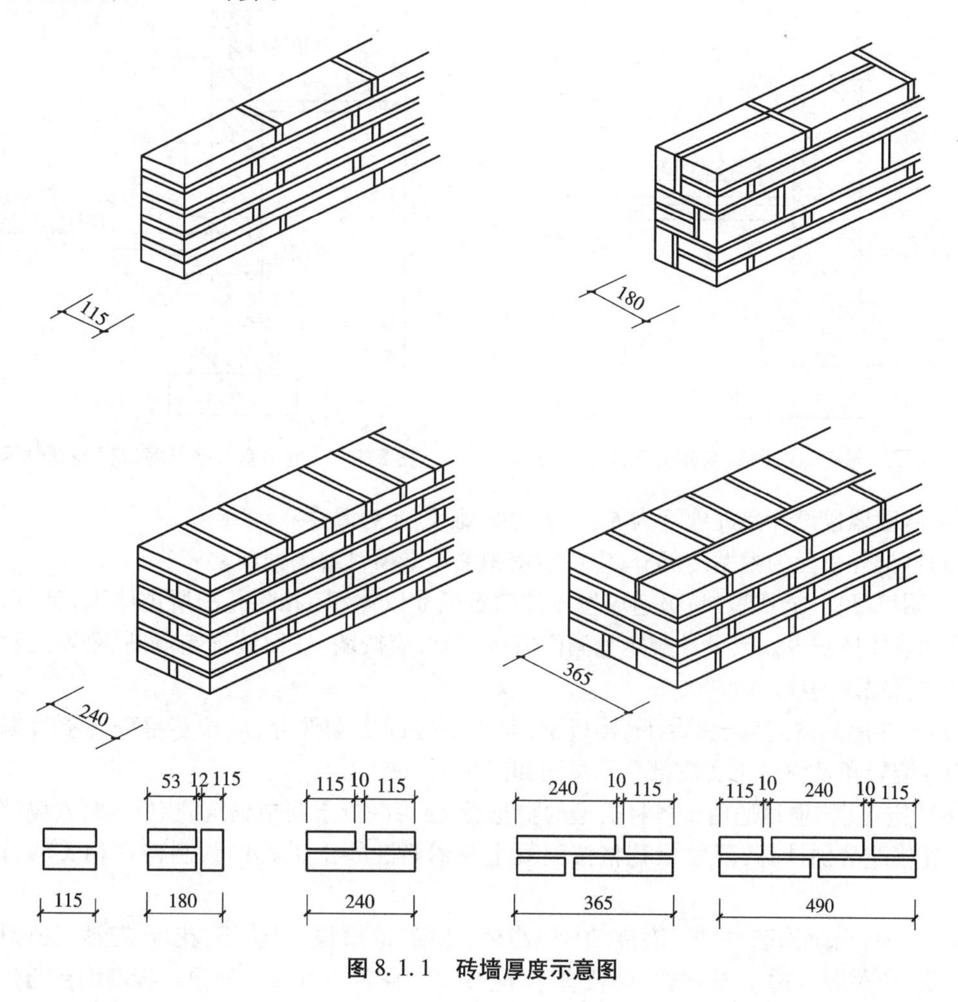

图8.1.1　砖墙厚度示意图

表 8.1.2　标准砖墙计算厚度

砖数(厚度)	1/4	1/2	3/4	1	1.5	2	2.5	3
计算厚度(mm)	53	115	180	240	365	490	615	740

(2)“砖基础”项目适用于各种类型的砖基础:柱基础、墙基础、管道基础等。

(3)砖基础与砖墙(柱)身使用同一种材料时,以设计室内地坪为界(有地下室者,以地下室室内设计地坪为界),以下为基础,以上为墙(柱)身。基础与墙(桩)身使用不同材料时,位于设计室内地坪高度 ±300 mm 以内(包括 300 mm),以不同材料为分界线;高度超过 ±300 mm 时,以设计室内地坪为分界线。基础与墙(桩)身划分示意图如图 8.1.2 所示。地下室基础与墙(桩)身划分示意图如图 8.1.3 所示。

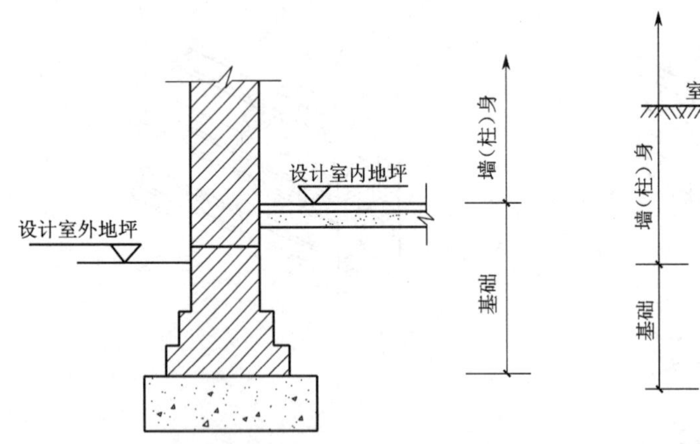

图 8.1.2　基础与墙(桩)身划分示意图　　**图 8.1.3　地下室基础与墙(桩)身划分示意图**

(4)砖围墙以设计室外地坪为界,以下为基础,以上为墙身。

(5)框架外表面的镶贴砖部分,应单独按相关零星项目编码列项。

(6)附墙烟囱、通风道、垃圾道应按设计图示尺寸以体积(扣除孔洞所占体积)计算,并入所依附的墙体体积内。当设计规定孔洞内需抹灰时,应按墙、柱面装饰与隔断、幕墙工程中零星抹灰项目编码列项。

(7)空斗墙的窗间墙、窗台下、楼板下、梁头下等的实砌部分,应按零星砌砖项目编码列项。空斗墙转角及窗台下实砌部分示意图如图 8.1.4 所示。

(8)“空花墙”项目适用于各种类型的空花墙,使用混凝土花格砌筑的空花墙,实砌墙体与混凝土花格应分别计算,混凝土花格按混凝土及钢筋混凝土工程中预制构件相关项目编码列项。

(9)台阶、台阶挡墙、梯带、锅台、炉灶、蹲台、池槽、池槽腿、砖胎模、花台、花池、楼梯栏板、阳台栏板、地垄墙、≤0.3 m^2 的孔洞填塞等,应按零星砌砖项目编码列项。砖砌锅台与炉灶可按外形尺寸以个计算,砖砌台阶可按水平投影面积以 m^2 计算,小便槽、地垄墙可按长度计算,其他工程按 m^3 计算。

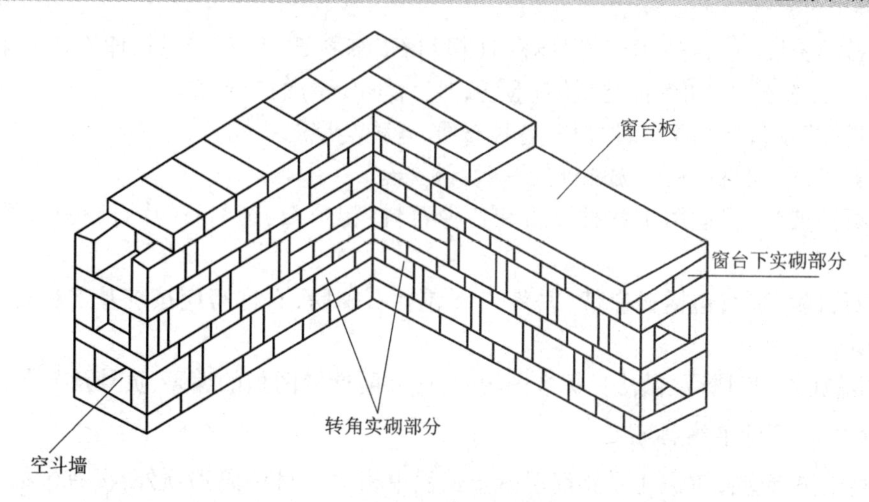

图 8.1.4　空斗墙转角及窗台下实砌部分示意图

(10)砖砌体内钢筋加固,应按混凝土及钢筋混凝土工程中相关项目编码列项。

(11)砖砌体勾缝按墙、柱面装饰与隔断、幕墙工程中相关项目编码列项。

(12)检查井内的爬梯按混凝土及钢筋混凝土工程中相关项目编码列项;井内的混凝土构件按混凝土及钢筋混凝土工程中混凝土及钢筋混凝土预制构件编码列项。

(13)当施工图设计标注做法见标准图集时,应注明标准图集的编码、页号及节点大样。

2. 砌块砌体工程工程量清单编制规定

砌块砌体工程工程量清单编制的规定如下。

(1)砌体内加筋,墙体拉结的制作、安装,应按混凝土及钢筋混凝土工程中相关项目编码列项。

(2)砌块排列应上、下错缝搭砌,如果搭砌错缝长度满足不了规定的压搭要求,应采取压砌钢筋网片的措施,具体构造要求按设计规定。若设计无规定,应注明由投标人根据工程实际情况自行考虑。

(3)砌体垂直灰缝宽 >30 mm 时,采用 C20 细石混凝土灌实。灌注的混凝土应按混凝土及钢筋混凝土工程中相关项目编码列项。

3. 石砌体工程工程量清单编制规定

石砌体、垫层工程量计算规则

石砌体工程工程量清单编制的规定如下。

(1)石基础、石勒脚、石墙的划分:基础与勒脚应以设计室外地坪为界,勒脚与墙身应以设计室内地坪为界。石围墙内外地坪标高不同时,应以较低地坪标高为界,以下为基础;内外标高之差为挡土墙时,挡土墙以上为墙身。

(2)“石基础”项目适用于各种规格(粗料石、细料石等)、各种材质(砂石、青石等)和各种类型(柱基、墙基、直形、弧形等)的基础。

(3)“石勒脚”“石墙”项目适用于各种规格(粗料石、细料石等)、各种材质(砂石、青石、大理石、花岗石等)和各种类型(直形、弧形等)的勒脚和墙体。

(4)"石挡土墙"项目适用于各种规格(粗料石、细料石、块石、毛石、卵石等)、各种材质(砂石、青石、石灰石等)和各种类型(直形、弧形、台阶形等)的挡土墙。

(5)"石柱"项目适用于各种规格、各种石质、各种类型的石柱。

(6)"石栏杆"项目适用于无雕饰的一般石栏杆。

(7)"石护坡"项目适用于各种石质和各种石料(粗料石、细料石、片石、块石、毛石、卵石等)。

(8)"石台阶"项目包括石梯带(垂带),不包括石梯膀,石梯膀应按桩基工程石挡土墙项目编码列项。

(9)当施工图设计标注做法见标准图集时,应注明标准图集的编码、页号及节点大样。

4. 垫层工程量清单编制规定

除混凝土垫层应按混凝土及钢筋混凝土工程中相关项目编码列项外,没有包括垫层要求的清单项目应按表 8. 1. 1 中垫层项目编码列项。

1. 3 砌筑工程工程量清单编制方法及案例

砖基础工程量清单编制

1. 3. 1 砖基础工程量清单编制

1. 砖基础适用范围

"砖基础"项目适用于各种类别的砖基础:柱基础、墙基础、烟囱基础、水塔基础、管道基础等。

2. 砖基础工程量清单编制案例

【例 8. 1. 1】某建筑基础平面及断面如图 8. 1. 5 所示,标准砖 M5 水泥砂浆砌筑,基槽底宽均为 1 300 mm,坡度 $k = 0.3$,墙厚 240 mm。基础横断面面积 $S = 0.526\ 5\ m^2$,试编制砖基础工程量清单。

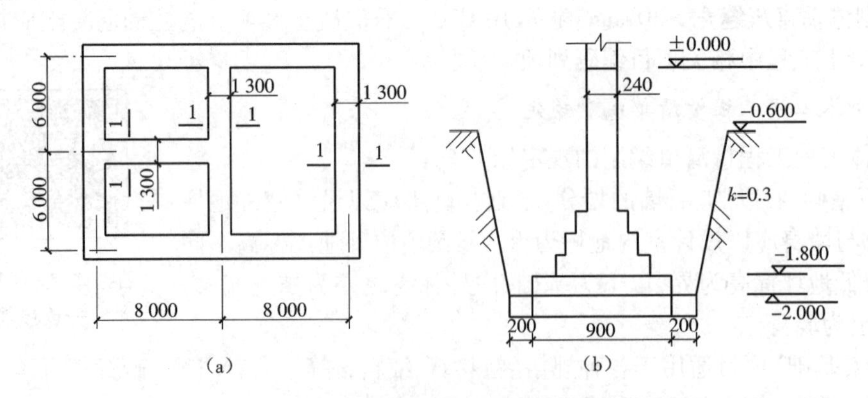

图 8. 1. 5 建筑基础平面及断面示意图

(a)基槽平面图 (b)1—1 断面图

(1)砖基础的项目编码:010401001001。

(2)砖基础的项目名称:M5 水泥砂浆砖基础。

(3)砖基础的计量单位:m^3。

(4)砖基础的工程量。

①砖基础工程量计算规则。

砖基础工程量按设计图示尺寸以体积计算。其中包括附墙垛基础宽出部分体积,扣除地梁(圈梁)、构造柱所占体积,不扣除基础大放脚T形接头处的重叠部分及嵌入基础内的钢筋、铁件、管道、基础砂浆防潮层和单个面积在0.3 m^2 以内的孔洞所占体积,靠墙暖气沟的挑檐不增加。

基础长度:外墙按中心线计算,内墙按净长计算。

课堂活动:分组讨论砖基础工程量计算规则,计算砖基础工程量时哪些需要扣除,哪些不需要扣除。

②砖基础工程量计算。

$$S_{砖基础}=0.5265\ m^2$$

$$L_{砖基础}=(8\times2+6\times2)\times2+(8-0.24)+(6\times2-0.24)=75.52\ m$$

$$V_{砖基础}=S_{砖基础}\times L_{砖基础}=0.5265\times75.52=39.76\ m^3$$

课堂活动:如何计算砖基础横断面面积?

(5)砖基础的项目特征见表8.1.3。

表8.1.3　砖基础的项目特征

《工程量计算规范》列出的项目特征	本案例的项目特征
1.砖品种、规格、强度等级	标准砖 240 mm×115 mm×53 mm
2.基础类型	条形基础
3.基础深度	1.8 m
4.砂浆强度等级	M5 水泥砂浆
5.防潮层材料种类	—

(6)砖基础的工程量清单见表8.1.4。

表 8.1.4　分部分项工程和单价措施项目清单与计价表

工程名称：××建筑工程　　　　　　标段：　　　　　　　　　　第　页　共　页

序号	项目编码	项目名称	项目特征描述	计量单位	工程量	金额(元)		
						综合单价	合价	其中：暂估价
1	010401001001	M5 水泥砂浆砖基础	1. 砖品种、规格、强度等级：标准砖 240 mm×115 mm×53 mm 2. 基础类型：条形基础 3. 基础深度：1.8 m 4. 砂浆强度等级：M5 水泥砂浆	m^3	39.76			

1.3.2　实心砖墙工程量清单编制

实心砖墙工程量清单编制

1. 实心砖墙适用范围

“实心砖墙”项目适用于各种类型的实心砖墙，可分为外墙、内墙、围墙、双面混水墙、双面清水墙、单面清水墙、直形墙、弧形墙以及不同厚度的墙。砌筑砂浆分为水泥砂浆、混合砂浆等。

2. 实心砖墙工程量清单编制案例

【例 8.1.2】某建筑平面图如图 8.1.6 所示，墙体厚度为 240 mm，墙体砌筑高度为 3 m，门窗洞口上过梁尺寸为两端伸入墙内共 500 mm，高 120 mm，厚度同墙。

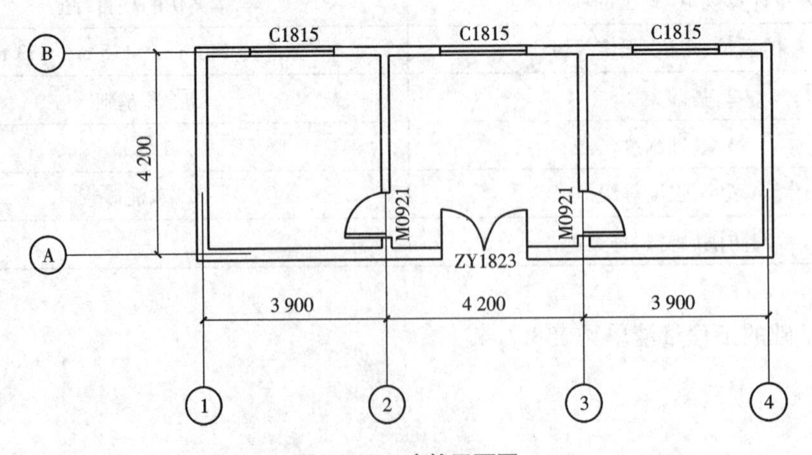

图 8.1.6　建筑平面图

课堂活动:请查《工程量计算规范》附录,填写下面3项。

(1)实心砖墙的项目编码:____________________。

(2)实心砖墙的项目名称:____________________。

(3)实心砖墙的计量单位:____________________。

(1)实心砖墙的工程量。

①实心砖墙工程量计算规则。

实心砖墙工程量按设计图示尺寸以体积计算,扣除门窗、洞口和嵌入墙内的钢筋混凝土柱、梁、圈梁、挑梁、过梁及凹进墙内的壁龛、管槽、暖气槽、消火栓箱所占体积,不扣除梁头、板头、檩头、垫木、木楞头、沿缘木、木砖、门窗走头、砖墙内加固钢筋、木筋、铁件、钢管及单个面积 $\leqslant 0.3\ m^2$ 的孔洞所占体积。凸出墙面的腰线、挑檐、压顶、窗台线、虎头砖、门窗套的体积亦不增加。凸出墙面的砖垛并入墙体体积内计算。

墙长度:外墙按中心线计算,内墙按净长计算。

外墙高度:斜(坡)屋面无檐口天棚者算至屋面板底;有屋架且室内外均有天棚者算至屋架下弦底再另加200 mm,无天棚者算至屋架下弦另加300 mm,出檐宽度超过600 mm时按实砌高度计算;平屋面算至钢筋混凝土板底。

内墙高度:位于屋架下弦者算至屋架下弦底;无屋架者算至天棚底另加100 mm;有钢筋混凝土楼板隔层者算至钢筋混凝土楼板顶;有框架梁时算至梁底。

女儿墙高度:从屋面板上表面算至女儿墙顶面(如有混凝土压顶时算至压顶下表面)。

内、外山墙高度:按其平均高度计算。

围墙:高度算至压顶上表面(如有混凝土压顶时算至压顶下表面),围墙柱并入围墙体积内。

②实心砖墙工程量计算。

$$V_{实心砖墙} = [(3.9\times2+4.2+4.2)\times2+(4.2-0.24)\times2]\times0.24\times3-(1.8\times1.5\times3+1.8\times2.3+0.9\times2.1\times2)\times0.24-[(1.8+0.5)\times4+(0.9+0.5)\times2]\times0.12\times0.24=24.84\ m^3$$

(2)实心砖墙的项目特征见表8.1.5。

表8.1.5　实心砖墙的项目特征

《工程量计算规范》列出的项目特征	本案例的项目特征
1.砖品种、规格、强度等级	标准砖240 mm×115 mm×53 mm
2.墙体类型	—
3.砂浆强度等级、配合比	M5水泥砂浆

(3)实心砖墙的工程量清单见表 8.1.6。

表 8.1.6　分部分项工程和单价措施项目清单与计价表

工程名称:××建筑工程　　　　　　标段:　　　　　　　　　　　　第　页　共　页

序号	项目编码	项目名称	项目特征描述	计量单位	工程量	金　额(元)		
						综合单价	合价	其中:暂估价
1	010401003001	实心砖墙	1. 砖品种、规格、强度等级:标准砖 240 mm×115 mm×53 mm 2. 墙体厚度:240 mm 3. 墙体高度:3 m 4. 砂浆强度等级、配合比:M5 水泥砂浆	m^3	24.84			

1.3.3　填充墙工程量清单编制

1. 填充墙适用范围

“填充墙”项目适用于框架结构间的墙体砌筑工程。

2. 填充墙工程量计算规则

填充墙工程量按设计图示尺寸以填充墙外形体积计算,单位为 m^3。

1.3.4　空心砖墙、砌块墙工程量清单编制

砌块砌体的工程量计算规则

1. 空心砖墙、砌块墙适用范围

“空心砖墙”“砌块墙”项目适用于各种规格的空心砖和砌块砌筑的各种类型的墙体。应注意:嵌入空心砖墙、砌块墙的实心砖不扣除。

2. 砌块墙工程量清单编制案例

由于空心砖墙和砌块墙的工程量计算规则相同,所以在此以砌块墙为例,来说明空心砖墙和砌块墙工程量计算规则和清单编制的方法。

【例 8.1.3】某房屋平面图如图 8.1.7 所示,墙体采用混凝土实心砌块,M5 混合砂浆砌筑,墙体厚度为 200 mm,墙体砌筑高度为 3 m,门的高度为 2.3 m,窗的高度为 1.5 m,门窗洞口上过梁尺寸为两端伸入墙内共 500 mm,高 120 mm,厚度同墙厚。试编制该砌块墙工程量清单。

(1)砌块墙的项目编码:010402001001。

(2)砌块墙的项目名称:M5 混合砂浆混凝土实心砌块墙。

(3)砌块墙的计量单位:m^3。

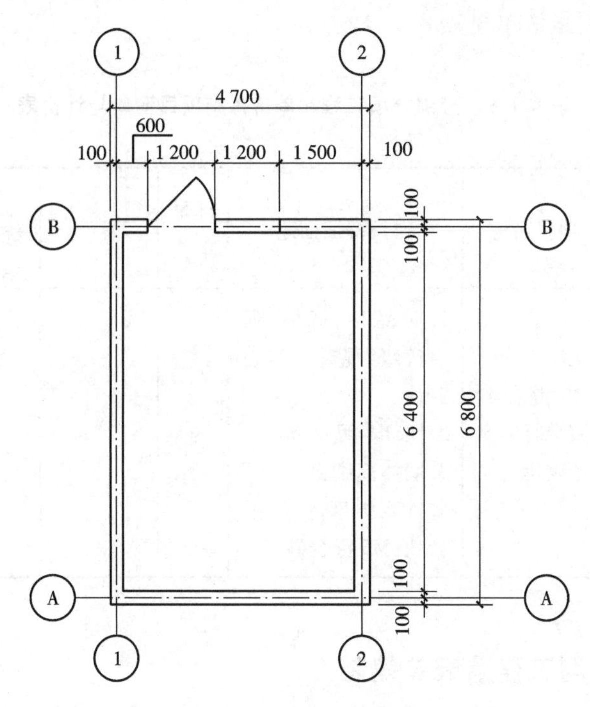

图 8.1.7　房屋平面图

(4)砌块墙的工程量。

①砌块墙工程量计算规则。

同实心砖墙工程量计算规则,应注意嵌入砌块墙的实心砖不扣除,计量单位为 m^3。

②砌块墙工程量计算。

$$V_{砌块墙} = (4.5+6.6)\times2\times0.2\times3-1.2\times2.3\times0.2-1.2\times1.5\times0.2-(2.4+0.5)\times0.12\times0.2$$
$$=12.34\ m^3$$

(5)砌块墙的项目特征见表 8.1.7。

表 8.1.7　砌块墙的项目特征

《工程量计算规范》列出的项目特征	本案例的项目特征
1.砖品种、规格、强度等级	混凝土实心砌块
2.墙体类型	外墙
3.砂浆强度等级、配合比	M5 混合砂浆

(6)砌块墙的工程量清单见表8.1.8。

表8.1.8　分部分项工程和单价措施项目清单与计价表

工程名称：××建筑工程　　　　　　　　标段：　　　　　　　　　　　　第　页　共　页

序号	项目编码	项目名称	项目特征描述	计量单位	工程量	金额(元)		
						综合单价	合价	其中：暂估价
1	010402001001	M5混合砂浆混凝土实心砌块墙	1.砖品种、规格、强度等级：混凝土实心砌块 2.墙体类型：外墙 3.墙体高度：3 m 4.砂浆强度等级、配合比：M5混合砂浆	m^3	12.34			

1.3.5　砖地沟、明沟工程量清单编制

1.砖地沟、明沟适用范围

“砖地沟、明沟”项目适用于砖砌筑的地沟、明沟砌筑工程。

2.砖地沟、明沟工程量清单编制案例

【例8.1.4】编制图8.1.6所示M5水泥砂浆砖地沟工程量清单，明沟位于外墙外边线以外，墙体厚度为240 mm，明沟净尺寸为宽600 mm、深500 mm。

课堂活动：请查《工程量计算规范》附录，填写下面3项。

(1)砖地沟的项目编码：____________________。

(2)砖地沟的项目名称：____________________。

(3)砖地沟的计量单位：____________________。

(1)砖地沟的工程量。

①砖地沟工程量计算规则：砖地沟工程量按设计图示尺寸以中心线长度计算。

②明沟工程量计算：

$$L_{明沟} = (3.9\times2+4.2+0.24+0.6+4.2+0.24+0.6)\times2 = 35.76\ m$$

(2)砖地沟的项目特征见表8.1.9。

表 8.1.9　砖地沟的项目特征

《工程量计算规范》列出的项目特征	本案例的项目特征
1. 砖品种、规格、强度等级	—
2. 沟截面尺寸	600 mm ×500 mm
3. 垫层材料种类、厚度	—
4. 混凝土强度等级	—
5. 砂浆强度等级、配合比	M5 水泥砂浆

(3)砖地沟的工程量清单见表 8.1.10。

课堂活动:请根据以上内容完善表 8.1.10。

表 8.1.10　分部分项工程和单价措施项目清单与计价表

工程名称:××建筑工程　　　　标段:　　　　第　页　共　页

序号	项目编码	项目名称	项目特征描述	计量单位	工程量	金额(元)		
						综合单价	合价	其中:暂估价

任务 2　砌筑工程工程量清单计价

2.1　砌筑工程工程量清单项目与定额项目的对应关系

根据《重庆市房屋建筑与装饰工程计价定额》,砌筑工程工程量清单项目与定额项目的对应关系见表 8.2.1。

表 8.2.1　砌筑工程工程量清单项目与定额项目对应表(摘录)

项目编码	清单项目名称	建筑工程定额编号
010401001	砖基础	砖基础:AD0001 ~ AD0006 防潮层:AJ0078 ~ AJ0089
010401003	实心砖墙	砖墙:AD0016 ~ AD0039 砖围墙:AD0040 ~ AD0047 贴砌砖:AD0048 ~ AD0056 勾缝:AD0128 ~ AD0131
010401004	多孔砖墙	多孔砖墙:AD0057 ~ AD0060 勾缝:AD0128 ~ AD0131
010401005	空心砖墙	页岩空心砖墙:AD0061 ~ AD0064 勾缝:AD0128 ~ AD0131
010401009	实心砖柱	矩形:AD0068 ~ AD0071、AD0076 ~ AD0079 异型:AD0072 ~ AD0075、AD0080 ~ AD0083 勾缝:AD0128 ~ AD0131
010401012	零星砌砖	零星砌砖:AD0092 ~ AD0103 砖砌台阶:AD0104 ~ AD0107 勾缝:AD0128 ~ AD0131
010402001	砌块墙	混凝土实心砌块:AD0120 ~ AD0123 勾缝:AD0128 ~ AD0131
010403001	石基础	块石:AD0132 毛条石:AD0133 石基础:AD0134 ~ AD0137 防潮层:AJ0078 ~ AJ0089
010403004	石挡土墙	块(片)石:AD0150、AD0151 毛条石:AD0152、AD0153
010403006	石栏杆	清条石:AD0156、AD0157 栏杆:AD0156、AD0157 浆砌:AD0156、AD0157
010403008	石台阶	石台阶(浆砌):AD0166 ~ AD0169 石砌踏步:AD0170 ~ AD0173 石砌梯带:AD0174 ~ AD0177 石砌平台:AD0178 ~ AD0181

2.2　砌筑工程工程量清单计价方法及案例

2.2.1　砖基础工程量清单计价

1. 计算砖基础综合单价的注意事项

《重庆市房屋建筑与装饰工程计价定额》中砖基础的工程量计算规则与《工程量计算规范》基本一致。

2. 砖基础工程量清单计价案例

【例8.2.1】根据例8.1.1的砖基础工程量清单(表8.1.4),完成砖基础工程量清单计价(假设使用的砂浆为现拌砂浆)。

砖基础工程量清单计价步骤如下。

(1)对应的计价定额:AD0001 砖基础,240砖,水泥砂浆,现拌砂浆M5。

(2)计算定额工程量。《重庆市房屋建筑与装饰工程计价定额》中的砖基础工程量计算规则:按图示尺寸以m^3计算。本案例定额工程量与清单工程量相同。

$$V_{砖基础}=39.76\ m^3$$

根据《重庆市房屋建筑与装饰工程计价定额》,查询砖基础中的AD0001。

(3)计算综合单价,结果见表8.2.2。

(4)砖基础的工程量清单计价见表8.2.3。

表8.2.2　工程量清单综合单价分析表

工程名称:××建筑工程　　　　标段:　　　　　　　　第　页　共　页

<table>
<tr><td>项目编码</td><td>010401001001</td><td colspan="2">项目名称</td><td colspan="5">砖基础</td><td colspan="2">计量单位</td><td colspan="2">m^3</td><td colspan="2">综合单价</td><td>509.15</td></tr>
<tr><td rowspan="4">定额编号</td><td rowspan="4">定额项目名称</td><td rowspan="4">单位</td><td rowspan="4">数量</td><td colspan="9">定额综合单价</td><td rowspan="2">人材机价差</td><td rowspan="2">其他风险费</td><td rowspan="2">合价</td></tr>
<tr><td>定额人工费</td><td>定额材料费</td><td>定额施工机具使用费</td><td colspan="2">企业管理费</td><td colspan="2">利润</td><td colspan="2">一般风险费用</td></tr>
<tr><td rowspan="2">1</td><td rowspan="2">2</td><td rowspan="2">3</td><td>4</td><td>5</td><td>6</td><td>7</td><td>8</td><td>9</td><td rowspan="2">10</td><td rowspan="2">11</td><td>12</td></tr>
<tr><td>费率(%)</td><td>(1+3)×4</td><td>费率(%)</td><td>(1+3)×6</td><td>费率(%)</td><td>(1+3)×8</td><td>1+2+3+5+7+9+10+11</td></tr>
<tr><td>AD0001</td><td>砖基础,240砖,水泥砂浆,现拌砂浆M5</td><td>10 m^3</td><td>0.1</td><td>117.55</td><td>266.7</td><td>7.5</td><td>24.1</td><td>30.14</td><td>12.92</td><td>16.16</td><td>1.5</td><td>1.88</td><td>69.22</td><td>0</td><td>509.15</td></tr>
<tr><td colspan="4">合　计</td><td>117.55</td><td>266.7</td><td>7.5</td><td>—</td><td>30.14</td><td>—</td><td>16.16</td><td>—</td><td>1.88</td><td>69.22</td><td>0</td><td>509.15</td></tr>
</table>

续表

人工、材料及机械名称	单位	数量	定额单价	市场单价	价差合计	市场合价	备注
1.人工							
砌筑综合工	工日	1.022 2	115	115	0	117.55	
2.材料							
(1)计价材料							
水泥32.5R	kg	75.328 6	0.31	0.43	9.04	32.39	
特细砂	t	0.321 5	63.11	257	62.34	82.63	
水	m^3	0.188 7	4.42	3.88	-0.1	0.73	
标准砖240 mm×115 mm×53 mm	千块	0.526 2	422.33	422.33	0	222.23	
水泥砂浆(特细砂)稠度70~90 mm,M5	m^3	0.239 9	183.45	480.75	71.32	115.33	
(2)其他材料费							
3.机械							
(1)机上人工							
机上人工	工日	0.055 6	120	84.67	-1.96	4.71	
(2)燃油动力费							
电	kW·h	0.344 4	0.7	0.46	-0.08	0.16	

表8.2.3　分部分项工程和单价措施项目清单与计价表

工程名称:××建筑工程　　　　标段:　　　　第　页　共　页

序号	项目编码	项目名称	项目特征	计量单位	工程量	金额(元)		
						综合单价	合价	其中:暂估价
1	010401001001	M5水泥砂浆砖基础	1.砖品种、规格、强度等级:标准砖240 mm×115 mm×53 mm 2.基础类型:条形基础 3.基础深度:1.8 m 4.砂浆强度等级:M5水泥砂浆	m^3	39.76	509.15	20 243.80	

2.2.2　实心砖墙工程量清单计价

1. 计算实心砖墙综合单价的注意事项

《重庆市房屋建筑与装饰工程计价定额》中实心砖墙的工程量计算规则与《工程量计算规范》基本一致。

2. 实心砖墙工程量清单计价案例

【例8.2.2】根据例8.1.2的实心砖墙工程量清单(表8.1.6),完成实心砖墙工程量清单计价(假设使用的砂浆为湿拌商品砂浆)。

实心砖墙工程量清单计价步骤如下。

(1)对应的计价定额:AD0022,240砖墙,水泥砂浆,湿拌商品砂浆。

(2)计算定额工程量。《重庆市房屋建筑与装饰工程计价定额》中的实心砖墙工程量计算规则:按图示尺寸以 m^3 计算。砖基础与墙、柱的划分以防潮层为界,无防潮层者以室内地坪为界。本案例定额工程量与清单工程量相同。

$$V_{实心砖墙}=24.84\ m^3$$

根据《重庆市房屋建筑与装饰工程计价定额》,查询实心砖墙中的AD0022。

(3)计算综合单价,结果见表8.2.4。

(4)实心砖墙的工程量清单计价见表8.2.5。

表8.2.4　工程量清单综合单价分析表

工程名称:××建筑工程　　　　标段:　　　　　　　　　　　　第　页　共　页

<table>
<tr><td>项目编码</td><td>010401003001</td><td colspan="2">项目名称</td><td colspan="5">实心砖墙</td><td colspan="2">计量单位</td><td colspan="2">m³</td><td colspan="2">综合单价</td><td>461.6</td></tr>
<tr><td rowspan="4">定额编号</td><td rowspan="4">定额项目名称</td><td rowspan="4">单位</td><td rowspan="4">数量</td><td colspan="9">定额综合单价</td><td rowspan="2">人材机价差</td><td rowspan="2">其他风险费</td><td rowspan="2">合价</td></tr>
<tr><td>定额人工费</td><td>定额材料费</td><td>定额施工机具使用费</td><td colspan="2">企业管理费</td><td colspan="2">利润</td><td colspan="2">一般风险费用</td></tr>
<tr><td rowspan="2">1</td><td rowspan="2">2</td><td rowspan="2">3</td><td>4</td><td>5</td><td>6</td><td>7</td><td>8</td><td>9</td><td rowspan="2">10</td><td rowspan="2">11</td><td>12</td></tr>
<tr><td>费率(%)</td><td>(1+3)×4</td><td>费率(%)</td><td>(1+3)×6</td><td>费率(%)</td><td>(1+3)×8</td><td>1+2+3+5+7+9+10+11</td></tr>
<tr><td>AD0022</td><td>240砖墙,水泥砂浆,湿拌商品砂浆</td><td>10 m³</td><td>0.1</td><td>117.15</td><td>299.38</td><td>0</td><td>24.1</td><td>28.23</td><td>12.92</td><td>15.14</td><td>1.5</td><td>1.76</td><td>-0.06</td><td>0</td><td>461.6</td></tr>
<tr><td colspan="4">合　计</td><td>117.15</td><td>299.38</td><td>0</td><td>—</td><td>28.23</td><td>—</td><td>15.14</td><td>—</td><td>1.76</td><td>-0.06</td><td>0</td><td>461.6</td></tr>
<tr><td colspan="5">人工、材料及机械名称</td><td>单位</td><td>数量</td><td colspan="2">定额单价</td><td colspan="2">市场单价</td><td colspan="2">价差合计</td><td colspan="2">市场合价</td><td>备注</td></tr>
<tr><td colspan="5">1.人工</td><td></td><td></td><td colspan="2"></td><td colspan="2"></td><td colspan="2"></td><td colspan="2"></td><td></td></tr>
<tr><td colspan="5">砌筑综合工</td><td>工日</td><td>1.018 7</td><td colspan="2">115</td><td colspan="2">115</td><td colspan="2">0</td><td colspan="2">117.15</td><td></td></tr>
</table>

续表

2.材料							
(1)计价材料							
水	m^3	0.106	4.42	3.88	-0.06	0.41	
标准砖 240 mm×115 mm×53 mm	千块	0.533 7	422.33	422.33	0	225.40	
湿拌商品砌筑砂浆 M5	m^3	0.235 9	311.65	311.65	0	73.52	
(2)其他材料费							
3.机械							
(1)机上人工							
(2)燃油动力费							

表 8.2.5　分部分项工程和单价措施项目清单与计价表

工程名称:××建筑工程　　　　　　标段:　　　　　　　　　　第　页　共　页

序号	项目编码	项目名称	项目特征描述	计量单位	工程量	金额(元)		
						综合单价	合价	其中:暂估价
1	010401003001	实心砖墙	1.砖品种、规格、强度等级:标准砖 240 mm×115 mm×53 mm 2.墙体厚度:240 mm 3.墙体高度:3 m 4.砂浆强度等级、配合比:M5 水泥砂浆	m^3	24.84	461.6	11 466.14	

2.2.3　混凝土实心砌块墙工程清单计价

1.计算混凝土实心砌块墙综合单价的注意事项

《重庆市房屋建筑与装饰工程计价定额》中,砌块墙的工程量计算规则与《工程量计算规范》一致。

2.砌块墙工程量清单计价案例

【**例** 8.2.3】根据例 8.1.3 的混凝土实心砌块墙工程量清单(表 8.1.8),完成混凝土实心砌块墙工程量清单计价。

混凝土实心砌块墙工程量清单计价步骤如下。

(1)对应的计价定额:AD0123 混凝土实心砌块墙,混合砂浆,现拌砂浆 M5。

(2)计算定额工程量。《重庆市房屋建筑与装饰工程计价定额》中的砌块墙工程量计算规则:按图示尺寸以 m³ 计算。基础与墙、柱的划分以防潮层为界,无防潮层者以室内地坪为界。本案例定额工程量与清单工程量相同。

$$V_{砌块墙}=12.34\ m^3$$

根据《重庆市房屋建筑与装饰工程计价定额》,查询砌块砌体中的 AD0123。

(3)计算综合单价,结果见表 8.2.6。

(4)混凝土实心砌块墙的工程量清单计价见表 8.2.7。

表 8.2.6　工程量清单综合单价分析表

工程名称:××建筑工程　　　　标段:　　　　　　　　　　　　　　第　页　共　页

项目编码	010402001001	项目名称		砌块墙					计量单位		m³		综合单价		644.19
定额编号	定额项目名称	单位	数量	定额综合单价									人材机价差	其他风险费	合价
				定额人工费	定额材料费	定额施工机具使用费	企业管理费		利润		一般风险费用				
				1	2	3	4 费率(%)	5 (1+3)×4	6 费率(%)	7 (1+3)×6	8 费率(%)	9 (1+3)×8	10	11	12 1+2+3+5+7+9+10+11
AD0123 换	混凝土实心砌块墙,混合砂浆,现拌砂浆 M5	10 m³	0.1	154.62	392.79	3.94	24.1	38.21	12.92	20.49	1.5	2.38	31.77	0	644.19
合　计				154.62	392.79	3.94	—	38.21	—	20.49	—	2.38	31.77	0	644.19

人工、材料及机械名称	单位	数量	定额单价	市场单价	价差合计	市场合价	备注
1.人工							
砌筑综合工	工日	1.344 5	115	115	0	154.62	
2.材料							
(1)计价材料							
水泥 32.5R	kg	27.72	0.31	0.43	3.33	11.92	
特细砂	t	0.152 7	63.11	257	29.61	39.24	
水	m³	0.173	4.42	3.88	-0.09	0.67	
混凝土块	m³	0.683	450	450	0	307.35	
标准砖 200 mm×95 mm×53 mm	千块	0.216	291.26	291.26	0	62.91	
混合砂浆(特细砂)M5	m³	0.126	174.96	436.08	32.9	54.95	
石灰膏	m³	0.021 4	165.05	165.05	0	3.53	

续表

(2)其他材料费							
3. 机械							
(1)机上人工							
机上人工	工日	0.029 2	120	84.67	-1.03	2.47	
(2)燃油动力费							
电	kW·h	0.180 8	0.7	0.46	-0.04	0.08	

表 8.2.7　分部分项工程和单价措施项目清单与计价表

工程名称：××建筑工程　　　　标段：　　　　第　页　共　页

序号	项目编码	项目名称	项目特征描述	计量单位	工程量	金额(元)		
						综合单价	合价	其中：暂估价
1	010402001001	M5 混合砂浆混凝土实心砌块墙	1. 砖品种、规格、强度等级：混凝土实心砌块 2. 墙体类型：外墙 3. 墙体高度：3 m 4. 砂浆强度等级、配合比：M5 混合砂浆	m^3	12.34	644.19	7 949.30	

习　题

一、单项选择题

1. 计算实心砖外墙工程量，如为平屋面，墙高度算至(　　)。

A. 女儿墙顶　　B. 钢筋混凝土板顶

C. 钢筋混凝土板底加 100 mm　　D. 钢筋混凝土板底

2. 计算墙体工程量，不扣除单个面积(　　)以内的孔洞所占体积。

A. 0.5 m^2　　B. 0.03 m^2　　C. 0.3 m^2　　D. 0.2 m^2

3. 砖基础与砖墙(柱)身划分应以设计室内地坪为界(有地下室的以地下室室内设计地坪为界)，以下为基础，以上为墙(柱)身。基础与墙身使用不同材料，位于设计室内地坪(　　)以内时以不同材料为界，超过时，应以设计室内地坪为界。

A. ±200 mm　　B. ±300 mm　　C. ±500 mm　　D. ±30 mm

4. 砖烟囱应以(　　)为界，以下为基础，以上为筒身。

A. 设计室外地坪　　B. 设计室内地坪　　C. 材料分界线　　D. 基础防潮层

5. 石地沟、石明沟按(　　)计算。

A. 体积　　B. 中心线长度计算　　C. 水平投影面积　　D. 外墙外边线

6.《重庆市房屋建筑与装饰工程计价定额》中，女儿墙高度计算，自(　　)算至图示高度，按砖墙项目以 m^3 计算。

A. 屋面板下表面　　B. 屋面板上表面　　C. 屋面板中心线　　D. 不单独计算

7.《重庆市房屋建筑与装饰工程计价定额》中，页岩空心砖、空心砌块、混凝土砌块、加气混凝土砌块的零星工程量按相应定额子项目人工费乘以系数(　　)，材料乘以系数1.05，其余不变。

A. 1.1　　B. 1.3　　C. 1.4　　D. 1.2

8.《重庆市房屋建筑与装饰工程计价定额》中，砖基础与砖墙(身)划分应以设计室内地坪为界(有地下室的以地下室室内设计地坪为界)，以下为基础，以上为墙(柱)身。基础与墙身使用不同材料，位于设计室内地坪(　　)以内时以不同材料为界，超过时，应以设计室内地坪为界。

A. ±200 mm　　B. ±300 mm　　C. ±500 mm　　D. ±30 mm

二、多项选择题

1. 计算墙体工程量，应扣除(　　)体积。

A. 门窗洞口　　B. 圈梁　　C. 梁头　　D. 板头

E. 过梁

2. 计算墙长的规定是(　　)计算。

A. 外墙按中心线长　　B. 内墙按净长　　C. 填充墙按实际长　　D. 山墙按外边长

E. 内墙按中心线长

3. 以下(　　)是零星砌砖项目。

A. 台阶　　B. 炉灶　　C. 楼梯栏板　　D. 阳台栏板

E. 花台

三、判断题

1. 一二墙的计算厚度为120 mm。(　　)

2. 三七墙的计算厚度为370 mm。(　　)

3. 计算砖基础工程量，应扣除T形接头大放脚重复部分体积。(　　)

4. 空花墙按设计图示尺寸以空花部分外形体积计算，扣除空洞部分体积。(　　)

5. 实心砖墙计算中，凸出墙面的砖垛并入墙体体积内计算。(　　)

6. 砖烟囱按设计图示筒壁平均中心线周长乘以厚度再乘以高度以体积计算。(　　)

7. 砂浆标号不是砌筑工程的项目特征。(　　)

8.《重庆市房屋建筑与装饰工程计价定额》中，空花墙按空花部分的外形尺寸，不扣除空洞部分，以 m^2 计算。(　　)

9.《重庆市房屋建筑与装饰工程计价定额》中，砖砌台阶按体积计算。(　　)

10.《重庆市房屋建筑与装饰工程计价定额》中，砌筑砂浆的强度等级，如与设计不同，不可进行换算。(　　)

11.《重庆市房屋建筑与装饰工程计价定额》中，标准砖的砌体厚度，设计厚度为 100 mm，计算厚度为 100 mm。(　　)

12.《重庆市房屋建筑与装饰工程计价定额》中，各种砌筑墙体要区分内外墙、框架间墙，均按不同墙体厚度套相应墙体子目。(　　)

学习情境9　混凝土及钢筋混凝土工程工程量清单编制与计价

任务1　混凝土及钢筋混凝土工程工程量清单编制

1.1　混凝土及钢筋混凝土工程工程量清单项目设置

在《工程量计算规范》中，混凝土及钢筋混凝土工程工程量清单项目共16节76个项目，包括现浇混凝土基础；现浇混凝土柱；现浇混凝土梁；现浇混凝土墙；现浇混凝土板；现浇混凝土楼梯；现浇混凝土其他构件；后浇带，预制混凝土柱；预制混凝土梁；预制混凝土屋架；预制混凝土板；预制混凝土楼梯；其他预制构件；钢筋工程；螺栓、铁件；其他相关问题等，适用于建筑物的混凝土工程。混凝土及钢筋混凝土工程工程量清单项目名称及编码见表9.1.1。

表9.1.1　混凝土及钢筋混凝土工程工程量清单项目名称及编码

项目编码	项目名称	项目编码	项目名称
010501001	垫层	010503002	矩形梁
010501002	带形基础	010503003	异型梁
010501003	独立基础	010503004	圈梁
010501004	满堂基础	010503005	过梁
010501005	桩承台基础	010503006	弧形、拱形梁
010501006	设备基础	010504001	直形墙
010502001	矩形柱	010504002	弧形墙
010502002	构造柱	010504003	短肢剪力墙
010502003	异型柱	010504004	挡土墙
010503001	基础梁	010505001	有梁板

续表

项目编码	项目名称	项目编码	项目名称
010505002	无梁板	010511002	组合屋架
010505003	平板	010511003	薄腹屋架
010505004	拱板	010511004	门式刚架
010505005	薄壳板	010511005	天窗架
010505006	栏板	010512001	平板
010505007	天沟(檐沟)、挑檐板	010512002	空心板
010505008	雨篷、悬挑板、阳台板	010512003	槽形板
010505009	空心板	010512004	网架板
010505010	其他板	010512005	折线板
010506001	直形楼梯	010512006	带肋板
010506002	弧形楼梯	010512007	大型板
010507001	散水、坡道	010512008	沟盖板、井盖板、井圈
010507002	室外地坪	010513001	楼梯
010507003	电缆沟、地沟	010514001	垃圾道、通风道、烟道
010507004	台阶	010514002	其他构件
010507005	扶手、压顶	010515001	现浇构件钢筋
010507006	化粪池、检查井	010515002	预制构件钢筋
010507007	其他构件	010515003	钢筋网片
010508001	后浇带	010515004	钢筋笼
010509001	矩形柱	010515005	先张法预应力钢筋
010509002	异型柱	010515006	后张法预应力钢筋
010510001	矩形梁	010515007	预应力钢丝
010510002	异型梁	010515008	预应力钢绞线
010510003	过梁	010515009	支撑钢筋(铁马)
010510004	拱形梁	010515010	声测管
010510005	鱼腹式吊车梁	010516001	螺栓
010510006	其他梁	010516002	预埋铁件
010511001	折线形屋架	010516003	机械连接

课堂活动：根据附录5中的相关图纸，讨论如何列出需要计算的混凝土及钢筋混凝土工程工程量清单项目名称、项目编码。

1.2　混凝土及钢筋混凝土工程工程量清单编制规定

混凝土及钢筋混凝土工程工程量清单编制的规定如下。

(1)“混凝土垫层”项目包括在现浇混凝土基础相关项目内编码列项。

(2)有肋带形基础(图9.1.1)、无肋带形基础应按现浇混凝土基础相关项目编码列项，并注明肋高。

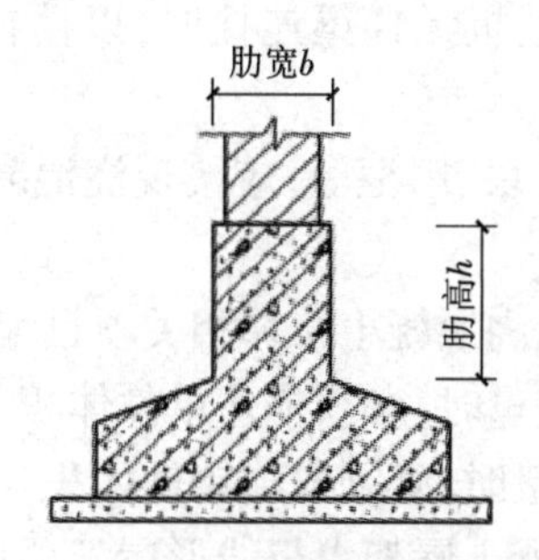

图9.1.1　有肋带形基础

(3)箱式满堂基础(图9.1.2)中柱、梁、墙、板按现浇混凝土柱、现浇混凝土梁、现浇混凝土墙、现浇混凝土板相关项目分别编码列项，箱式满堂基础底板按现浇混凝土基础的满堂基础项目编码列项。

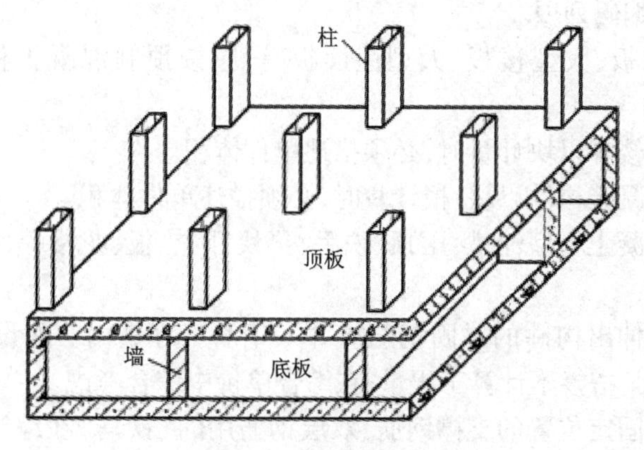

图9.1.2　箱式满堂基础

(4)框架式设备基础中柱、梁、墙、板分别按现浇混凝土柱、现浇混凝土梁、现浇混凝土墙、现浇混凝土板相关项目编码列项，基础部分按现浇混凝土基础相关项目编码列项。

(5)如为毛石混凝土基础,项目特征应描述毛石所占比例。

(6)混凝土种类指清水混凝土、彩色混凝土等,如在同一地区既使用预拌(商品)混凝土,又允许现场搅拌混凝土,也应注明。

(7)墙肢截面的最大长度与厚度之比小于或等于6的剪力墙,按现浇混凝土墙中短肢剪力墙项目编码列项。

(8)L形、Y形、T形、十字形、Z形、一字形等短肢剪力墙的单肢中心线长≤0.4 m,按现浇混凝土柱相关项目编码列项。

(9)现浇挑檐、天沟板、雨篷、阳台与板(包括屋面板、楼板)连接时,以外墙外边线为分界线;与圈梁(包括其他梁)连接时,以梁外边线为分界线。外边线以外为挑檐、天沟、雨篷或阳台。

(10)整体楼梯(包括直形楼梯、弧形楼梯)水平投影面积包括休息平台、平台梁、斜梁和楼梯的连接梁。当整体楼梯与现浇楼板无梯梁连接时,以楼梯的最后一个踏步边缘加300 mm为界。

(11)现浇混凝土小型池槽、垫块、门框等,应按现浇混凝土其他构件中其他构件项目编码列项。

(12)架空式混凝土台阶,按现浇混凝土楼梯相关项目编码列项。

(13)预制混凝土柱、梁以根计量时,必须描述单件体积。

(14)预制混凝土屋架以榀计量时,必须描述单件体积。

(15)三角形屋架应按预制混凝土屋架中折线形屋架项目编码列项。

(16)预制混凝土板以块、套计量时,必须描述单件体积。

(17)不带肋的预制遮阳板、雨篷板、挑檐板、栏板等,应按预制混凝土板中平板项目编码列项。

(18)预制F形板、双T形板、单肋板和带反挑檐的雨篷板、挑檐板、遮阳板等,应按预制混凝土板中带肋板项目编码列项。

(19)预制大型墙板、大型楼板、大型屋面板等,应按预制混凝土板中大型板项目编码列项。

(20)预制混凝土楼梯以块计量时,必须描述单件体积。

(21)其他预制混凝土构件以块、根计量时,必须描述单件体积。

(22)预制钢筋混凝土小型池槽、压顶、扶手、垫块、隔热板、花格等,按其他预制构件中其他构件项目编码列项。

(23)现浇构件中伸出构件的锚固钢筋应并入钢筋工程量内。除设计标明(包括规范规定)的搭接外,其他施工搭接不计算工程量,在综合单价中综合考虑。

(24)现浇构件中固定位置的支撑钢筋、双层钢筋用的"铁马"在编制工程量清单时,其工程数量可为暂估量,结算时按现场签证数量计算。

(25)在编制螺栓、铁件工程量清单时,其工程数量可为暂估量,实际工程量按现场签证数量计算。

1.3 混凝土及钢筋混凝土工程工程量清单编制方法及案例

1.3.1 现浇垫层工程量清单编制

1. 现浇垫层适用范围

“垫层”项目适用于房屋建筑与装饰工程基础垫层工程量的计算。

2. 现浇垫层工程量清单编制案例

【例9.1.1】某建筑基础平面及断面如图9.1.3所示，基槽底宽均为1 300 mm，垫层高度200 mm，宽度900 mm，混凝土为C15商品混凝土。试编制垫层工程量清单。

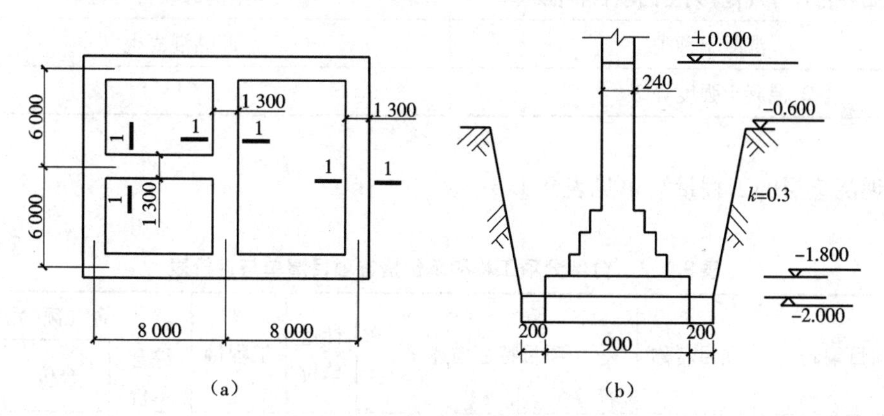

图9.1.3 建筑基础平面及断面示意图

(a)基槽平面图 (b)1—1断面图

(1)现浇垫层的项目编码:010501001001。

(2)现浇垫层的项目名称:现浇垫层。

(3)现浇垫层的计量单位:m^3。

(4)现浇垫层的工程量。

①现浇垫层工程量计算规则。

现浇垫层工程量按设计图示尺寸以体积计算，不扣除构件内钢筋、预埋铁件和伸入承台基础的桩头所占体积。

②现浇垫层工程量计算。

$$L_{垫层} = (8\times2+6\times2)\times2+8-0.9+6\times2-0.9 = 74.20\ \text{m}$$

$$V_{垫层} = L_{垫层}\times S = 74.20\times(2-1.8)\times0.9 = 13.36\ \text{m}^3$$

课堂活动：请根据计算规则，计算附录5图纸中工程垫层清单工程量。

$V_{垫层}$ =

上述计算式中的数据是在图上哪些位置读取的？

(5)现浇垫层的项目特征见表9.1.2。

表9.1.2　现浇垫层的项目特征

《工程量计算规范》列出的项目特征	本案例的项目特征
1.混凝土种类	商品混凝土
2.混凝土强度等级	C15

(6)现浇垫层的工程量清单见表9.1.3。

表9.1.3　分部分项工程和单价措施项目清单与计价表

序号	项目编码	项目名称	项目特征描述	计量单位	工程量	金额(元)		
						综合单价	合价	其中：暂估价
1	010501001001	现浇垫层	1.混凝土种类：商品混凝土 2.混凝土强度等级：C15	m^3	13.36			

1.3.2　现浇矩形柱工程量清单编制

现浇混凝土柱工程量清单编制与计价

1.现浇矩形柱适用范围

"矩形柱"项目适用于建筑工程现浇矩形柱项目。

2.现浇矩形柱工程量清单编制案例

【例9.1.2】编制现浇矩形柱Z1(图9.1.4)工程量清单，其中层高3.6 m，采用商品混凝土，混凝土强度等级为C25。

(1)现浇矩形柱的项目编码：010502001001。

(2)现浇矩形柱的项目名称：C25商品混凝土矩形柱。

(3)现浇矩形柱的计量单位：m^3。

(4)现浇矩形柱的工程量。

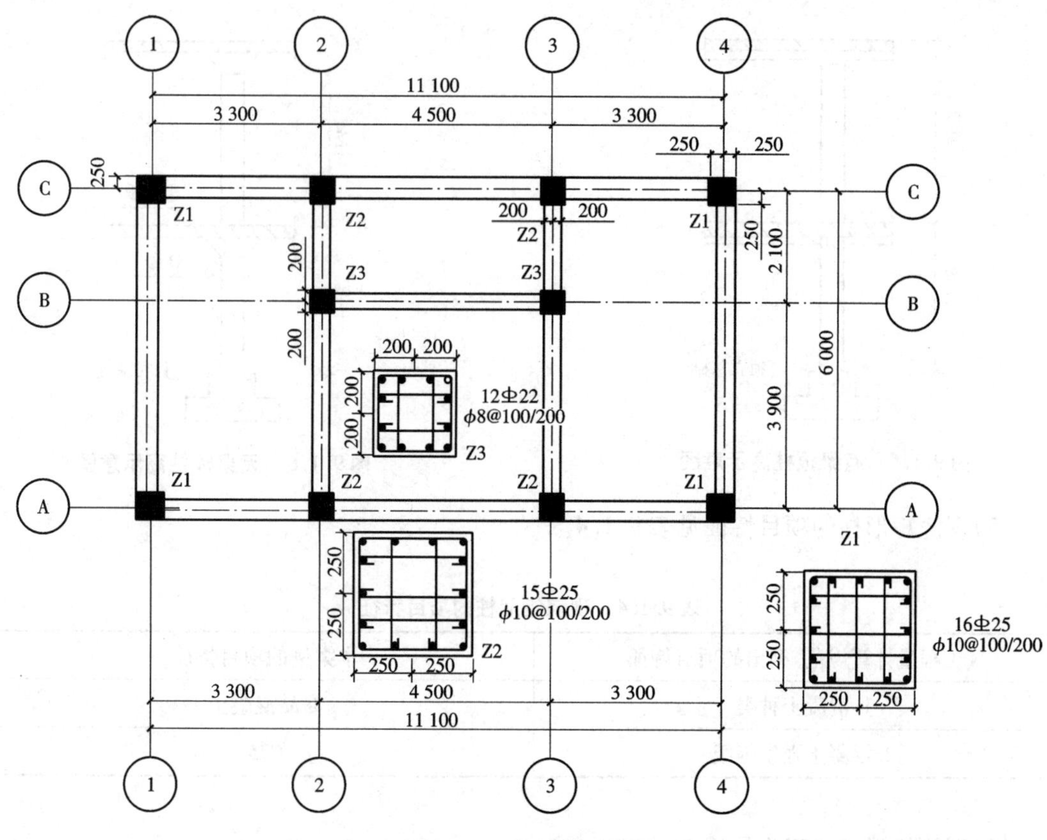

图9.1.4　矩形柱平面图

①现浇矩形柱工程量计算规则。

现浇矩形柱工程量按设计图示尺寸以体积计算，不扣除构件内钢筋、预埋铁件所占体积，型钢混凝土柱扣除构件内型钢所占体积。

柱高：有梁板的柱高，应按自柱基上表面（或楼板上表面）至上一层楼板上表面之间的高度计算，如图9.1.5所示；无梁板的柱高，应按自柱基上表面（或楼板上表面）至柱帽下表面之间的高度计算，如图9.1.6所示；框架柱的柱高，应按自柱基上表面至柱顶的高度计算；构造柱按全高计算，嵌接墙体部分（马牙槎）并入柱身体积；依附柱上的牛腿和升板的柱帽，并入柱身体积计算。

②现浇矩形柱工程量计算。

$$V_{Z1} = 0.5 \times 0.5 \times 3.6 \times 4$$

$$= 3.6\ m^3$$

课堂活动：熟悉工程量计算规则，计算附录5“基础平面布置图”中现浇矩形柱KZ-1的清单工程量。

$V_{矩形柱} =$

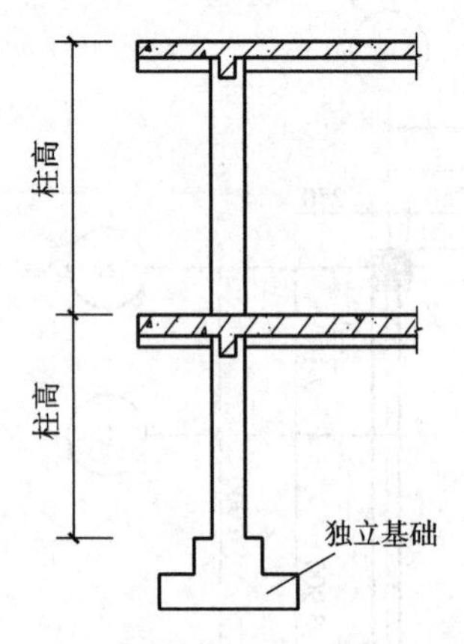

图 9.1.5　有梁板柱高示意图

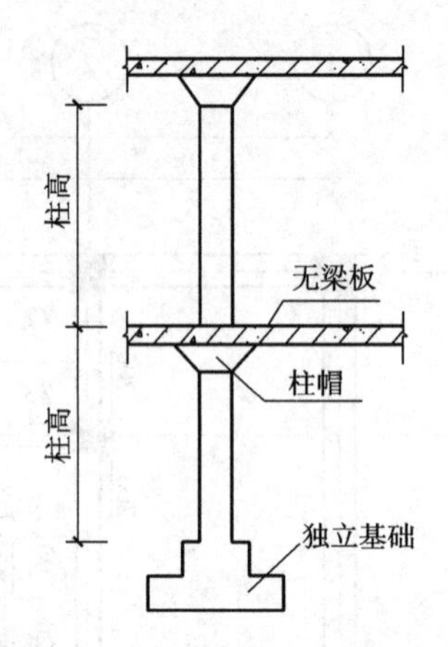

图 9.1.6　无梁板柱高示意图

(5)现浇矩形柱的项目特征见表 9.1.4。

表 9.1.4　现浇矩形柱的项目特征

《工程量计算规范》列出的项目特征	本案例的项目特征
1. 混凝土种类	商品混凝土
2. 混凝土强度等级	C25

(6)现浇矩形柱的工程量清单见表 9.1.5。

表 9.1.5　分部分项工程和单价措施项目清单与计价表

序号	项目编码	项目名称	项目特征描述	计量单位	工程量	金额(元)		
						综合单价	合价	其中：暂估价
1	010502001001	C25 商品混凝土矩形柱	1. 混凝土种类：商品混凝土 2. 混凝土强度等级：C25 3. 柱截面尺寸：500 mm × 500 mm	m^3	3.6			

提示：按重庆市通行的做法，由于模板在混凝土工程项目内计价，为方便套定额，需要描述柱截面尺寸。

1.3.3　现浇基础梁工程量清单编制

1. 现浇基础梁适用范围

“基础梁”项目适用于房屋建筑工程现浇基础梁项目。

2. 现浇基础梁工程量清单编制案例

【例9.1.3】编制现浇基础梁JL1(图9.1.7)工程量清单(混凝土强度等级为C25,采用商品混凝土,柱的尺寸参照图9.1.4)。

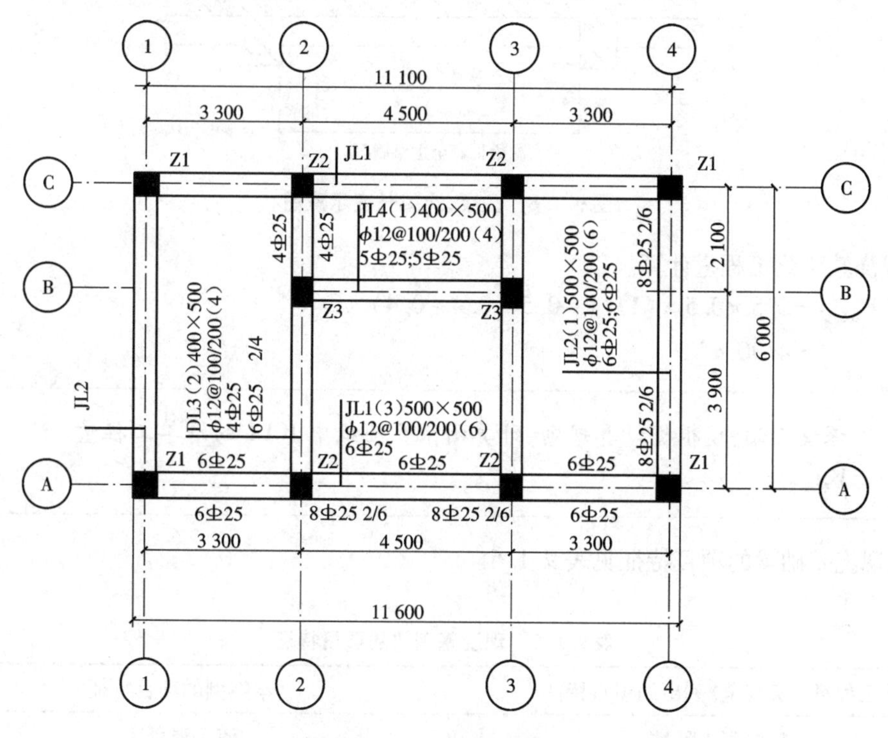

图9.1.7　基础梁平面图

课堂活动:请查《工程量计算规范》附录,填写下面3项。

(1)现浇基础梁的项目编码:________________。

(2)现浇基础梁的项目名称:________________。

(3)现浇基础梁的计量单位:________________。

(1)现浇基础梁的工程量。

①现浇基础梁工程量计算规则。

现浇基础梁工程量按设计图示尺寸以体积计算,不扣除构件内钢筋、预埋铁件所占体积,伸入墙内的梁头、梁垫并入梁体积内计算。

梁长:梁与柱连接时,梁长算至柱侧面;主梁与次梁连接时,次梁长算至主梁侧面,如图9.1.8所示。

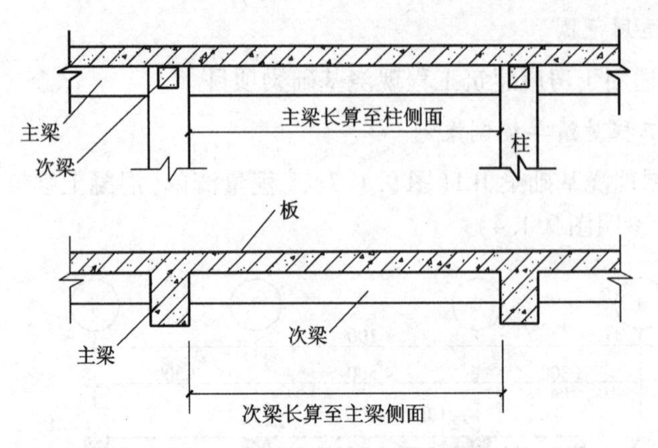

图9.1.8　主梁、次梁长度示意图

②现浇基础梁工程量计算。

$$V_{基础梁}=0.5\times0.5\times(11.1-0.5-0.4-0.4)\times2$$
$$=4.90\ m^3$$

课堂活动:请根据计算规则,计算附录5图纸中JCL1的清单工程量。

$V_{基础梁}=$

(2)现浇基础梁的项目特征见表9.1.6。

表9.1.6　现浇基础梁的项目特征

《工程量计算规范》列出的项目特征	本案例的项目特征
1. 混凝土种类	商品混凝土
2. 混凝土强度等级	C25

(3)现浇基础梁的工程量清单见表9.1.7。

表9.1.7　分部分项工程和单价措施项目清单与计价表

序号	项目编码	项目名称	项目特征描述	计量单位	工程量	金　额(元)		
						综合单价	合价	其中：暂估价
1	010503001001	现浇基础	1. 混凝土种类:商品混凝土 2. 混凝土强度等级:C25 3. 梁截面形状:矩形	m^3	4.9			

1.3.4　现浇有梁板工程量清单编制

现浇混凝土梁工程量清单编制与计价

1. 现浇有梁板适用范围

“有梁板”项目适用于建筑工程梁板整体合并现浇工程项目。

2. 现浇有梁板工程量清单编制案例

【例9.1.4】编制附录5图纸所示工程二层现浇有梁板的工程量清单。

课堂活动:请查《工程量计算规范》附录,填写下面3项。

(1)现浇有梁板的项目编码:________________。

(2)现浇有梁板的项目名称:________________。

(3)现浇有梁板的计量单位:________________。

(1)现浇有梁板的工程量。

①现浇有梁板工程量计算规则。

现浇有梁板工程量按设计图示尺寸以体积计算,不扣除构件内钢筋、预埋铁件及单个面积≤0.3 m^2的柱、垛以及孔洞所占体积。有梁板(包括主梁、次梁与板,如图9.1.9所示)按梁、板体积之和计算,无梁板按板和柱帽体积之和计算,各类板伸入墙内的板头并入板体积内计算,薄壳板的肋、基梁并入薄壳体积内计算。

②现浇有梁板工程量计算。

课堂活动:熟悉工程量计算规则,计算工程量。

$V_{有梁板}$ =

(2)现浇有梁板的项目特征见表9.1.8。

课堂活动:根据附录5中相关图纸完善表9.1.8。

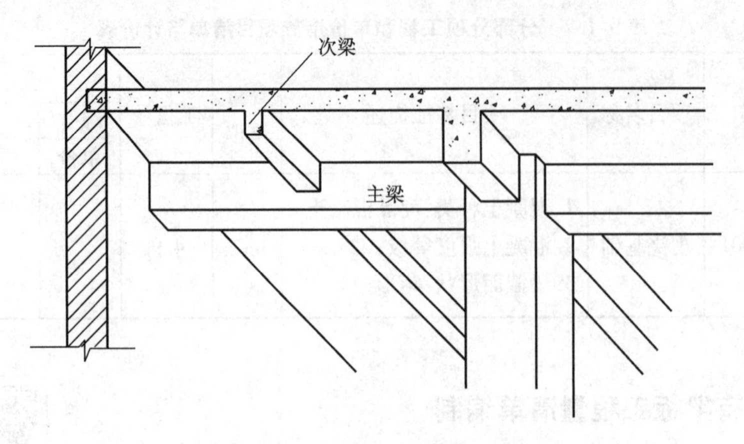

图 9.1.9　主梁、次梁示意图

表 9.1.8　现浇有梁板的项目特征

《工程量计算规范》列出的项目特征	本案例的项目特征
1. 混凝土种类	
2. 混凝土强度等级	

(3)现浇有梁板的工程量清单见表 9.1.9。

课堂活动:根据以上内容完善表 9.1.9。

表 9.1.9　分部分项工程和单价措施项目清单与计价表

工程名称:××建筑工程　　　　标段:　　　　第　页　共　页

序号	项目编码	项目名称	项目特征描述	计量单位	工程量	金额(元)		
						综合单价	合价	其中:暂估价
1								

1.3.5　现浇直形楼梯工程量清单编制

1. 现浇直形楼梯适用范围

“直形楼梯”项目适用于房屋建筑工程现浇直形楼梯项目。

2. 现浇直形楼梯工程量清单编制案例

【例 9.1.5】编制附录 5 相关图纸所示工程中现浇直形楼梯的工程量清单。

课堂活动:请查《工程量计算规范》附录,填写下面3项。

(1)现浇直形楼梯的项目编码:________________。

(2)现浇直形楼梯的项目名称:________________。

(3)现浇直形楼梯的计量单位:________________。

(1)现浇直形楼梯的工程量。

①现浇直形楼梯工程量计算规则。

a.以 m^2 计量,按设计图示尺寸以水平投影面积计算,不扣除宽度≤500 mm 的楼梯井,伸入墙内部分不计算。

b.以 m^3 计量,按设计图示尺寸以体积计算。

②现浇直形楼梯工程量计算。

课堂活动:熟悉工程量计算规则,并计算工程量。

$S_{直形楼梯}=$

(2)现浇直形楼梯的项目特征见表9.1.10。

课堂活动:根据附录5中相关图纸完善表9.1.10。

表9.1.10　现浇直形楼梯的项目特征

《工程量计算规范》列出的项目特征	本案例的项目特征
1.混凝土种类	
2.混凝土强度等级	

(3)现浇直形楼梯的工程量清单见表9.1.11。

课堂活动:根据以上内容完善表9.1.11(注意应根据不同的计量规则分别填写)。

表 9.1.11　分部分项工程和单价措施项目清单与计价表

工程名称：××建筑工程　　　　标段：　　　　　　　　第　页　共　页

序号	项目编码	项目名称	项目特征描述	计量单位	工程量	金　额(元)		
						综合单价	合价	其中：暂估价
1								

1.3.6　现浇散水工程量清单编制

1. 现浇散水、坡道适用范围

“散水、坡道”项目适用于房屋建筑工程现浇散水、坡道项目。

2. 现浇散水工程量清单编制案例

【例 9.1.6】编制附录 5 中相关图纸所示工程现浇散水的工程量清单。散水宽度为 900 mm，做法详见西南 04J812—4—1。

课堂活动：请查《工程量计算规范》附录，填写下面 3 项。

(1)现浇散水的项目编码：________________。

(2)现浇散水的项目名称：________________。

(3)现浇散水的计量单位：________________。

(1)现浇散水的工程量。

①现浇散水工程量计算规则。

现浇散水工程量按设计图示尺寸以水平投影面积计算，不扣除单个≤0.3 m^2 的孔洞所占面积。

②现浇散水工程量计算。

课堂活动：熟悉工程量计算规则，并计算工程量。

$S_{散水}$ =

(2)现浇散水的项目特征见表 9.1.12。

表 9.1.12　现浇散水的项目特征

《工程量计算规范》列出的项目特征	本案例的项目特征
1. 垫层材料种类、厚度	见西南 04J812—4—1
2. 面层厚度	
3. 混凝土种类	
4. 混凝土强度等级	
5. 变形缝填塞材料种类	

(3)现浇散水、坡道的工程量清单见表 9.1.13。

课堂活动:根据以上内容完善表 9.1.13。

表 9.1.13　分部分项工程和单价措施项目清单与计价表

工程名称:××建筑工程　　标段:　　第　页 共　页

序号	项目编码	项目名称	项目特征描述	计量单位	工程量	金额(元)		
						综合单价	合价	其中:暂估价
1			见西南 04J812—4—1	m^2				

1.3.7　现浇构件钢筋工程量清单编制

钢筋工程工程量清单编制与计价

1. 现浇构件钢筋适用范围

"现浇构件钢筋"项目适用于房屋建筑工程结构构件内的钢筋工程项目。其工程量计算参考图集《混凝土结构施工图平面整体表示方法制图规则和构造详图》(16G101—1,以下简称《平法图集》)。

2. 现浇构件钢筋工程量清单编制案例

【例 9.1.7】某建筑楼层框架梁配筋如图 9.1.10 所示,试编制现浇构件钢筋工程量清单。其中,柱的截面尺寸为 400 mm×400 mm,柱、梁混凝土强度等级均为 C25,柱与柱的中心线轴线尺寸均为 3 600 mm,钢筋连接方式为电渣压力焊,一级抗震。

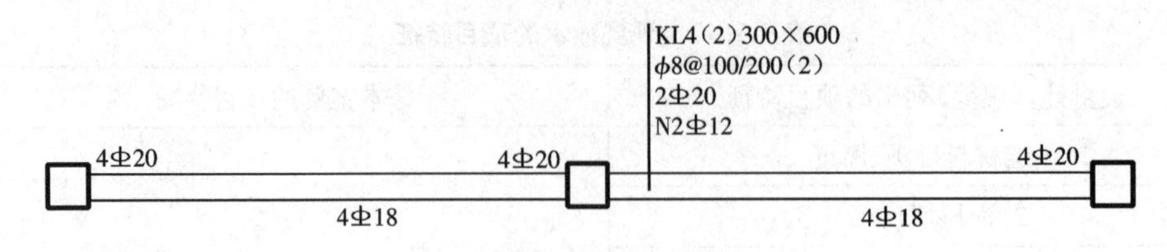

图9.1.10　框架梁配筋图

课堂活动:请查《工程量计算规范》附录,填写下面3项。

(1)现浇构件钢筋的项目编码:＿＿＿＿＿＿＿＿＿＿。

(2)现浇构件钢筋的项目名称:＿＿＿＿＿＿＿＿＿＿。

(3)现浇构件钢筋的计量单位:＿＿＿＿＿＿＿＿＿＿。

(1)现浇构件钢筋的工程量。

①现浇构件钢筋工程量计算规则。

现浇构件钢筋工程量按设计图示钢筋(网)长度(面积)乘以单位理论重量计算。

计算钢筋长度与计算钢筋施工下料长度的方法基本一致,区别在于计算精度可小一些,可以不计算量度差值。

②现浇混凝土梁钢筋工程量计算。

依据《平法图集》,通常情况下梁有以下几种钢筋。

a. 上部通长筋。

b. 侧面纵向钢筋,作用为构造筋或抗扭筋。

c. 下部钢筋(通长或不通长)。

d. 左支座负筋。

e. 架立钢筋或跨中钢筋。

f. 右支座负筋。

g. 箍筋及拉筋。

h. 附加钢筋,包括吊筋、次梁加筋、加腋钢筋。

工程量计算方法如下。

a. 上部通长筋计算(见16G101—1中P27、28、79~82)。

长度=净跨长+左支座锚固长度+右支座锚固长度

左、右支座锚固长度的取值判断:当 h_c - 保护层厚度(直锚长度) > L_{aE} 时,取 $\max(L_{aE}, 0.5h_c + 5d)$;当 h_c - 保护层厚度(直锚长度) ≤ L_{aE} 时,必须弯锚,弯锚长度为 h_c - 保护层厚度 + $15d$。

其中,h_c 为柱直径,一般 $h_c = 400$ mm。查阅16G101—1,确定C25混凝土梁的钢筋保护层厚度为25 mm,h_c - 保护层厚度 = 375 mm,一级抗震结构(C25)钢筋直径小于≤25 mm时,$L_{aE} = 38d = 38 \times 20 = 760$ mm,由于直锚长度(375 mm) < 抗震锚固长度(760 mm),因此必须弯锚,弯锚长度为 h_c - 保护层厚度 + $15d = 400 - 25 + 15 \times 20 = 675$ mm。

本例中直径20 mm的梁上部通长筋长度计算:

L = 净跨长 + 左支座锚固长度 + 右支座锚固长度

= 3.6 × 2 − 0.4 + 0.675 × 2

= 8.15 m

N = 2 根

b. 下部通长筋计算（见16G101—1中P33、34、79～82）。

长度 = 净跨长 + 左支座锚固长度 + 右支座锚固长度

左、右支座锚固长度同上。

该框架梁没有下部通长筋。

c. 左、右支座负筋计算（见16G101—1中P33、34、79～82）。

第一排筋长度 = 左或右支座锚固长度 + 净跨长/3

第二排筋长度 = 左或右支座锚固长度 + 净跨长/4

左、右支座锚固长度同上。

课堂活动：根据图9.1.10完成梁左、右支座负筋的长度计算。

L =

N =

参考答案：L = 1.742 m，N = 4 根。

d. 中间支座负筋长度计算（见16G101—1中P33、34、79～82）。

第一排筋长度 = 2 × max（第一跨净跨长，第二跨净跨长）/3 + 支座宽

第二排筋长度 = 2 × max（第一跨净跨长，第二跨净跨长）/4 + 支座宽

课堂活动：根据图9.1.10完成梁中间支座负筋的长度计算。

L =

N =

参考答案：L = 2.533 m，N = 2 根。

e. 侧面纵向构造或抗扭钢筋计算（见16G101—1中P33、34、87）。

构造筋长度 = 净跨长 + 2 × 15d

抗扭筋长度 = 净跨长 + 2 × 锚固长度

左、右支座锚固长度同前。

课堂活动：根据图9.1.10完成梁抗扭钢筋的长度计算。

L =

N =

参考答案：L = 7.91 m，N = 2 根。

f. 拉筋计算(见 16G101—1 中 P35、74、87),拉筋如图 9.1.11 所示。

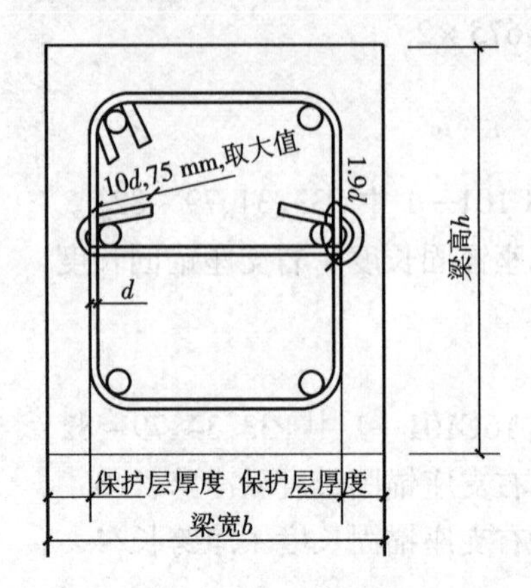

图 9.1.11　拉筋示意图

拉筋直径取值:梁宽≤350 mm,取 6 mm;深宽>350 mm,取 8 mm。

拉筋长度 = 梁宽 − 2 × 保护层厚度 + 2 × 1.9d + 2 × max(10d,75 mm) + 2d

拉筋根数 = [(净跨长 − 50 × 2)/非加密间距 × 2 + 1] × 排数

课堂活动:根据图 9.1.11 完成梁拉筋的长度计算。

$L_{单根长}$ =

N =

$L = L_{单根长} \times N$ =

参考答案:$L_{单根长}$ = 0.435 m,N = 18 根。

g. 下部钢筋计算(见 16G101—1 中 P24、79 ~ 82)。

长度 = 净跨长 + 左支座锚固长度 + 右支座锚固长度

中间支座下部钢筋锚固长度 = max(0.5h_c + 5d,L_{aE})

端头锚固长度同上部通长钢筋锚固长度计算。

课堂活动:根据图 9.1.10 完成梁下部钢筋的长度计算。

L =

N =

参考答案:L = 4.529 m,N = 8 根。

h. 箍筋计算(见 16G101—1 中 P35、83、85),箍筋如图 9.1.12 所示。

长度 = (b − 保护层厚度 × 2 + d × 2) × 2 + (h − 保护层厚度 × 2 + d × 2) × 2 + 1.9d × 2 + max(10d,75 mm) × 2

单跨根数 = [(左加密区长度 − 50)/加密间距 + 1] + (非加密区长度/非加密间距 −

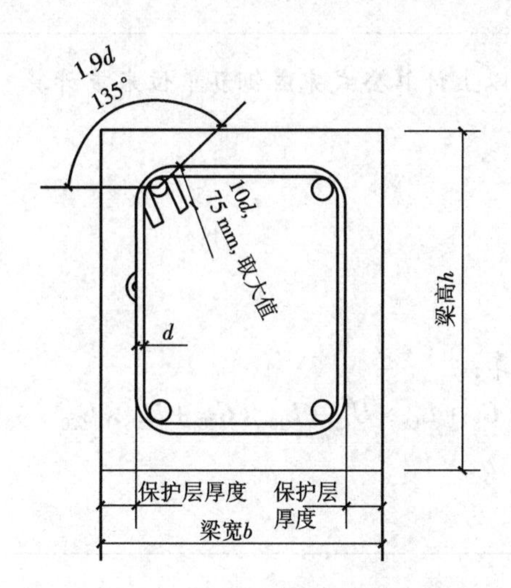

图 9.1.12　箍筋示意图

1)+[(右加密区长度-50)/加密间距+1]

课堂活动:根据图 9.1.12 完成梁箍筋的长度计算。

$L_{单根长}=$

$N=$

$L=L_{单根长}\times N=$

参考答案:$L_{单根长}=1.854$ m,$N=58$ 根。

i. 梁钢筋工程量计算。

课堂活动:根据以上计算结果,区别不同钢筋直径,完成钢筋长度汇总计算。

$L_6=$

$L_8=$

$L_{12}=$

$L_{18}=$

$L_{20}=$

钢筋的单位理论重量(业界惯用“重量”一词,本书沿用)计算:

钢筋每米重量 $=0.006\ 165d^2$(kg/m)

其中,d 是以 mm 为单位的钢筋直径。

课堂活动：根据以上计算公式完成钢筋单位米重计算。

$G_6 =$

$G_8 =$

$G_{12} =$

$G_{18} =$

$G_{20} =$

最后，完成梁钢筋工程量计算：

$$G = L_6 \times G_6 + L_8 \times G_8 + L_{12} \times G_{12} + L_{18} \times G_{18} + L_{20} \times G_{20}$$

$$=$$

参考答案：$G = 0.201$ t。

提示：通常情况是整个工程所有结构构件钢筋长度计算完成后，一次汇总计算钢筋重量。

(2)现浇构件钢筋的项目特征见表9.1.14。

课堂活动：根据工程内容完善表9.1.14。

表9.1.14　现浇构件钢筋的项目特征

《工程量计算规范》列出的项目特征	本案例的项目特征
钢筋种类、规格	

(3)现浇构件钢筋的工程量清单见表9.1.15。

课堂活动：根据以上内容完善表9.1.15。

表9.1.15　分部分项工程和单价措施项目清单与计价表

工程名称：××建筑工程　　　　标段：　　　　第　页　共　页

序号	项目编码	项目名称	项目特征描述	计量单位	工程量	金额(元)		
						综合单价	合价	其中：暂估价
1		现浇构件钢筋(梁)						

任务2　混凝土及钢筋混凝土工程工程量清单计价

2.1　混凝土及钢筋混凝土工程工程量清单项目与定额项目的对应关系

混凝土及钢筋混凝土工程工程量清单项目与定额项目的对应关系见表9.2.1。

表9.2.1　混凝土及钢筋混凝土工程工程量清单项目与定额项目对应表(摘录)

项目编码	清单项目名称	建筑工程定额编号
010501001	垫层	楼地面垫层:AE0001、AE0002 基础垫层:AE0003、AE0004
010501002	带形基础	块(石)混凝土带形基础:AE0005、AE0006 混凝土带形基础:AE0007、AE0008
010501003	独立基础	块(石)混凝土独立基础:AE0009、AE0010 混凝土独立基础:AE0011、AE0012
010501006	设备基础	
010501004	满堂基础	AE0017、AE0018
010501005	桩承台基础	AE0019、AE0020
010502001	矩形柱	AE0022、AE0023
010502002	构造柱	AE0030、AE0031
010502003	异型柱	异型柱:AE0026、AE0027 薄壁柱:AE0028、AE0029
010503001	基础梁	基础梁:AE0033、AE0034 弧形基础梁:AE0035、AE0036
010503002	矩形梁	AE0037、AE0038
010503003	异型梁	AE0039、AE0040
010503004	圈梁	AE0041、AE0042
010503005	过梁	AE0041、AE0042
010503006	弧形、拱形梁	AE0045、AE0046
010504001	直形墙	AE0048 ~ AE0055
010504002	弧形墙	AE0056 ~ AE0063
010505001	有梁板	AE0072、AE0073

续表

项目编码	清单项目名称	建筑工程定额编号
010505002	无梁板	AE0074、AE0075
010505003	平板	AE0076、AE0077
010505007	天沟(檐沟)、挑檐板	AE0090、AE0091
010505008	雨篷、悬挑板、阳台板	AE0088、AE0089
010506001	直形楼梯	AE0092、AE0093
010506002	弧形楼梯	AE0094、AE0095
010507001	散水、坡道	混凝土排水坡:AE0100、AE0103 防滑坡道:AE0104
010507004	台阶	AE0107、AE0108
010509001	矩形柱	制作:AE0210 运输:AE0321、AE0322 安装:AE0301
010509002	异型柱	制作:AE0211 运输:AE0321、AE0322 安装:AE0301
010510001	矩形梁	制作:AE0212 运输:AE0319、AE0320 安装:AE0302
010510002	异型梁	制作:AE0213 运输:AE0319、AE0320 安装:AE0302
010510003	过梁	制作:AE0214 运输:AE0319、AE0320 安装:AE0303
010510004	拱形梁	制作:AE0215 运输:AE0319、AE0320 安装:AE0302
010512001	平板	制作:AE0224 运输:AE0319、AE0320 安装:AE0314
010512002	空心板	制作:AE0225 运输:AE0319、AE0320 安装:AE0313
010513001	楼梯	制作:AE0241 ~ AE0244 安装:AE0315

续表

项目编码	清单项目名称	建筑工程定额编号
010515001	现浇构件钢筋	AE0177 ~ AE0179
010515003	钢筋网片	AE0181
010515004	钢筋笼	AE0182
010515005	先张法预应力钢筋	AE0183 ~ AE0186
010515006	后张法预应力钢筋	AE0186 ~ AE0188
010515007	预应力钢丝	AE0189
010515008	预应力钢绞线	AE0190
010516001	螺栓	AE0192
010516002	预埋铁件	AE0193

2.2　混凝土及钢筋混凝土工程工程量清单计价方法及案例

2.2.1　现浇垫层工程量清单计价

1.计算现浇垫层综合单价的注意事项

《重庆市房屋建筑与装饰工程计价定额》中现浇垫层的工程量计算规则与《工程量计算规范》一致。

2.现浇垫层工程量清单计价案例

【例9.2.1】根据例9.1.1的现浇垫层工程量清单(表9.1.3),完成现浇垫层工程量清单计价。(招标文件规定该工程使用商品混凝土)

现浇垫层工程量清单计价步骤如下。

(1)对应的计价定额：AE0004 基础商品混凝土垫层。

(2)计算定额工程量。本案例中定额工程量与清单工程量相同。

(3)计算综合单价,结果见表9.2.2。

表 9.2.2 工程量清单综合单价分析表

工程名称:××建筑工程　　　　　　标段:　　　　　　　　　　第　页 共　页

项目编码	010501001001	项目名称		现浇垫层					计量单位		m^3		综合单价		601.58
定额编号	定额项目名称	单位	数量	定额综合单价									人材机价差	其他风险费	合价
				定额人工费	定额材料费	定额施工机具使用费	企业管理费		利润		一般风险费用				
				1	2	3	4	5	6	7	8	9	10	11	12
							费率(%)	(1+3)×4	费率(%)	(1+3)×6	费率(%)	(1+3)×8			1+2+3+5+7+9+10+11
AE0001换	楼地面垫层自拌混凝土换为【特细砂塑性混凝土(坍落度10~30 mm),砾石公称粒级5~10 mm,C15】	10 m^3	0.1	80.73	229.75	20.07	24.1	24.29	12.92	13.02	1.5	1.51	232.2	0	601.58
合　计				80.73	229.75	20.07	—	24.29	—	13.02	—	1.51	232.2	0	601.58

人工、材料及机械名称	单位	数量	定额单价	市场单价	价差合计	市场合价	备注
1.人工							
混凝土综合工	工日	0.702	115	115	0	80.73	
2.材料							
(1)计价材料							
水泥 32.5R	kg	283.81	0.31	0.43	34.06	122.04	
特细砂	t	0.614 1	63.11	257	119.07	157.82	
水	m^3	0.894 6	4.42	3.88	-0.48	3.47	
砾石 5~10 mm	t	1.515	64	120	84.84	181.8	
电	kW·h	0.231	0.7	0.7	0	0.16	
特细砂塑性混凝土(坍落度10~30 mm),砾石公称粒级5~10 mm,C15	m^3	1.01	222.19	457.71	237.88	462.29	
(2)其他材料费							
其他材料费	元	—	—	1	—	1.94	

续表

3. 机械							
(1)机上人工							
机上人工	工日	0.123 3	120	84.67	-4.36	10.44	
(2)燃油动力费							
电	kW·h	3.860 2	0.7	0.46	-0.93	1.78	

(4)现浇垫层的工程量清单计价见表9.2.3。

表9.2.3　分部分项工程和单价措施项目清单与计价表

工程名称：××建筑工程　　　　标段：　　　　第　页　共　页

序号	项目编码	项目名称	项目特征描述	计量单位	工程量	金额(元)		
						综合单价	合价	其中：暂估价
1	010501001001	现浇垫层	1. 混凝土种类：商品混凝土 2. 混凝土强度等级：C15	m^3	13.36	601.58	8 037.11	

2.2.2　现浇矩形柱工程量清单计价

1. 计算现浇矩形柱综合单价的注意事项

《重庆市房屋建筑与装饰工程计价定额》中矩形柱的工程量计算规则与《工程量计算规范》一致。

2. 现浇矩形柱工程量清单计价案例

【例9.2.2】根据例9.1.2的现浇矩形柱工程量清单(表9.1.5)，完成矩形柱工程量清单计价。(招标文件规定该工程使用商品混凝土)

矩形柱工程量清单计价步骤如下。

(1)对应的计价定额：AE0023 商品混凝土矩形柱，AE0136 矩形柱模板。

《工程量计算规范》规定，对现浇混凝土模板采用两种方式进行编制。

①“工作内容”中包括模板工程的内容，以 m^3 计量，与混凝土工程项目一起组成综合单价。

②在措施项目中单列现浇混凝土模板工程项目，以 m^2 计量，单独组成综合单价。该情况适用于将模板单独分包的情况。除此以外都应该按①执行。

(2)计算定额工程量。本案例中定额工程量同清单工程量。

(3)计算综合单价,结果见表9.2.4。

表9.2.4 工程量清单综合单价分析表

工程名称:××建筑工程　　　　标段:　　　　第　页 共　页

项目编码	010502001001	项目名称		C25商品混凝土矩形柱					计量单位		m³		综合单价		624.43
定额编号	定额项目名称	单位	数量	定额综合单价									人材机价差	其他风险费	合价
				定额人工费	定额材料费	定额施工机具使用费	企业管理费		利润		一般风险费用				
				1	2	3	4	5	6	7	8	9	10	11	12
							费率(%)	(1+3)×4	费率(%)	(1+3)×6	费率(%)	(1+3)×8			1+2+3+5+7+9+10+11
AE0022换	矩形柱自拌混凝土换为【特细砂塑性混凝土(坍落度35~50 mm),砾石公称粒级5~10 mm,C25】	10 m³	0.1	92.35	263.7	12.24	24.1	25.21	12.92	13.51	1.5	1.57	215.86	0	624.43
合　计				92.35	263.7	12.24	—	25.21	—	13.51	—	1.57	215.86	0	624.43

人工、材料及机械名称	单位	数量	定额单价	市场单价	价差合计	市场合价	备注
1.人工							
混凝土综合工	工日	0.803	115	115	0	92.35	
2.材料							
(1)计价材料							
水泥32.5R	kg	406.575 5	0.31	0.43	48.79	174.83	
特细砂	t	0.459 5	63.11	257	89.09	118.09	
水	m³	0.607 6	4.42	3.88	-0.33	2.36	
特细砂塑性混凝土(坍落度35~50 mm),砾石公称粒级5~10 mm,C25	m³	0.979 7	254.1	477.96	219.32	468.26	
砾石5~10 mm	t	1.455 8	64	120	81.52	174.70	
电	kW·h	0.375	0.7	0.7	0	0.26	
预拌水泥砂浆1:2	m³	0.030 3	398.06	398.06	0	12.06	
(2)其他材料费							
其他材料费	元	—	—	1	—	0.48	

续表

3. 机械							
(1)机上人工							
机上人工	工日	0.075 2	120	84.67	-2.66	6.37	
(2)燃油动力费							
电	kW·h	2.354 4	0.7	0.46	-0.57	1.08	

(4)现浇矩形柱的工程量清单计价见表9.2.5。

表9.2.5　分部分项工程和单价措施项目清单与计价表

工程名称：××建筑工程　　　　标段：　　　　第　页　共　页

序号	项目编码	项目名称	项目特征描述	计量单位	工程量	金额(元)		
						综合单价	合价	其中：暂估价
1	010502001001	C25商品混凝土矩形柱	1. 混凝土种类：商品混凝土 2. 混凝土强度等级：C25 3. 柱截面尺寸：500 mm ×500 mm	m^3	3.6	624.43	2 247.95	

2.2.3　现浇有梁板工程量清单计价

1. 计算现浇有梁板综合单价的注意事项

《重庆市房屋建筑与装饰工程计价定额》中现浇有梁板的工程量计算规则与《工程量计算规范》一致。

2. 现浇有梁板工程量清单计价案例

【例9.2.3】根据例9.1.4的现浇有梁板工程量清单(表9.1.9)，完成现浇有梁板工程量清单计价。(招标文件规定该工程使用商品混凝土)

现浇有梁板工程量清单计价步骤如下。

(1)对应的计价定额：AE0072 商品混凝土有梁板，AE0252 有梁板模板。

(2)计算定额工程量。本案例中定额工程量与清单工程量相同。

课堂活动：计算定额工程量，即例9.1.4按照清单规则计算的有梁板工程量。

$V_{有梁板}$ =

(3)计算综合单价,结果见表9.2.6。

表9.2.6 工程量清单综合单价分析表

工程名称:××建筑工程　　标段:　　第　页　共　页

项目编码	010505001001	项目名称		现浇有梁板					计量单位		m^3		综合单价		541.44
定额编号	定额项目名称	单位	数量	定额综合单价									人材机价差	其他风险费	合价
				定额人工费	定额材料费	定额施工机具使用费	企业管理费		利润		一般风险费用				
							4	5	6	7	8	9			12
				1	2	3	费率(%)	(1+3)×4	费率(%)	(1+3)×6	费率(%)	(1+3)×8	10	11	1+2+3+5+7+9+10+11
AE0072	有梁板自拌混凝土	10 m^3	0.1	84.99	277.05	12.91	24.1	23.59	12.92	12.65	1.5	1.47	128.78	0	541.44
合　计				84.99	277.05	12.91	—	23.59	—	12.65	—	1.47	128.78	0	541.44

人工、材料及机械名称	单位	数量	定额单价	市场单价	价差合计	市场合价	备注
1.人工							
混凝土综合工	工日	0.739	115	115	0	84.99	
2.材料							
(1)计价材料							
水泥32.5R	kg	481.77	0.31	0.43	57.81	207.16	
特细砂	t	0.385 8	63.11	257	74.8	99.15	
水	m^3	0.821 6	4.42	3.88	-0.44	3.19	
电	kW·h	0.378	0.7	0.7	0	0.26	
特细砂塑性混凝土(坍落度35~50 mm),碎石公称粒级5~20mm,C30	m^3	1.01	266.56	397.75	132.5	401.73	
碎石5~20 mm	t	1.391 8	67.96	67.96	0	94.59	
(2)其他材料费							
其他材料费	元	—	—	1	—	4.87	
3.机械							
(1)机上人工							
机上人工	工日	0.077 7	120	84.67	-2.75	6.58	
(2)燃油动力费							
电	kW·h	2.687 3	0.7	0.46	-0.64	1.24	

(4)现浇有梁板的工程量清单计价见表9.2.7。

表9.2.7　分部分项工程和单价措施项目清单与计价表

工程名称:××建筑工程　　　　　　　标段:　　　　　　　　　　　　第　页　共　页

序号	项目编码	项目名称	项目特征描述	计量单位	工程量	金额(元)		
						综合单价	合价	其中:暂估价
1	010505001001	现浇有梁板		m^3				

2.2.4　现浇构件钢筋工程量清单计价

1.计算现浇构件钢筋综合单价的注意事项

《重庆市房屋建筑与装饰工程计价定额》中钢筋的工程量计算规则与《工程量计算规范》一致。

2.现浇构件钢筋工程量清单计价案例

【例9.2.4】根据例9.1.7的现浇混凝土梁钢筋工程量清单(表9.2.8),完成现浇混凝土梁钢筋工程量清单计价。(设计规定梁受力钢筋直径在25 mm以内采用电渣压力焊连接,直径在25 mm以上采用机械连接,本案例采用电渣压力焊,四类工程)

表9.2.8　分部分项工程和单价措施项目清单与计价表

序号	项目编码	项目名称	项目特征描述	计量单位	工程量	金额(元)		
						综合单价	合价	其中:暂估价
1	010515001001	商品混凝土梁钢筋	1.钢筋种类、规格:综合	t	0.201			

现浇混凝土梁钢筋工程量清单计价步骤如下。

(1)对应的计价定额:AE0178现浇混凝土梁钢筋,AE0208电渣压力焊。

(2)计算定额工程量。

①现浇混凝土梁钢筋工程量计算。

课堂活动:计算定额工程量,即例9.1.7按照清单规则计算的现浇混凝土梁钢筋工程量。

$T_{梁钢筋}=$

②钢筋接头计算。

《重庆市房屋建筑与装饰工程计价定额》规定:计算钢筋工程量时,设计图有规定钢筋搭接长度的，按设计图规定搭接长度计算；未规定搭接长度的，水平钢筋直径在25 mm以内的钢筋每8 m长计算一个接头，直径在25 mm以上的钢筋每6 m计算一个接头，竖向接头按自然层计算接头个数，接头长度按设计或规范计算。

钢筋电渣压力焊接头以个计算。该部分钢筋不再计算其搭接用量。

(3)计算综合单价，见表9.2.9。

表9.2.9　工程量清单综合单价分析表

工程名称：××建筑工程　　　　标段：　　　　第　页共　页

项目编码	010515001001	项目名称		商品混凝土梁钢筋					计量单位		t		综合单价		4 253.46
定额编号	定额项目名称	单位	数量	定额综合单价									人材机价差	其他风险费	合价
				定额人工费	定额材料费	定额施工机具使用费	企业管理费		利润		一般风险费用				
				1	2	3	4 费率(%)	5 (1+3)×4	6 费率(%)	7 (1+3)×6	8 费率(%)	9 (1+3)×8	10	11	12 1+2+3+5+7+9+10+11
AE0178	现浇混凝土梁钢筋，钢筋直径ϕ10 mm以上	t	1	802.8	3 079.76	53.1	24.1	206.27	12.92	110.58	1.5	12.84	-11.89	0	4 253.46
合　计				802.8	3 079.76	53.1	—	206.27	—	110.58	—	12.84	-11.89	0	4 253.46

人工、材料及机械名称	单位	数量	定额单价	市场单价	价差合计	市场合价	备注
1.人工							
钢筋综合工	工日	6.69	120	120	0	802.8	
2.材料							
(1)计价材料							
水	m^3	0.1	4.42	3.88	-0.05	0.39	
钢筋ϕ10 mm以外	t	1.029 9	2 960	2 960	0	3 048.50	
低碳钢焊条综合	kg	4.6	4.19	4.19	0	19.27	
(2)其他材料费							
其他材料费	元	—	—	1	—	11.24	
3.机械							
(1)机上人工							
(2)燃油动力费							
电	kW·h	49.358	0.7	0.46	-11.85	22.70	

(4)现浇混凝土梁钢筋的工程量清单计价见表9.2.10。

表9.2.10　分部分项工程和单价措施项目清单与计价表

<table>
<tr><th rowspan="2">序号</th><th rowspan="2">项目编码</th><th rowspan="2">项目名称</th><th rowspan="2">项目特征描述</th><th rowspan="2">计量单位</th><th rowspan="2">工程量</th><th colspan="3">金　额(元)</th></tr>
<tr><th>综合单价</th><th>合价</th><th>其中：暂估价</th></tr>
<tr><td>1</td><td>010515001001</td><td>商品混凝土梁钢筋</td><td>1.钢筋种类、规格：综合</td><td>t</td><td>0.201</td><td>4 253.46</td><td>854.95</td><td></td></tr>
</table>

习　题

一、单项选择题

1.有梁板的柱高,应按(　　)的高度计算。

A.自柱基上表面(或楼板上表面)至上一层楼板上表面

B.自柱基上表面(或楼板上表面)至柱帽下表面

C.自柱基上表面至柱顶

D.自室内地坪至柱顶

2.矩形梁按设计图示尺寸以体积计算,不扣除构件内钢筋、预埋铁件所占体积,伸入墙内的梁头、梁垫(　　)。

A.单独计算　　B.不计算

C.并入梁体积内计算　　D.按体积的一半计算

3.楼梯工程量按设计图示尺寸以(　　)计算。

A.立面投影面积　　B.水平投影面积

C.体积　　D.水平投影面积的一半

4.散水和坡道应按(　　)计算。

A.设计图示尺寸以水平投影面积　　B.设计图示尺寸以体积

C.设计图示尺寸以中心线长度　　D.设计图示尺寸以外墙外边线长度

5.电缆沟、地沟按(　　)计算。

A.设计图示尺寸以面积

B.设计图示尺寸以体积

C.设计图示尺寸以中心线长度

D.设计图示尺寸以外墙外边线长度

6.挑檐、天沟板、雨篷、阳台与板(包括屋面板、楼板)连接时,以(　　)为分界线。

A.外墙外边线　　B.外墙中心线　　C.外墙内边线　　D.轴线

7.扶手、压顶(包括伸入墙内的长度)应按(　　)计算。

A.体积　　B.面积　　C.延长米　　D.重量

8. 楼梯工程量关于梯井的计算,正确的是(　　)。

A. 不扣除宽度小于 300 mm 的楼梯井,伸入墙内部分不计算

B. 不扣除宽度小于 500 mm 的楼梯井,伸入墙内部分要计算

C. 不扣除宽度小于 300 mm 的楼梯井,伸入墙内部分要计算

D. 不扣除宽度小于 500 mm 的楼梯井,伸入墙内部分不计算

9. 雨篷、阳台板按设计图示尺寸以(　　)计算,包括伸出墙外的牛腿和雨篷反挑檐。

A. 实体体积　　B. 墙外部分体积

C. 水平投影面积　　D. 墙外水平投影面积

10. 梁与柱连接时,梁长算至(　　)。

A. 轴线　　B. 柱中心线　　C. 柱侧面　　D. 柱外边线

11.《重庆市房屋建筑与装饰工程计价定额》中,弧形钢筋按相应定额子目人工乘以系数(　　)计算。

A. 1.4　　B. 1.2　　C. 1.3　　D. 1.5

12.《重庆市房屋建筑与装饰工程计价定额》中,计算钢筋工程量时,设计为规定搭接长度的,水平钢筋直径在 25 mm 以内的钢筋每(　　)长计算一个接头。

A. 5 m　　B. 6 m　　C. 8 m　　D. 10 m

13.《重庆市房屋建筑与装饰工程计价定额》中,直接用柱支撑的板是(　　)。

A. 槽型板　　B. 有梁板　　C. 平板　　D. 无梁板

14.《重庆市房屋建筑与装饰工程计价定额》中,当整体楼梯与楼层板无梯梁连接时,以楼梯的最后一个踏步边缘加(　　)计算。

A. 200 mm　　B. 300 mm　　C. 500 mm　　D. 400 mm

15.《重庆市房屋建筑与装饰工程计价定额》中,栏杆、栏板工程量以 m^3 计算,伸入墙内部分(　　)计算。

A. 不　　B. 单独　　C. 双方协定　　D. 合并

二、多项选择题

1. 整体楼梯(包括直形楼梯、弧形楼梯)水平投影面积包括(　　)。

A. 休息平台　　B. 平台梁　　C. 斜梁　　D. 墙

E. 楼梯的连接梁

2. 混凝土(　　)等,应按其他构件项目编码列项。

A. 小型池槽　　B. 压顶和垫块　　C. 扶手　　D. 雨篷

E. 门框

3. 混凝土基础项目包括(　　)和垫层。

A. 带形基础　　B. 独立基础　　C. 满堂基础　　D. 设备基础

E. 桩基础

4. 以下混凝土项目,按照混凝土体积计算工程量的有(　　)。

A. 柱　　B. 楼梯　　C. 有梁板　　D. 弧形墙

E. 后浇带

5. 栏板按设计图示尺寸以体积计算，不扣除构件内(　　)所占体积。

A. 柱　B. 钢筋　C. 预埋铁件　D. 压顶

E. 单个面积 0.3 m^2 以内的孔洞

6.《重庆市房屋建筑与装饰工程计价定额》中，异型梁项目适用于梁横断面为(　　)的梁。

A. T形　B. L形　C. 十字形　D. 弧形

E. 矩形

7.《重庆市房屋建筑与装饰工程计价定额》中，弧形楼梯适用于(　　)。

A. 直形楼梯　B. 螺旋楼梯　C. 艺术楼梯　D. 双跑楼梯

E. 爬梯

三、判断题

1. 依附柱上的牛腿和升板的柱帽，并入柱身体积计算。(　　)

2. 主梁与次梁连接时，次梁长算至主梁中心线。(　　)

3. 混凝土钢筋按设计图示钢筋(网)长度(面积)乘以单位理论重量计算。(　　)

4. 构造柱应按矩形柱项目编码列项。(　　)

5. 构件中固定位置的支撑钢筋、双层钢筋用的“铁马”、伸出构件的锚固钢筋、构件的吊钩等，单独计算。(　　)

6. 箱式满堂基础，可按满堂基础、柱、梁、墙、板分别编码列项，也可按第五级编码分别列项。(　　)

7.《重庆市房屋建筑与装饰工程计价定额》中，依附柱上的牛腿，并入柱身体积计算。(　　)

8.《重庆市房屋建筑与装饰工程计价定额》中，与混凝土墙同厚的暗柱(梁)并入混凝土墙体积计算。(　　)

9.《重庆市房屋建筑与装饰工程计价定额》中，台阶混凝土工程量和模板工程量按实体体积以 m^3 计算。(　　)

10.《重庆市房屋建筑与装饰工程计价定额》中，空心板构件，不扣除空洞体积。(　　)

11.《重庆市房屋建筑与装饰工程计价定额》中，雨篷的工程量计算中，雨篷的反边按高度乘以长度单独计算。(　　)

学习情境10　金属结构工程工程量清单编制与计价

任务1　金属结构工程工程量清单编制

金属结构工程量清单编制与计价

1.1　金属结构工程工程量清单项目设置

在《工程量计算规范》中,金属结构工程工程量清单项目共7节31个项目,包括钢网架,钢屋架、钢托架、钢桁架、钢桥架,钢柱,钢梁,钢板楼板、墙板,钢构件,金属制品等工程,适用于建筑物、构筑物的钢结构工程。金属结构工程工程量清单项目名称及编码见表10.1.1。

表10.1.1　金属结构工程工程量清单项目名称及编码

项目编码	项目名称	项目编码	项目名称
010601001	钢网架	010606001	钢支撑、钢拉条
010602001	钢屋架	010606002	钢檩条
010602002	钢托架	010606003	钢天窗架
010602003	钢桁架	010606004	钢挡风架
010602004	钢桥架	010606005	钢墙架
010603001	实腹钢柱	010606006	钢平台
010603002	空腹钢柱	010606007	钢走道
010603003	钢管柱	010606008	钢梯
010604001	钢梁	010606009	钢护栏
010604002	钢吊车梁	010606010	钢漏斗
010605001	钢板楼板	010606011	钢板天沟
010605002	钢板墙板	010606012	钢支架

续表

项目编码	项目名称	项目编码	项目名称
010606013	零星钢构件	010607004	金属网栏
010607001	成品空调金属百叶护栏	010607005	砌块墙钢丝网加固
010607002	成品栅栏	010607006	后浇带金属网
010607003	成品雨篷		

课堂活动：讨论如何列出需要计算的金属结构工程工程量清单项目名称、项目编码。

1.2　金属结构工程工程量清单编制规定

金属结构工程工程量清单编制的规定如下。

(1)金属结构工程中的螺栓种类指普通螺栓或高强螺栓。

(2)钢屋架、钢托架、钢桁架、钢桥架以榀计量，按标准图设计的应注明标准图代号，按非标准图设计的项目特征必须描述单榀屋架的质量。

(3)实腹钢柱类型指十字形、T形、L形、H形等，空腹钢柱类型指箱形、格构式等；型钢混凝土柱浇筑钢筋混凝土，其混凝土和钢筋应按《工程量计算规范》附录混凝土及钢筋混凝土工程中相关项目编码列项。

(4)梁类型指H形、L形、T形、箱形、格构式等；型钢混凝土梁浇筑钢筋混凝土，其混凝土和钢筋应按《工程量计算规范》附录混凝土及钢筋混凝土工程中相关项目编码列项。

(5)钢板楼板上浇筑钢筋混凝土，其混凝土和钢筋应按混凝土及钢筋混凝土工程中相关项目编码列项，压型钢楼板按钢楼板项目编码列项。

(6)钢墙架项目包括墙架柱；墙架梁和连接杆件；钢支撑、钢拉条类型指单式、复式；钢檩条类型指型钢式、格构式；钢漏斗形式指方形、圆形；天沟形式指矩形沟或半圆形沟。

(7)装饰性栏杆按《工程量计算规范》附录其他装饰工程相关项目编码列项。

(8)钢构件除了极少数外，均按成品考虑，若成品中已包含油漆，不再单独计算油漆，成品不含油漆应按《工程量计算规范》附录油漆、涂料、裱糊工程相应项目编码列项。

(9)金属构件的切边、不规则及多边形钢板发生的损耗在综合单价中考虑。

(10)防火要求指耐火极限。

1.3 金属结构工程工程量清单编制方法及案例

1.3.1 钢网架工程量清单编制

1. 钢网架适用范围

“钢网架”项目适用于一般钢网架和不锈钢网架。网架节点形式(球形节点、板式节点等)和节点连接方式(焊接、丝接等)均使用该项目。

2. 钢网架工程量计算规则

按设计图示尺寸以质量计算,不扣除孔眼的质量,焊条、铆钉、螺栓等不另增加质量。

1.3.2 钢屋架工程量清单编制

1. 钢屋架适用范围

“钢屋架”项目适用于一般钢屋架和轻钢屋架、冷弯薄壁型钢屋架。

2. 钢屋架工程量计算规则

(1)以榀计量,按设计图示数量计算。

(2)以 t 计量,按设计图示尺寸以质量计算,不扣除孔眼的质量,焊条、铆钉、螺栓等不另增加质量。

1.3.3 实腹钢柱、空腹钢柱工程量清单编制

1. 实腹钢柱、空腹钢柱适用范围

“实腹钢柱”项目适用于实腹钢柱和实腹型钢混凝土柱。

“空腹钢柱”项目适用于空腹钢柱和空腹型钢混凝土柱。

2. 实腹钢柱、空腹钢柱工程量计算规则

实腹钢柱、空腹钢柱工程量按设计图示尺寸以质量计算,不扣除孔眼、切边、切肢的质量,焊条、铆钉、螺栓等不另增加质量,依附在钢柱上的牛腿及悬臂梁等并入钢柱工程量内,单位为 t。

1.3.4 钢梁、钢吊车梁工程量清单编制

1. 钢梁、钢吊车梁适用范围

“钢梁”项目适用于钢梁和实腹式型钢混凝土梁、空腹式型钢混凝土梁。

“钢吊车梁”项目适用于钢吊车梁及吊车梁的制动梁、制动板、制动桁架,车挡应包括在报价内。

提示:型钢混凝土柱、梁是指由混凝土包裹型钢组成的柱、梁。

2. 钢梁工程量清单编制案例

【例10.1.1】有5根成品钢梁，单根长10 m，截面尺寸为H500×200×10×16，成品已包含防锈漆。试编制钢梁工程量清单。

提示：工字钢的尺寸含义为截面高×截面宽×腹板厚×翼缘厚，单位为mm。

(1)钢梁的项目编码：010604001001。

(2)钢梁的项目名称：钢梁。

(3)钢梁的计量单位：t。

(4)钢梁的工程量。

①钢梁、钢吊车梁工程量计算规则。

钢梁、钢吊车梁工程量按设计图示尺寸以质量计算，不扣除孔眼、切边、切肢的质量，焊条、铆钉、螺栓等不另增加质量，制动梁、制动板、制动桁架、车挡并入钢吊车梁工程量内。

②钢梁工程量计算。

查H型钢理论重量表，H500×200×10×16的理论重量为89.6 kg/m。

$$T_{钢梁} = 89.6 \times 10 \times 5 = 896 \times 5 = 4.48 \text{ t}$$

(5)钢梁的项目特征见表10.1.2。

表10.1.2　钢梁的项目特征

《工程量计算规范》列出的项目特征	本案例的项目特征
1. 梁类型	H型钢
2. 钢材品种、规格	H500×200×10×16
3. 单根质量	0.896 t
4. 螺栓种类	高强
5. 安装高度	—
6. 探伤要求	无损探伤
7. 防火要求	防火等级一级

(6)钢梁的工程量清单见表10.1.3。

表 10.1.3　分部分项工程和单价措施项目清单与计价表

序号	项目编码	项目名称	项目特征描述	计量单位	工程量	金额(元)		
						综合单价	合价	其中:暂估价
1	010604001001	钢梁	1. 梁类型:H 型钢 2. 钢材品种、规格:H500 × 200 × 10 × 16 3. 单根质量:0.896 t 4. 螺栓种类:高强 5. 探伤要求:无损探伤 6. 防火要求:防火等级一级	t	4.48			

1.3.5　钢板楼板工程量清单编制

1. 钢板楼板适用范围

“钢板楼板”项目适用于现浇混凝土楼板,使用压型钢板作为永久性模板,并与混凝土叠合后组成共同受力的构件。压型钢板采用镀锌或经防腐处理的薄钢板。

2. 钢板楼板工程量计算规则

钢板楼板工程量按设计图示尺寸以铺设水平投影面积计算,不扣除单个面积≤0.3 m^2 的柱、垛及孔洞所占面积,单位为 m^2。

1.3.6　钢护栏工程量清单编制

1. 钢护栏适用范围

“钢护栏”项目适用于工业厂房平台钢护栏。

2. 钢护栏工程量计算规则

钢护栏工程量按设计图示尺寸以质量计算,不扣除孔眼、切边、切肢的质量,焊条、铆钉、螺栓等不另增加质量,单位为 t。

任务 2　金属结构工程工程量清单计价

2.1　金属结构工程工程量清单项目与定额项目的对应关系

金属结构工程工程量清单项目与定额项目的对应关系见表 10.2.1。

表 10.2.1　金属结构工程工程量清单项目与定额项目对应表(摘录)

项目编码	清单项目名称	建筑工程定额编号
010601001	钢网架	AF0001 ~ AF0007 运输:AF0120、AF0121 除锈:AF0117 ~ AF0119
010602001	钢屋架	制作:AF0008 ~ AF0011 安装:AF0012 ~ AF0017 运输:AF0120、AF0121 除锈:AF0117 ~ AF0119
010602002	钢托架	制作:AF0018、AF0019 安装:AF0020 ~ AF0022 运输:AF0120、AF0121 除锈:AF0117 ~ AF0119
010602003	钢桁架	制作:AF0023 ~ AF0025 安装:AF0026 ~ AF0031 运输:AF0120、AF0121 除锈:AF0117 ~ AF0119
010603001	实腹钢柱	制作:AF0032、AF0033 安装:AF0036 ~ AF0039 运输:AF0120、AF0121 除锈:AF0117 ~ AF0119
010603002	空腹钢柱	制作:AF0034 安装:AF0036 ~ AF0039 运输:AF0120、AF0121 除锈:AF0117 ~ AF0119
010603003	钢管柱	制作:AF0035 安装:AF0036 ~ AF0039 运输:AF0120、AF0121 除锈:AF0117 ~ AF0119
010604001	钢梁	制作:AF0040、AF0041 安装:AF0042 ~ AF0045 运输:AF0122、AF0123 除锈:AF0117 ~ AF0119
010604002	钢吊车梁	制作:AF0047、AF0048 安装:AF0049 ~ AF0052 运输:AF0120、AF0121 除锈:AF0117 ~ AF0119

续表

项目编码	清单项目名称	建筑工程定额编号
010605001	钢板楼板	AF0053、AF0054 运输:AF0124、AF0125 除锈:AF0117 ~ AF0119
010605002	钢板墙板	AF0055、AF0056 运输:AF0124、AF0125 除锈:AF0117 ~ AF0119
010606001	钢支撑、钢拉条	制作:AF0057 ~ AF0059 安装:AF0060 运输:AF0122、AF0123 除锈:AF0117 ~ AF0119
010606002	钢檩条	制作:AF0061 ~ AF0063 安装:AF0064 运输:AF0122、AF0123 除锈:AF0117 ~ AF0119
010606003	钢天窗架	制作:AF0065 安装:AF0066 运输:AF0124、AF0125 除锈:AF0117 ~ AF0119
010606004	钢挡风架	制作:AF0067 安装:AF0068 运输:AF0124、AF0125 除锈:AF0117 ~ AF0119
010606005	钢墙架	制作:AF0069 安装:AF0070 运输:AF0124、AF0125 除锈:AF0117 ~ AF0119
010606006	钢平台	制作:AF0071 ~ AF0073 安装:AF0074 运输:AF0122、AF0123 除锈:AF0117 ~ AF0119
010606007	钢走道	
010606008	钢梯	制作:AF0075 ~ AF0077 安装:AF0078 ~ AF0080 运输:AF0122、AF0123 除锈:AF0117 ~ AF0119

续表

项目编码	清单项目名称	建筑工程定额编号
010606009	钢护栏	制作：AF0081～AF0083 安装：AF0084 运输：AF0122、AF0123 除锈：AF0117～AF0119

2.2　金属结构工程工程量清单计价方法及案例

1. 计算钢梁综合单价的注意事项

钢构件按成品考虑。

2. 钢梁工程量清单计价案例

【例 10.2.1】根据例 10.1.1 钢梁的工程量清单（表 10.1.3），完成钢梁工程量清单计价。运距 1 km，四类工程。

钢梁工程量清单计价步骤如下。

（1）对应的计价定额：AF0044 钢梁安装、AF0122 钢梁运输。

（2）计算定额工程量。《重庆市房屋建筑与装饰工程计价定额》中钢梁安装、运输的工程量计算规则：钢构件的运输、安装工程量等于制作工程量，以 t 计算，不增加焊条或螺栓重量。工程量 $T=4.48$ t。

（3）计算综合单价，结果见表 10.2.2。

表 10.2.2　工程量清单综合单价分析表

工程名称：××建筑工程　　　　标段：　　　　第　页　共　页

项目编码	010604001001	项目名称		钢梁					计量单位		t		综合单价		6 860.31
定额编号	定额项目名称	单位	数量	定额综合单价									人材机价差	其他风险费	合价
				定额人工费	定额材料费	定额施工机具使用费	企业管理费		利润		一般风险费用				
							4	5	6	7	8	9			12
				1	2	3	费率（%）	（1+3）×4	费率（%）	（1+3）×6	费率（%）	（1+3）×8	10	11	1+2+3+5+7+9+10+11
AF0045	钢梁 8 t 以内安装	t	1	193.56	110.44	249.23	24.1	106.71	12.92	57.21	1.5	6.64	-25.49	0	698.30
AF0041	自加工焊接钢梁 H 型制作	t	1	1 450.8	3 549.07	503.72	24.1	471.04	12.92	252.52	1.5	29.32	-94.46	0	6 162.01

续表

合计	1 644.36	3 659.51	752.95	—	577.75	—	309.73	—	35.96	-119.95	0	6 860.31

人工、材料及机械名称	单位	数量	定额单价	市场单价	价差合计	市场合价	备注
1. 人工							
金属制安综合工	工日	13.703	120	120	0	1 644.36	
2. 材料							
(1) 计价材料							
木材锯材	m^3	0.012	1 547.01	1 547.01	0	18.56	
铁件综合	kg	3.672	3.68	3.68	0	13.51	
低合金钢焊条 E43 系列	kg	18.804	5.98	5.98	0	112.45	
环氧富锌底漆	kg	1.06	24.36	24.36	0	25.82	
钢材	t	1.096	2 957.26	2 957.26	0	3 241.16	
(2) 其他材料费							
其他材料费	元	—	—	1	—	248	
3. 机械							
(1) 机上人工							
机上人工	工日	1.907 8	120	84.67	-67.4	161.53	
(2) 燃油动力费							
电	kW·h	218.973 4	0.7	0.46	-52.55	100.73	
柴油	kg	8.488 6	5.64	5.64	0	47.88	

(4) 钢梁的工程量清单计价见表 10.2.3。

表 10.2.3　分部分项工程和单价措施项目清单与计价表

工程名称：××建筑工程　　　　标段：　　　　第　页　共　页

序号	项目编码	项目名称	项目特征描述	计量单位	工程量	金额(元)		
						综合单价	合价	其中：暂估价
1	010604001001	钢梁	1. 梁类型：H 型钢 2. 钢材品种、规格：H500×200×10×16 3. 单根质量：0.896 t 4. 螺栓种类：高强 5. 探伤要求：无损探伤 6. 防火要求：防火等级一级	t	4.48	6 860.31	30 734.19	

习　题

判断题

1. 钢构件多数按成品考虑，如成品含油漆，则清单项目报价要考虑补刷油漆的费用，如成品不含油漆，则在另列的油漆清单项目中报价。(　　)

2. 钢梁工程项目的清单工程内容包括制作、安装、运输、探伤及刷油漆工作。(　　)

3. 金属构件切边、不规则多边形钢板发生的损耗在综合单价内考虑。(　　)

4. 重庆市计价定额钢梁制作子目不含除锈及刷防锈漆工作。(　　)

5. 压型钢板楼板上浇筑钢筋混凝土，混凝土和钢筋应按《工程量计算规范》混凝土及钢筋混凝土工程的相关项目编码列项。(　　)

6. 轻钢屋架按“钢网架”项目列项。(　　)

7. 变截面钢柱按最大外接矩形计算工程量。(　　)

8. 不规则或多边形钢板工程量，以其外接矩形面积乘以厚度再乘以单位理论重量计算。(　　)

学习情境11 木结构工程工程量清单编制与计价

任务1 木结构工程工程量清单编制

1.1 木结构工程工程量清单项目设置

在《工程量计算规范》中,木结构工程工程量清单项目共3节8个项目,包括木屋架、木构件、屋面木基层等工程,适用于建筑物、构筑物的木结构工程。木结构工程工程量清单项目名称及编码见表11.1.1。

表11.1.1 木结构工程工程量清单项目名称及编码

项目编码	项目名称	项目编码	项目名称
010701001	木屋架	010702003	木檩
010701002	钢木屋架	010702004	木楼梯
010702001	木柱	010702005	其他木构件
010702002	木梁	010703001	屋面木基层

课堂活动:讨论如何列出需要计算的木结构工程工程量清单项目名称、项目编码。

1.2 木结构工程工程量清单编制规定

木结构工程工程量清单编制的规定如下。

(1)屋架的跨度应以上、下弦中心线两交点之间的距离计算。

(2)带气楼的屋架和马尾、折角以及正交部分的半屋架,按相关屋架项目编码列项。

（3）以榀计量的屋架，按标准图设计，项目特征必须标注标准图代号。

（4）木楼梯的栏杆（栏板）、扶手，应按《工程量计算规范》附录其他装饰工程的相关项目编码列项。

（5）以米计量的木构件，项目特征必须描述构件规格尺寸。

（6）木结构“刷油漆”，按《工程量计算规范》附录油漆、涂料、裱糊工程相应项目编码列项。

1.3　木结构工程工程量清单编制方法及案例

1.3.1　木屋架、钢木屋架工程量清单编制方法

木屋架、钢木屋架工程量清单编制与计价

1. 木屋架、钢木屋架适用范围

“木屋架”项目适用于各种方木、圆木屋架。

“钢木屋架”项目适用于各种方木、圆木的钢木组合屋架。

2. 木屋架、钢木屋架工程量计算规则

木屋架以榀计量，按设计图示数量计算；或以 m^3 计量，按设计图示的规格尺寸以体积计算。

钢木屋架以榀计量，按设计图示数量计算。

1.3.2　木柱、木梁工程量清单编制方法

木柱、木梁、木楼梯工程量清单编制与计价

1. 木柱、木梁适用范围

“木柱”“木梁”项目适用于建筑物各部位的柱、梁。

2. 木柱、木梁工程量计算规则

木柱、木梁按设计图示尺寸以体积计算，单位为 m^3。

1.3.3　木楼梯工程量清单编制方法

1. 木楼梯适用范围

“木楼梯”项目适用于楼梯和爬梯。

2. 木楼梯工程量清单编制案例

【例 11.1.1】某别墅共 3 层，室内木楼梯为双跑楼梯，水平投影面积 10 m^2（1 层，含楼梯井），楼梯井宽 100 mm，楼梯斜梁截面为 100 mm × 150 mm，踏步板 1 000 mm × 280 mm × 25 mm，踢脚板 1 000 mm × 150 mm × 20 mm，材质为杉木。

（1）木楼梯的项目编码：010702004001。

（2）木楼梯的项目名称：木楼梯。

（3）木楼梯的计量单位：m^2。

(4)木楼梯的工程量。

①木楼梯工程量计算规则。

木楼梯按设计图示尺寸以水平投影面积计算。水平投影面积包括休息平台、平台梁、斜梁和楼梯的连接梁。当整体楼梯与现浇楼板无梯梁连接时,以楼梯的最后一个踏步边缘加300 mm 为界。不扣除宽度≤300 mm 的楼梯井,伸入墙内部分不计算。

②木楼梯工程量计算。

$$S_{木楼梯} = 10 \times 2 = 20\ m^2$$

(5)木楼梯的项目特征,见表 11.1.2。

表 11.1.2 木楼梯的项目特征

《工程量计算规范》列出的项目特征	本案例的项目特征
1. 楼梯形式	双跑楼梯
2. 木材种类	杉木
3. 刨光要求	露面部分刨光,楼梯斜梁截面 100 mm×150 mm, 踏步板 1 000 mm×280 mm×25 mm, 踢脚板 1 000 mm×150 mm×20 mm
4. 防护材料种类	—

(6)木楼梯的工程量清单见表 11.1.3。

表 11.1.3 分部分项工程和单价措施项目清单与计价表

工程名称:××建筑工程　　　　标段:　　　　第　页共　页

序号	项目编码	项目名称	项目特征描述	计量单位	工程量	金额(元)		
						综合单价	合价	其中:暂估价
1	010702004001	木楼梯	1. 楼梯形式:双跑楼梯 2. 木材种类:杉木 3. 刨光要求:露面部分刨光,踏步板 1 000 mm ×280 mm × 25 mm,踢脚板 1 000 mm×150 mm × 20 mm,斜梁截面 100 mm×150 mm	m^2	20			

任务2　木结构工程工程量清单计价

2.1　木结构工程工程量清单项目与定额项目的对应关系

木结构工程工程量清单项目与定额项目的对应关系见表11.2.1。

表11.2.1　木结构工程工程量清单项目与定额项目对应表(摘录)

项目编码	清单项目名称	建筑工程定额编号
010701001	木屋架	AG0001 ~ AG0004
010701002	钢木屋架	AG0005 ~ AG0010
010702001	木柱	AG0011、AG0012
010702002	木梁	AG0013 ~ AG0016
010702004	木楼梯	AG0019
010702005	其他木构件	AG0020 ~ AG0023

课堂活动:讨论选用定额的依据有哪些。

2.2　木结构工程工程量清单计价方法及案例

1.计算木楼梯综合单价的注意事项

有防滑条的楼梯,防滑条应包括在报价内。

2.木楼梯工程量清单计价案例

【例11.2.1】根据例11.1.1木楼梯的工程量清单,完成木楼梯工程量清单计价。

(1)对应的计价定额:AG0019 木楼梯制安。

(2)计算定额工程量。《重庆市房屋建筑与装饰工程计价定额》中木楼梯的工程量计算规则:按水平投影面积计算,不扣除宽度小于300 mm的楼梯井,其踢脚板、平台和伸入墙内部分不另行计算。与工程量清单计算规则基本相同,本案例工程量为$S_{木楼梯}=20\ m^2$。

(3)计算综合单价,结果见表11.2.2。

表 11.2.2　工程量清单综合单价分析表

工程名称：××建筑工程　　　　标段：　　　　　　　　　　第　页　共　页

项目编码	010702004001	项目名称	木楼梯	计量单位	m^2	综合单价	441.95

定额编号	定额项目名称	单位	数量	定额综合单价									人材机价差	其他风险费	合价
				定额人工费	定额材料费	定额施工机具使用费	企业管理费		利润		一般风险费用				
				1	2	3	4 费率(%)	5 (1+3)×4	6 费率(%)	7 (1+3)×6	8 费率(%)	9 (1+3)×8	10	11	12 1+2+3+5+7+9+10+11
AG0019	木楼梯	10 m^2	0.1	140.66	235.85	0	24.1	33.9	12.92	18.17	1.5	2.11	11.25	0	441.95
合　计				140.66	235.85	0	—	33.9	—	18.17	—	2.11	11.25	0	441.95

人工、材料及机械名称	单位	数量	定额单价	市场单价	价差合计	市场合价	备注
1.人工							
木工综合工	工日	1.125 3	125	135	11.25	151.92	
2.材料							
(1)计价材料							
木材锯材	m^3	0.149 7	1 547.01	1 547.01	0	231.59	
(2)其他材料费							
其他材料费	元	—	—	1	—	4.27	
3.机械							
(1)机上人工							
(2)燃油动力费							

（4）木楼梯工程量清单计价见表 11.2.3。

表 11.2.3　分部分项工程和单价措施项目清单与计价表

工程名称：××建筑工程　　　　标段：　　　　第　页　共　页

序号	项目编码	项目名称	项目特征描述	计量单位	工程量	金额(元)		
						综合单价	合价	其中：暂估价
1	010702004001	木楼梯	1. 楼梯形式：双跑楼梯 2. 木材种类：杉木 3. 刨光要求：露面部分刨光，踏步板 1 000 mm × 280 mm × 25 mm，踢脚板 1 000 mm × 150 mm × 20 mm，斜梁截面 100 mm × 150 mm	m^2	20	441.95	8 839	

习　题

判断题

1. 屋架的跨度应以上、下弦外边线两交点之间的距离计算。(　　)

2. 带气楼的屋架和马尾、折角以及正交部分的半屋架，按其他木构件项目编码列项。(　　)

3. 木楼梯的栏杆(栏板)、扶手工程量并入木楼梯计算。(　　)

4. 木楼梯伸入墙内部分的体积应并入楼梯工程量计算。(　　)

学习情境12 门窗工程工程量清单编制与计价

任务1 门窗工程工程量清单编制

1.1 门窗工程工程量清单项目设置

在《工程量计算规范》中，门窗工程工程量清单项目共10节55个项目，包括木门，金属门，金属卷帘(闸)门，厂库房大门、特种门，其他门，木窗，金属窗，门窗套，窗台板，窗帘、窗帘盒、轨等，适用于门窗工程。门窗工程工程量清单项目名称及编码见表12.1.1。

表12.1.1 门窗工程工程量清单项目名称及编码

项目编码	项目名称	项目编码	项目名称
010801001	木质门	010804002	钢木大门
010801002	木质门带套	010804003	全钢板大门
010801003	木质连窗门	010804004	防护铁丝门
010801004	木质防火门	010804005	金属格栅门
010801005	木门框	010804006	钢制花饰大门
010801006	门锁安装	010804007	特种门
010802001	金属(塑钢)门	010805001	电子感应门
010802002	彩板门	010805002	旋转门
010802003	钢质防火门	010805003	电子对讲门
010802004	防盗门	010805004	电动伸缩门
010803001	金属卷帘(闸)门	010805005	全玻自由门
010803002	防火卷帘(闸)门	010805006	镜面不锈钢饰面门
010804001	木板大门	010805007	复合材料门

续表

项目编码	项目名称	项目编码	项目名称
010806001	木质窗	010808003	饰面夹板筒子板
010806002	木飘(凸)窗	010808004	金属门窗套
010806003	木橱窗	010808005	石材门窗套
010806004	木纱窗	010808006	门窗木贴脸
010807001	金属(塑钢、断桥)窗	010808007	成品木门窗套
010807002	金属防火窗	010809001	木窗台板
010807003	金属百叶窗	010809002	铝塑窗台板
010807004	金属纱窗	010809003	金属窗台板
010807005	金属格栅窗	010809004	石材窗台板
010807006	金属(塑钢、断桥)橱窗	010810001	窗帘
010807007	金属(塑钢、断桥)飘(凸)窗	010810002	木窗帘盒
010807008	彩板窗	010810003	饰面夹板、塑料窗帘盒
010807009	复合材料窗	010810004	铝合金窗帘盒
010808001	木门窗套	010810005	窗帘轨
010808002	木筒子板		

课堂活动:讨论如何列出需要计算的门窗工程工程量清单项目名称、项目编码。

1.2　门窗工程工程量清单编制规定

(1)玻璃、百叶面积占其门扇面积一半以内者应为半玻门或半百叶门,超过一半时应为全玻门或全百叶门。

(2)木门五金应包括折页、插销、门碰珠、弓背拉手、搭扣、木螺丝、弹簧折页(自动门)、管子拉手(自由门、地弹门)、地弹簧(地弹门)、角铁、门轧头(地弹门、自由门)等。

(3)木窗五金应包括折页、插销、风钩、木螺丝、滑轮滑轨(推拉窗)等。

(4)铝合金窗五金应包括卡锁、滑轮、铰拉、执手、拉把、拉手、风撑、角码、牛角制等。

(5)铝合金门五金应包括地弹簧、门锁、拉手、门插、门铰、螺丝等。

(6)金属门五金应包括L形执手插锁(双舌)、执手锁(单舌)、门轧头、地锁、防盗门扣、门眼(猫眼)、门碰珠、电子销(磁卡销)、闭门器、装饰拉手等。

1.3 门窗工程工程量清单编制方法及案例

1.3.1 木门工程量清单编制

门工程量清单计算规则

门窗工程工程量清单编制案例

1. 木门适用范围

“木门”项目适用于镶板木门、企口木板门、实木装饰门、胶合板门、夹板装饰门、木质防火门、木纱门、连窗门的制作与安装。

2. 木门工程量计算规则

木门工程量按设计图示数量或设计图示洞口尺寸以面积计算，单位为樘或 m^2。

1.3.2 金属门工程量清单编制

1. 金属门适用范围

“金属门”项目适用于金属平开门、金属推拉门、金属地弹门、彩板门、塑钢门、防盗门、钢质防火门的制作与安装。

2. 金属门工程量计算规则

金属门工程量按设计图示数量或设计图示洞口尺寸以面积计算，单位为樘或 m^2。

1.3.3 金属卷帘(闸)门工程量清单编制

1. 金属卷帘(闸)门适用范围

“金属卷帘(闸)门”项目适用于金属卷闸门、金属格栅门、防火卷帘门的制作与安装。

2. 金属卷帘(闸)门工程量计算规则

金属卷帘(闸)门工程量按设计图示数量或设计图示洞口尺寸以面积计算，单位为樘或 m^2。

1.3.4 其他门工程量清单编制

1. 其他门适用范围

“其他门”项目适用于电子感应门、旋转门、电子对讲门、电动伸缩门、全玻门(带扇框)、全玻自由门(无扇框)、半玻门(带扇框)、镜面不锈钢饰面门等的制作与安装。

2. 其他门工程量计算规则

其他门工程量按设计图示数量或设计图示洞口尺寸以面积计算,单位为樘或 m^2。

1.3.5　木窗工程量清单编制

1. 木窗适用范围

“木窗”项目适用于木质平开窗、木质推拉窗、矩形木百叶窗、异型木百叶窗、木组合窗、木天窗、矩形木固定窗、异型木固定窗、装饰空花木窗的制作与安装。

2. 木窗工程量计算规则

木窗工程量按设计图示数量或设计图示洞口尺寸以面积计算,单位为樘或 m^2。

1.3.6　金属窗工程量清单编制

1. 金属窗适用范围

“金属窗”项目适用于金属推拉窗、金属平开窗、金属固定窗、金属百叶窗、金属组合窗、彩板窗、塑钢窗、金属防盗窗、金属格栅窗、特殊五金的制作与安装。

2. 金属窗工程量计算规则

(1)金属推拉窗、金属平开窗、金属固定窗、金属百叶窗、金属组合窗、彩板窗、塑钢窗、金属防盗窗、金属格栅窗项目按设计图示数量或设计图示洞口尺寸以面积计算,单位为樘或 m^2。

(2)特殊五金按设计图示数量计算,单位为个或套。

1.3.7　门窗套工程量清单编制

1. 门窗套适用范围

“门窗套”项目适用于木门窗套、金属门窗套、石材门窗套、门窗木贴脸、硬木筒子板、饰面夹板筒子板的制作与安装。

2. 门窗套工程量计算规则

门窗套工程量按设计图示尺寸以展开面积计算,单位为 m^2。

1.3.8　窗帘、窗帘盒、轨工程量清单编制

1. 窗帘、窗帘盒、轨适用范围

“窗帘、窗帘盒、轨”项目适用于木窗帘盒、饰面夹板、塑料窗帘盒、金属窗帘盒、窗帘轨的制作与安装。

2. 窗帘、窗帘盒、轨工程量计算规则

窗帘、窗帘盒、轨工程量按设计图示尺寸以长度计算,单位为 m。

1.3.9 窗台板工程量清单编制

1. 窗台板适用范围

“窗台板”项目适用于木窗台板、铝塑窗台板、石材窗台板、金属窗台板的制作与安装。

2. 窗台板工程量计算规则

窗台板工程量按设计图示尺寸以长度计算，单位为 m。

1.3.10 门窗工程工程量清单编制案例

【例 12.1.1】编制图 12.1.1 所示门窗工程量清单。门窗做法：入户门采用铝合金双扇平开门，左右房间采用工艺造型实心门扇（木夹板实心基层），窗户采用铝合金推拉窗。

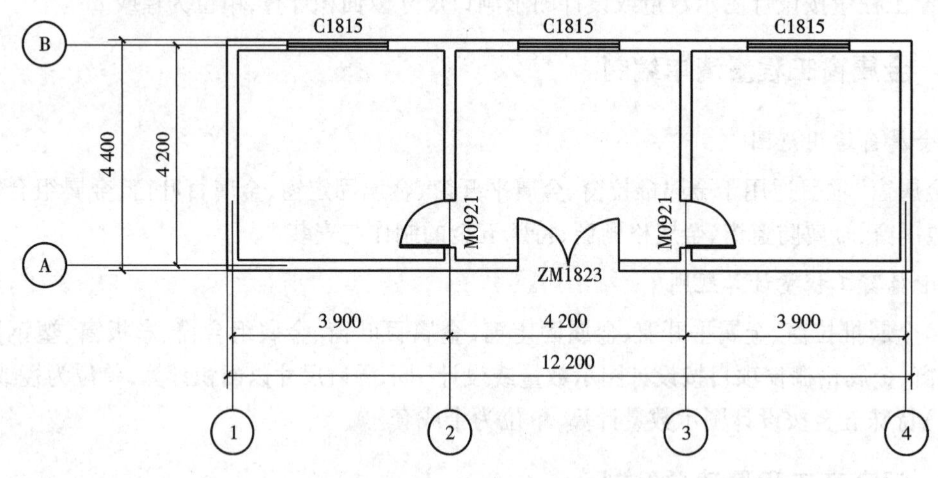

图 12.1.1 门窗示意图

(1)项目编码。

入户门：010802001001。

室内门：010801001001。

窗：010807001001。

(2)项目名称。

入户门：铝合金双扇平开门。

室内门：工艺造型实心门扇。

窗：铝合金推拉窗。

(3)计量单位：m^2。

(4)工程量计算。

①铝合金双扇平开门：

$1.8 \times 2.3 = 4.14\ m^2$

②工艺造型实心门扇：

$0.9 \times 2.1 \times 2 = 3.78\ m^2$

③铝合金推拉窗：

$1.8\times1.5\times3=8.10\ m^2$

(5)门窗的项目特征见表 12.1.2 和表 12.1.3。

表 12.1.2　门的项目特征

《工程量计算规范》列出的项目特征	金属平开门的项目特征	实木装饰门的项目特征
1. 门类型	双扇平开门	平开门
2. 框材质、外围尺寸	铝合金 1 800 mm×2 300 mm	实木 900 mm×2 100 mm
3. 扇材质、外围尺寸	铝合金	实木
4. 玻璃品种、厚度、五金材料、品种、规格	—	—
5. 防护材料种类	—	—
6. 油漆品种、刷漆遍数	—	—

提示：门窗类型是指带亮子或不带亮子，带纱或不带纱，单扇、双扇或三扇，半百叶或全百叶，半玻或全玻，全玻自由门或半玻自由门，带门框或不带门框，单独门框和开启方式（平开、推拉、折叠）等。

表 12.1.3　窗的项目特征

《工程量计算规范》列出的项目特征	本案例的项目特征
1. 窗类型	推拉窗
2. 框材质、外围尺寸	铝合金 1 800 mm×1 500 mm
3. 扇材质、外围尺寸	铝合金
4. 玻璃品种、厚度、五金材料、品种、规格	—
5. 防护材料种类	—
6. 油漆品种、刷漆遍数	—

(6)门窗工程的工程量清单见表 12.1.4。

表 12.1.4　分部分项工程和单价措施项目清单与计价表

工程名称:××建筑工程　　　　标段:　　　　第　页　共　页

序号	项目编码	项目名称	项目特征描述	计量单位	工程量	金额(元)		
						综合单价	合价	其中:暂估价
1	010802001001	铝合金双扇平开门	1.门类型:双扇平开门 2.框材质、外围尺寸:铝合金 1 800 mm×2 300 mm 3.扇材质:铝合金	m^2	4.14			
2	010801001001	工艺造型实心门扇	1.门类型:平开门 2.框材质、外围尺寸:实木 900 mm×2 100 mm 3.扇材质:实木	m^2	3.78			
3	010807001001	铝合金推拉窗	1.窗类型:推拉窗 2.框材质、外围尺寸:铝合金 1 800 mm×1 500 mm 3.扇材质:铝合金	m^2	8.10			

任务 2　门窗工程工程量清单计价

2.1　门窗工程工程量清单项目与定额项目的对应关系

门窗工程工程量清单项目与定额项目的对应关系见表 12.2.1。

表12.2.1　门窗工程工程量清单项目与定额项目对应表(摘录)

项目编码	清单项目名称	建筑工程定额编号	装饰工程定额编号
010801001	木质门	门制作:AH0004~AH0006 门安装:AH0018、AH0020、AH0021 五金安装:AH0078、AH0079 门运输:AH0091、AH0092 门油漆:AL0175、AL0179、AL0183、AL0187、AL0191、AL0195	成品门扇安装:BD0095 五金安装:BD0096~BD0105、BD0108、BD0109 油漆:BE0001、BE0005、BE0009、BE0013、BE0017、BE0021、BE0025、BE0029、BE0033、BE0037、BE0041、BE0045、BE0049、BE0053、BE0057、BE0061、BE0065、BE0069、BE0073、BE0077、BE0081、BE0085、BE0089、BE0093~BE0096
010801004	木质防火门	成品门安装:AH0073 塞缝:AH0090 门油漆:AL0175、AL0179、AL0183、AL0187、AL0191、AL0195 五金安装:AH0078、AH0079	成品门安装:BD0050 油漆:BE0001、BE0005、BE0009、BE0013、BE0017、BE0021、BE0025、BE0029、BE0033、BE0037、BE0041、BE0045、BE0049、BE0053、BE0057、BE0061、BE0065、BE0069、BE0073、BE0077、BE0081、BE0085、BE0089、BE0093~BE0096
010802001	金属(塑钢)门	成品门安装:AH0066、AH0068、AH0070 塞缝:AH0090 防护材料、油漆:AL0216、AL0218、AL0220、AL0222、AL0228、AL0230、AL0232、AL0234、AL0236、AL0238 五金安装:AH0078、AH0079	成品铝合金门安装:BD0030~BD0032 成品塑钢门(全板)安装:BD0038、BD0039
010802004	防盗门	成品门安装:AH0074 塞缝:AH0090 五金安装:AH0078、AH0079	成品门安装:BD0047
010803001	金属卷帘(闸)门	成品门安装:AH0075 塞缝:AH0090 五金安装:AH0078、AH0079	成品门安装:BD0042、BD0044、BD0045
010803002	防火卷帘(闸)门	成品门安装:AH0075 塞缝:AH0090 五金安装:AH0078、AH0079	成品门安装:BD0043~BD0046

续表

项目编码	清单项目名称	建筑工程定额编号	装饰工程定额编号
010804001	木板大门	制作:AH0051 ~ AH0054 安装:AH0060 ~ AH0062 油漆: AL0175、AL0179、AL0183、AL0187、AL0191、AL0195、AL0203 ~ AL0206 门锁:AH0078、AH0079 运输:AH0091、AH0092 贴脸:AH0077 防护:AL0207	—
010804002	钢木大门	制作:AH0055 ~ AH0059 安装:AH0063 ~ AH0065 油漆: AL0175、AL0179、AL0183、AL0187、AL0191、AL0195、AL0203 ~ AL0206 门锁:AH0078、AH0079 运输:AH0091、AH0092 贴脸:AH0077 防护:AL0207、AL0238	—
010804003	全钢板大门	制作:AH0080 ~ AH0082 安装:AH0085 ~ AH0087 油漆: AL0216、AL0218、AL0220、AL0222、AL0228、AL0230、AL0232、AL0234、AL0236、AL0238 门锁:AH0078、AH0079 运输:AH0091、AH0092	—
010805005	全玻自由门	—	门扇安装:BD0055 五金配件安装: BD0099、BD0104 ~ BD0107
010807001	金属(塑钢、断桥)窗	成品窗安装:AH0067、AH0071 塞缝:AH0090 防护材料、油漆:AL0216、AL0218、AL0220、AL0222、AL0228、AL0230、AL0232、AL0234、AL0236、AL0238	成品铝合金平开窗安装:BD0033 成品铝合金推拉窗安装:BD0034 成品铝合金固定窗安装:BD0035 成品单层塑钢窗安装:BD0040
010808007	成品木门窗套	底层抹灰:AL0006、AL0017	—

2.2　门窗工程工程量清单计价方法及案例

1. 计算门窗工程工程量清单综合单价的注意事项

门窗(除个别门窗外)工程均按成品考虑,若成品中已包含油漆,不再单独计算油漆,不含油漆应按《工程量计算规范》附录油漆、涂料、裱糊工程相应项目编码列项,并且成品门窗塞缝应考虑在报价内。

门窗工程工程量清单及计价

2. 门窗工程工程量清单计价案例

【例 12.2.1】根据表 12.2.2 的门窗工程量清单,完成木质丙级防火门工程量清单计价。

表 12.2.2　分部分项工程和单价措施项目清单与计价表

工程名称:××建筑工程　　标段:　　第　页　共　页

序号	项目编码	项目名称	项目特征	计量单位	工程量	金额(元)		
						综合单价	合价	其中:暂估价
1	010801004001	木质丙级防火门	门代号及洞口尺寸:ZM1823(1 800 mm×2 300 mm)	m^2	4.14			

木质丙级防火门工程量清单计价步骤如下。

(1)对应的计价定额:AH0073 成品木质丙级防火门安装,AH0090 成品门窗塞缝。

(2)计算定额工程量。《重庆市房屋建筑与装饰工程计价定额》中成品木质丙级防火门安装按门窗洞口面积以 m^2 计算,同清单工程量计算规则,成品门窗塞缝按门窗洞口尺寸以延长米计算。

成品木质丙级防火门工程量 $=4.14\ m^2$

成品门窗塞缝定额工程量 $=(1.8+2.3)\times 2=8.2\ m$

(3)计算综合单价,结果见表 12.2.3。

表 12.2.3　分部分项工程项目综合单价分析表

工程名称：××建筑工程　　　　标段：　　　　第　页　共　页

项目编码	010801004001	项目名称		木质丙级防火门				计量单位		m²		综合单价		131.51	
定额编号	定额项目名称	单位	数量	定额综合单价								人材机价差	其他风险费	合价	
				定额人工费	定额材料费	定额施工机具使用费	企业管理费		利润		一般风险费用				
				1	2	3	4	5	6	7	8	9	10	11	12
							费率(%)	(1+3)×4	费率(%)	(1+3)×6	费率(%)	(1+3)×8			1+2+3+5+7+9+10+11
借 AH0073	防火门成品安装	100 m²	0.01	23.5	98	0	24.1	5.66	12.92	3.04	1.5	0.35	0	0	130.55
借 AH0090	成品门窗塞缝	100 m	0.01	0.63	0.1	0	24.1	0.15	12.92	0.08	1.5	0.01	0	0	0.96
合　计				24.13	98.1	0	—	5.81	—	3.12	—	0.36	0	0	131.51

人工、材料及机械名称	单位	数量	定额单价	市场单价	价差合计	市场合价	备注
1.人工							
综合工日	工日	0.965	25	25	0	24.13	
2.材料							
(1)计价材料							
水	m³	0.001 6	2	2	0	0	
防火门	m²	0.98	100	100	0	98	
麻刀石灰膏浆	m³	0.001	95.65	95.65	0	0.10	
石灰膏	m³	0.001 1	70	70	0	0.08	
麻刀	kg	0.012 1	1.16	1.16	0	0.01	
(2)其他材料费							
3.机械							
(1)机上人工							
(2)燃油动力费							

成品木质丙级防火门市场价为 260 元/m²。

(4)防火门的工程量清单计价见表 12.2.4。

表 12.2.4　分部分项工程和单价措施项目清单与计价表

工程名称：××建筑工程　　　　标段：　　　　第　页共　页

序号	项目编码	项目名称	项目特征	计量单位	工程量	金额(元)		
						综合单价	合价	其中：暂估价
1	010801004001	木质丙级防火门	门代号及洞口尺寸：ZM1823（1 800 mm×2 300 mm）	m^2	4.14	131.51	544.45	

【例 12.2.2】根据例 12.2.1 的门窗工程量清单，完成门窗工程量计价。

招标文件规定，门窗以暂估价计算，在施工过程中，以实际购买的价格，经发包人确认后按实结算，暂估价分别是防盗门 500 元/m^2，实木门带套 320/m^2，塑钢窗 280 元/m^2，塑钢门 280 元/m^2，门套 200 元/樘，价格均包含成品及其安装费用、管理费用及利润。

该门窗均按暂估价计算，工程量清单见表 12.2.2，综合单价见表 12.2.5。

表 12.2.5　分部分项工程和单价措施项目清单与计价表

工程名称：××建筑工程　　　　标段：　　　　第　页共　页

序号	项目编码	项目名称	项目特征描述	计量单位	工程量	金额(元)		
						综合单价	合价	其中：暂估价
1	010802004001	成品钢制防火门	1. 门代号及洞口尺寸：FDM-1（800 mm×2 100 mm） 2. 门框、扇材质：钢质	m^2	1.68	498.91	838.17	
2	010801002001	成品实木门带套	1. 门代号及洞口尺寸：M-2（800 mm×2 100 mm），M-4（700 mm×2 100 mm）	m^2	4.83	129.89	627.37	
3	010807001001	成品平开门塑钢窗	1. 窗代号及洞口尺寸：SMC-2（600 mm×1 500 mm），C-9（1 500 mm×1 500 mm），C-12（1 000 mm×1 500 mm），C-15（600 mm×1 500 mm） 2. 框、扇材质：塑钢 90 系列 3. 玻璃品种、厚度：夹胶玻璃 6 mm+2.5 mm+6 mm	m^2	5.55	277.93	1 542.51	

续表

序号	项目编码	项目名称	项目特征描述	计量单位	工程量	金额(元)		
						综合单价	合价	其中:暂估价
4	010802001001	成品塑钢门	1. 门代号及洞口尺寸:SM-1,SM-2,洞口尺寸详门窗表 2. 门框、窗材质:塑钢 90 系列 3. 玻璃品种、厚度:夹胶玻璃 6 mm + 2.5 mm + 6 mm	m^2	6.51	250.61	1 631.47	
5	010808007001	成品门套	1. 窗代号及洞口尺寸:SM-1(2 400 mm × 2 100 mm) 2. 门窗套展开宽度:350 mm 3. 门窗套材料品种、规格:成品实木门套	樘	1	4.75	4.75	

习　题

一、单项选择题

1. 下列项目不属于门窗工程项目的是(　　)。

A. 推拉门　　B. 平开门　　C. 特殊五金　　D. 窗帘

2. 下列项目不属于木门项目的是(　　)。

A. 胶合板门　　B. 夹板装饰门　　C. 木质防火门　　D. 全玻自由门

3. 下列项目不属于金属门项目的是(　　)。

A. 彩板门　　B. 塑钢门　　C. 地弹门　　D. 防盗门

4. 下列项目不属于木窗项目的是(　　)。

A. 推拉窗　　B. 木百叶窗　　C. 木组合窗　　D. 木固定窗

5. 下列项目不属于金属窗项目的是(　　)。

A. 平开窗　　B. 彩板窗　　C. 塑钢窗　　D. 金属防盗窗

二、多项选择题

1. 关于门窗工程量的计算规则,下列说法正确的有(　　)。

A. 按图示数量计算　　B. 按图示洞口尺寸以面积计算

C. 按门窗框尺寸计算　　D. 按门窗扇面积计算

E. 按门窗设计尺寸计算

2. 关于门窗套项目工程量计算规则,下列说法正确的有(　　)。

A. 按图示数量计算　　B. 按图示洞口尺寸以面积计算

C. 按门窗框尺寸计算　　D. 按门窗扇面积计算

E. 按设计图示尺寸以展开面积计算

三、判断题

1. 窗帘盒、窗帘轨项目工程量按设计图示尺寸以长度计算。(　　)
2. 窗台板项目工程量按设计图示尺寸以长度计算。(　　)
3. 金属卷帘门项目工程量按卷帘门扇计算工程量。(　　)
4. 玻璃、百叶面积占其门扇面积的60%，属于半玻门或半百叶门。(　　)
5. 门窗项目工程量清单编制分为门窗的制作与安装两个不同的项目。(　　)

学习情境 13　屋面及防水工程工程量清单编制与计价

任务 1　屋面及防水工程工程量清单编制

1.1　屋面及防水工程工程量清单项目设置

在《工程量计算规范》中，屋面及防水工程工程量清单项目共 4 节 21 个项目，包括瓦、型材及其他屋面，屋面防水及其他，墙面防水、防潮，楼（地）面防水、防潮，适用于建筑物和构筑物的屋面及防水工程。屋面及防水工程工程量清单项目名称及编码见表 13.1.1。

表 13.1.1　屋面及防水工程工程量清单项目名称及编码

项目编码	项目名称	项目编码	项目名称
010901001	瓦屋面	010902007	屋面天沟、檐沟
010901002	型材屋面	010902008	屋面变形缝
010901003	阳光板屋面	010903001	墙面卷材防水
010901004	玻璃钢屋面	010903002	墙面涂膜防水
010901005	膜结构屋面	010903003	墙面砂浆防水（防潮）
010902001	屋面卷材防水	010903004	墙面变形缝
010902002	屋面涂膜防水	010904001	楼（地）面卷材防水
010902003	屋面刚性层	010904002	楼（地）面涂膜防水
010902004	屋面排水管	010904003	楼（地）面砂浆防水（防潮）
010902005	屋面排（透）气管	010904004	楼（地）面变形缝
010902006	屋面（廊、阳台）泄（吐）水管		

课堂活动：讨论如何列出需要计算的屋面及防水工程工程量清单项目名称、项目编码。

1.2　屋面及防水工程工程量清单编制规定

(1)小青瓦、水泥平瓦、琉璃瓦等，应按《工程量计算规范》中瓦屋面项目编码列项。

(2)压型钢板、阳光板、玻璃钢等，应按《工程量计算规范》中型材屋面项目编码列项。

1.3　屋面及防水工程工程量清单编制方法及案例

1.3.1　瓦、型材屋面工程量清单编制

1. 瓦、型材屋面适用范围

"瓦屋面"项目适用于小青瓦、平瓦、筒瓦、石棉水泥瓦、玻璃钢波形瓦等。应注意：

(1)屋面基层包括檩条、椽子、木屋面板、顺水条、挂瓦条等，屋面木基层示意见图13.1.1；

(2)木屋面板应明确启口、错口、平口接缝。

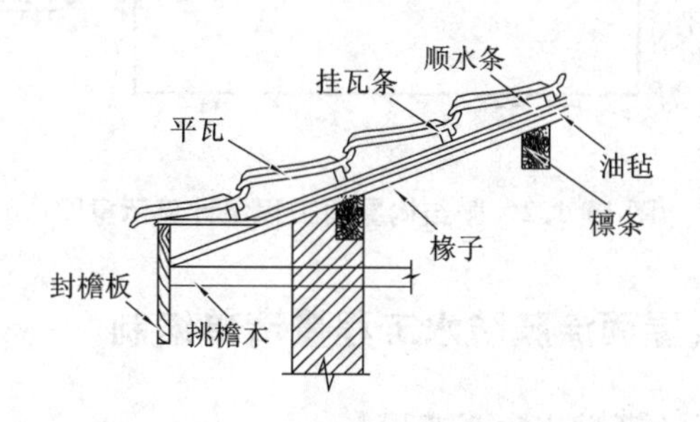

图13.1.1　屋面木基层示意图

"型材屋面"项目适用于压型钢板、金属压型夹心板、阳光板、玻璃钢等。

提示：金属瓦屋面是用镀锌铁皮或铝合金瓦做防水层的一种屋面，主要用于大跨度建筑。彩色压型钢板屋面简称彩板屋面，根据彩板的功能构造分为单层彩板和保温夹芯彩板。单层彩板屋面大多数将彩板直接支承于檩条上，一般为槽钢、工字钢或轻钢檩条。保温夹芯彩板是由彩色涂层钢板做表层，自熄性聚苯乙烯泡沫塑料或硬质聚氨酯泡沫做芯材，通过加压加热固化制成的夹芯板。

2. 瓦、型材屋面工程量计算规则

瓦、型材屋面工程量按设计图示尺寸以斜面积计算，不扣除房上烟囱、风帽底座、风道、小气窗、斜沟等所占面积，小气窗的出檐部分不增加面积，单位为m^2。

1.3.2 膜结构屋面工程量清单编制

1. 膜结构屋面适用范围

"膜结构屋面"项目适用于膜布屋面。应注意:支撑柱的钢筋混凝土的柱基,锚固的钢筋混凝土基础以及地脚螺栓等按混凝土及钢筋混凝土相关项目编码列项。

提示:"膜结构"也称索膜结构,是一种以张拉膜布(是以纤维织物为基材,基材两面以树脂等材料为涂层,加工固定而成的材料)与钢结构支撑(柱、网架等)和拉结结构(拉杆、钢丝绳等)所组成的屋盖、篷顶结构。

2. 膜结构屋面工程量计算规则

膜结构屋面工程量按设计图示尺寸以需要覆盖的水平投影面积计算,其示意图见图13.1.2,单位为m^2。

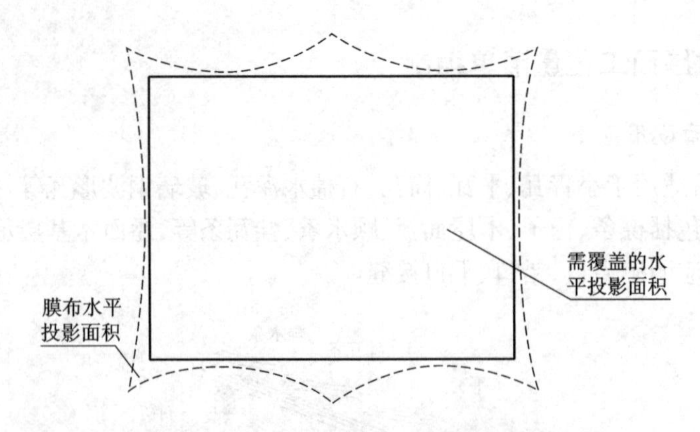

图 13.1.2 膜结构屋面工程量计算示意图

1.3.3 屋面卷材防水、屋面涂膜防水工程量清单编制

1. 屋面卷材防水、屋面涂膜防水适用范围

"屋面卷材防水"项目适用于利用胶结材料粘贴卷材进行防水的屋面。

"屋面涂膜防水"项目适用于厚质涂料、薄质涂料和有加强材料或无加强材料的涂膜防水屋面。

应注意:上述两种屋面的水泥砂浆保护层、细石混凝土保护层可包括在屋面防水项目内,也可按相关项目另行编码列项。

2. 屋面卷材防水工程量清单编制案例

【例 13.1.1】编制附录 5 相关图纸所示工程屋面卷材防水工程量清单。

课堂活动：请查《工程量计算规范》附录，填写下面3项。

(1)屋面卷材防水的项目编码：________________。

(2)屋面卷材防水的项目名称：________________。

(3)屋面卷材防水的计量单位：________________。

(1)屋面卷材防水的工程量。

①屋面卷材防水工程量计算规则：按设计图示尺寸以面积计算，单位为 m^2。应注意：斜屋顶（不包括平屋顶找坡）按斜面积计算，平屋顶按水平投影面积计算；不扣除房上烟囱、风帽底座、风道、屋面小气窗和斜沟所占面积；屋面的女儿墙、伸缩缝和天窗等处的弯起部分，并入屋面工程量内，如图纸无规定，伸缩缝、女儿墙的弯起部分可按250 mm计算，天窗弯起部分可按500 mm计算。

屋面及防水工程工程量计算规则

②屋面卷材防水工程量计算。

$$S_{平面卷材防水} = [(6.3+3.75-0.12)\times(12.54-0.24)-(3.75+0.12)\times1.2-(1.35+0.12)\times(5.1+0.6)-0.9\times(0.9+5.1+0.6)]\times4 = 412.70\ m^2$$

$$S_{女儿墙弯起部分} = [(40.44-0.24+12.54-0.24)\times2+(5.1+0.6)\times4+(5.1+0.6+0.9)\times2+1.2\times4]\times0.25 = 145.80\times0.25 = 36.45\ m^2$$

$$S_{卷材防水} = 412.70+36.45 = 449.15\ m^2$$

提示：计算工程量前先分析图纸，由于该工程由四个相同的单元构成，所以计算平面卷材防水时先算出一个单元的工程量，再乘以4；女儿墙弯起高度设计无规定，按250 mm计算。

课堂活动：分组讨论还可以用哪些方法计算以上案例中的屋面卷材防水工程量，哪种方法最简便。

(2)屋面卷材防水的项目特征（表13.1.2）。

表13.1.2　屋面卷材防水的项目特征

《工程量计算规范》列出的项目特征	本案例的项目特征
1. 卷材品种	OEE氧化改性沥青
2. 防水部位	屋面
3. 防水做法	—

续表

《工程量计算规范》列出的项目特征	本案例的项目特征
4. 接缝、嵌缝材料	—
5. 防护材料种类	—

(3)屋面卷材防水的工程量清单。

课堂活动:请根据以上内容完善表 13.1.3。

表 13.1.3　分部分项工程和单价措施项目清单与计价表

工程名称:××建筑工程　　标段:　　第　页共　页

序号	项目编码	项目名称	项目特征描述	计量单位	工程量	金额(元)		
						综合单价	合价	其中:暂估价
			1. 隔汽层:刷冷底子油一道 2. 找平层:1∶3水泥砂浆 3. 卷材品种:OEE氧化改性沥青 4. 防水部位:屋面					

提示:为全面反映工程情况,项目特征结合施工图纸和《工程量计算规范》的内容描述。

1.3.4　屋面刚性层工程量清单编制

1. 屋面刚性层适用范围

"屋面刚性层"项目适用于细石混凝土、补偿收缩混凝土、块体混凝土、预应力混凝土和钢纤维混凝土刚性防水屋面。

2. 屋面刚性层工程量清单编制案例

【例 13.1.2】编制附录 5 相关图纸所示工程屋面刚性层工程量清单。

课堂活动:请查《工程量计算规范》附录,填写下面 3 项。

(1)屋面刚性层的项目编码:____________。

(2)屋面刚性层的项目名称:____________。

(3)屋面刚性层的计量单位:____________。

(1)屋面刚性层的工程量。

①屋面刚性层工程量计算规则:按设计图示尺寸以面积计算,不扣除房上烟囱、风帽底座、风道等所占面积。

②屋面刚性层工程量计算:同平面卷材防水工程量。

$S_{刚性防水}=412.70\ m^2$

提示:工程量计算过程中,应注意哪些可以使用已经计算出来的量,哪些量可以借用已经计算的量加以调整得到。

(2)屋面刚性层的项目特征(表 13.1.4)。

表 13.1.4　屋面刚性层的项目特征

《工程量计算规范》列出的项目特征	本案例的项目特征
1. 刚性层厚度	40 mm
2. 混凝土种类	—
3. 混凝土强度等级	—
4. 嵌缝材料种类	—
5. 钢筋规格、型号	—

(3)屋面刚性层的工程量清单。

课堂活动:请根据以上内容完善表 13.1.5。

表 13.1.5　分部分项工程和单价措施项目清单与计价表

工程名称:××建筑工程　　　　标段:　　　　第　页　共　页

序号	项目编码	项目名称	项目特征描述	计量单位	工程量	金额(元)		
						综合单价	合价	其中:暂估价

提示:设计说明中指出屋面刚性层做法参见西南 J212—1—2104a,该图集刚性层做法为 40 mm 厚细石混凝土加 4% 防水剂,内配 ϕ4 mm 双向钢筋,中距 200 mm,提浆压光。

刚性屋面中的钢筋应按混凝土及钢筋混凝土工程分部编码列项。

1.3.5 卷材防水、涂膜防水工程量清单编制

1. 卷材防水、涂膜防水适用范围

“卷材防水、涂膜防水”项目适用于基础、楼（地）面、墙面等部位的防水。应注意：永久保护层（如砖墙、混凝土地坪等）应按相关项目编码列项。

2. 卷材防水、涂膜防水工程量计算规则

卷材防水、涂膜防水工程量按设计图示尺寸以面积计算，单位为 m^2。

(1)地面防水：按主墙间净空面积计算，扣除凸出地面的构筑物、设备基础等所占面积，不扣除间壁墙及单个面积在 0.3 m^2 以内的柱、垛、烟囱和孔洞所占面积。

(2)墙基防水：外墙按中心线计算，内墙按净长乘以宽度计算。

任务2 屋面及防水工程工程量清单计价

2.1 屋面及防水工程工程量清单项目与定额项目的对应关系

屋面及防水工程工程量清单项目与定额项目的对应关系见表 13.2.1。

表 13.2.1 屋面及防水工程工程量清单项目与定额项目对应表(摘录)

项目编码	清单项目名称	建筑工程定额编号
010901001	瓦屋面	安瓦：AJ0001 ~ AJ0005 找平层：AI0014 ~ AI0020 钢筋网：AF0280 涂膜防水：AJ0020 ~ AJ0027 卷材防水：AJ0011 ~ AJ0017
010901002	型材屋面	彩钢屋面：AJ0006、AJ0007 压型板屋面：AJ0008 ~ AJ0010
010901005	膜结构屋面	2008 建筑计价定额无相关子目，编制综合单价时自行确定
010902001	屋面卷材防水	防水卷材：AJ0011 ~ AJ0017 找平层：AI0014 ~ AI0016
010902002	屋面涂膜防水	涂膜防水：AJ0020 ~ AJ0027 找平层：AI0014 ~ AI0016
010902003	屋面刚性层	刚性层：AJ0028 ~ AJ0033 钢筋网：AF0280

续表

项目编码	清单项目名称	建筑工程定额编号
010902004	屋面排水管	球墨排水管:AJ0071、AJ0072 铸铁雨水口:AJ0073、AJ0074 铸铁弯头:AJ0075 塑料水落管:AJ0077～AJ0079 吐水管:AJ0080、AJ0081
010903001	墙面卷材防水	卷材防水:AJ0034、AJ0035 找平层:AI0014～AI0020
010903002	墙面涂膜防水	涂膜防水:AJ0036～AJ0039 找平层:AI0014～AI0016
010903003	墙面砂浆防水(防潮)	砂浆防水:AJ0040、AJ0041 钢丝网:AL0041
010903004	墙面变形缝	建筑油膏:AJ0042 墙体变形缝:AJ0043～AJ0051 顶棚变形缝:AJ0052～AJ0054 吊顶变形缝:AJ0055、AJ0056 楼(地)面变形缝:AJ0057～AJ0062 屋面变形缝:AJ0063～AJ0065 止水带:AJ0066～AJ0070

2.2　屋面及防水工程工程量清单计价方法及案例

2.2.1　屋面卷材防水清单计价

1.计算屋面卷材防水综合单价的注意事项

(1)屋面找平层、基层处理(清理修补、刷基层处理剂)等应包括在报价内。

(2)檐沟、天沟、水落口、泛水收头、变形缝等处的卷材附加层应包括在报价内。

(3)浅色、反射涂料保护层,绿豆沙保护层,细砂、云母及蛭石保护层应包括在报价内。

2.屋面卷材防水清单计价案例

【例13.2.1】根据例13.1.1屋面卷材防水的工程量清单,完成屋面卷材防水工程量清单计价。

(1)对应的计价定额:AJ0011铺OEE氧化改性沥青防水卷材、AI0014换1∶3水泥砂浆找平层。

提示:重庆计价定额屋面工程说明中指出,卷材屋面的冷底子油工料已包括在项目内,不另计算。

(2)计算定额工程量。《重庆市房屋建筑与装饰工程计价定额》中卷材防水的工程量计算规则：按设计面积以 m^2 计算，不扣除房上烟囱、风帽底座、风道、斜沟、变形缝所占面积，屋面的女儿墙、伸缩缝和天窗等处的弯起部分，按图示尺寸并入屋面工程量计算。如图纸无规定，伸缩缝、女儿墙的弯起部分可按 250 mm 计算，天窗弯起部分可按 500 mm 计算。定额工程量与清单工程量相同。

$$S_{卷材防水}=449.15\ m^2$$

(3)计算综合单价。

课堂活动：请根据例 13.1.1 及本案例已知资料完成表 13.2.2。

表 13.2.2 工程量清单综合单价分析表

工程名称：××建筑工程　　　　标段：　　　　第　页　共　页

项目编码				项目名称			计量单位			
清单综合单价组成明细										
定额编号	定额名称	定额单位	数量	单价				合价		
				人工费	材料费	机械费	管理费和利润	人工费	材料费	机械费	管理费和利润
AJ0011	OEE 氧化改性沥青防水卷材	100 m^2		230.50	2 207.41	0.00					
AI0014换	1:3水泥砂浆找平层	100 m^2		195.00	316.70	19.55					
人工单价	小计										
25 元/工日	未计价材料费										
清单项目综合单价											

AI0014 换，材料由 1∶2.5 水泥砂浆（单价 153.08 元/ m^3）换算为 1∶3水泥砂浆（单价 137.09 元/ m^3），消耗量为 2.02 m^3/100 m^2。

换算后的材料费：

$$349.00+(137.09-153.08)\times 2.02=316.70\ 元/100\ m^2$$

(4)屋面卷材防水工程量清单计价。

课堂活动：请根据以上内容完成表 13.2.3。

表 13.2.3　分部分项工程和单价措施项目清单与计价表

工程名称：××建筑工程　　　　　　　　标段：　　　　　　　　　　　　第　页　共　页

序号	项目编码	项目名称	项目特征描述	计量单位	工程量	金　额(元)		
						综合单价	合价	其中：暂估价

2.2.2　屋面刚性层清单计价

1. 计算屋面刚性层综合单价的注意事项

刚性防水屋面的分割缝、泛水、变形缝部位的防水卷材、密封材料、背衬材料、沥青麻丝等应包括在报价内。

2. 屋面刚性层清单计价案例

【例 13.2.2】根据例 13.1.2 屋面刚性层的工程量清单，完成屋面刚性层工程量清单计价。(工程使用商品混凝土)

(1)对应的计价定额：AJ0030 刚性屋面。

提示：刚性屋面中的钢筋既可以在本项目中报价，也可以在混凝土及钢筋混凝土项目中计算报价。本案例未计算。

(2)计算定额工程量。《重庆市房屋建筑与装饰工程计价定额》中刚性屋面的工程量计算规则：刚性屋面按设计水平投影面积以 m^2 计算，泛水和刚性屋面变形缝等弯起部分和加厚部分已包括在项目内。挑出墙外的出檐和屋面天沟另按相应项目计算。定额工程量与清单工程量相同。

$$S_{刚性防水}=412.70\ m^2$$

(3)计算综合单价。

课堂活动：请根据例 13.1.2 及本案例已知资料完成表 13.2.4。

表 13.2.4　工程量清单综合单价分析表

工程名称：××建筑工程　　　　标段：　　　　第　页　共　页

项目编码			项目名称				计量单位				
清单综合单价组成明细											
定额编号	定额名称	定额单位	数量	单　价				合　价			
				人工费	材料费	机械费	管理费和利润	人工费	材料费	机械费	管理费和利润
AJ0030	厚40 mm商品混凝土刚性屋面	100 m^2	338.00	1 521.27	0.57						
人工单价	小　计										
25元/工日	未计价材料费										
清单项目综合单价											

(4)屋面刚性层工程量清单计价。

课堂活动：请根据以上内容完成表13.2.5。

表 13.2.5　分部分项工程和单价措施项目清单与计价表

工程名称：××建筑工程　　　　标段：　　　　第　页　共　页

序号	项目编码	项目名称	项目特征描述	计量单位	工程量	金　额(元)		
						综合单价	合价	其中：暂估价

2.3　屋面及防水工程造价管理

屋面及防水工程造价管理在工程建设各阶段的内容参见土石方工程，在投标计价中应注意以下事项。

(1)“瓦屋面”“型材屋面”的木檩条、木椽子、木屋面板需刷防火涂料时,可按相关项目单独编码列项,也可包括在“瓦屋面”“型材屋面”项目报价内。

(2)“瓦屋面”“型材屋面”“膜结构屋面”的钢檩条、钢支撑(柱、网架等)和拉结结构需防护材料时,可按相关项目单独编码列项,也可包括在“瓦屋面”“型材屋面”“膜结构屋面”项目报价内。

习　题

判断题

1. 铝合金瓦应按“瓦屋面”项目编码列项。(　　)

2. 膜结构屋面按膜的展开面积计算工程量。(　　)

3. 刚性屋面中的钢筋应按混凝土及钢筋混凝土工程编码列项。(　　)

4. 墙基防水按长度计算工程量,外墙按中心线计算,内墙按净长计算。(　　)

5. 卷材防水屋面的找平层应包括在屋面卷材防水的报价内。(　　)

6. 刚性防水屋面的钢筋必须单独报价。(　　)

学习情境14 保温、隔热、防腐工程工程量清单编制与计价

任务1 保温、隔热、防腐工程工程量清单编制

1.1 保温、隔热、防腐工程工程量清单项目设置

在《工程量计算规范》中，保温、隔热、防腐工程工程量清单项目共3节16个项目，包括防腐面层、其他防腐、隔热、保温工程，适用于工业与民用建筑的基础、地面、墙面防腐，楼地面、墙体、屋盖的保温隔热工程。保温、隔热、防腐工程工程量清单项目名称及编码见表14.1.1。

表14.1.1 保温、隔热、防腐工程工程量清单项目名称及编码

项目编码	项目名称	项目编码	项目名称
011001001	保温隔热屋面	011002003	防腐胶泥面层
011001002	保温隔热天棚	011002004	玻璃钢防腐面层
011001003	保温隔热墙面	011002005	聚氯乙烯板面层
011001004	保温柱、梁	011002006	块料防腐面层
011001005	保温隔热楼地面	011002007	池、槽块料防腐面层
011001006	其他保温隔热	011003001	隔离层
011002001	防腐混凝土面层	011003002	砌筑沥青浸渍砖
011002002	防腐砂浆面层	011003003	防腐涂料

课堂活动：讨论如何列出需要计算的保温、隔热、防腐工程工程量清单项目名称、项目编码。

1.2　保温、隔热、防腐工程工程量清单编制规定

(1)保温隔热墙的装饰面层,应按装饰装修工程中的墙、柱面工程相关项目编码列项。

(2)柱帽保温隔热应并入天棚保温隔热工程量内。

(3)池槽、池壁、池底、保温隔热应分别编码列项,池壁应并入墙面保温隔热工程量内,池底应并入地面保温隔热工程量内。

1.3　保温、隔热、防腐工程工程量清单编制方法及案例

1.3.1　保温隔热屋面工程量清单编制

1. 保温隔热屋面适用范围

"保温隔热屋面"项目适用于各种材料的屋面隔热保温。应注意:

(1)屋面隔热保温层上的防水层应按屋面的防水项目单独列项;

(2)预制隔热板屋面的隔热板与砖墩分别按混凝土及钢筋混凝土工程和砌筑工程相关项目编码列项。

2. 保温隔热屋面工程量清单编制案例

【例 14.1.1】编制附录5相关图纸所示工程保温隔热屋面工程量清单。

根据前面的论述,该案例中的屋面保温隔热层在功能上也作为屋面的找坡层,因此可以放在屋面防水层项目中,当然也可以单列出来,只要不重复即可。

(1)保温隔热屋面的项目编码:011001001001。

(2)保温隔热屋面的项目名称:加气混凝土保温隔热屋面。

(3)保温隔热屋面的计量单位:m^2。

(4)保温隔热屋面的工程量。

①保温隔热屋面工程量计算规则:按设计图示尺寸以面积计算,不扣除柱、垛所占面积。

②保温隔热屋面工程量计算:

$$S_{保温}=412.70\ m^2$$

提示:保温隔热屋面工程量同例13.1.2屋面刚性防水工程量。

(5)保温隔热屋面的项目特征(表14.1.2)。

表14.1.2　保温隔热屋面的项目特征

《工程量计算规范》列出的项目特征	本案例的项目特征
1. 保温隔热材料品种、规格、厚度	1:8加气混凝土找坡2%,最薄处20 mm
2. 隔气层材料品种厚度	—

续表

《工程量计算规范》列出的项目特征	本案例的项目特征
3. 黏结材料种类、做法	—
4. 防护材料种类、做法	—

(6)保温隔热屋面的工程量清单(表 14.1.3)。

表 14.1.3　分部分项工程和单价措施项目清单与计价表

工程名称:××建筑工程　　　标段:　　　第　页　共　页

序号	项目编码	项目名称	项目特征描述	计量单位	工程量	金额(元)		
						综合单价	合价	其中:暂估价
1	011001001001	加气混凝土保温隔热屋面	1. 保温层:1∶8加气混凝土找坡2%,最薄处20 mm	m^2	412.70			

1.3.2　保温隔热天棚工程量清单编制

1. 保温隔热天棚适用范围

"保温隔热天棚"项目适用于各种材料的下贴式或吊顶上搁置式的保温隔热天棚。应注意:

(1)下贴式如需底层抹灰,应包括在报价内;

(2)保温隔热材料需加药物防虫剂时,应在清单中进行描述。

2. 保温隔热天棚工程量计算规则

同保温隔热屋面。

1.3.3　保温隔热墙面工程量清单编制

1. 保温隔热墙面适用范围

"保温隔热墙面"项目适用于工业与民用建筑物的外墙、内墙保温隔热工程。

2. 保温隔热墙面工程量清单编制案例

【例 14.1.2】图 14.1.1 所示工程采用外墙外保温,外墙为砖墙,保温做法从内到外依次为 20 mm 厚1∶3水泥砂浆找平,2 mm 厚聚氨酯界面砂浆,30 mm 厚胶粉聚苯颗粒保温胶浆料,5 mm 厚聚合物抗裂砂浆,敷设四角镀锌钢丝网一层,5 mm 厚聚合物抗裂砂浆,8 ~ 10 mm 厚黏结砂浆贴外墙面砖勾缝。门窗洞口不做保温层。

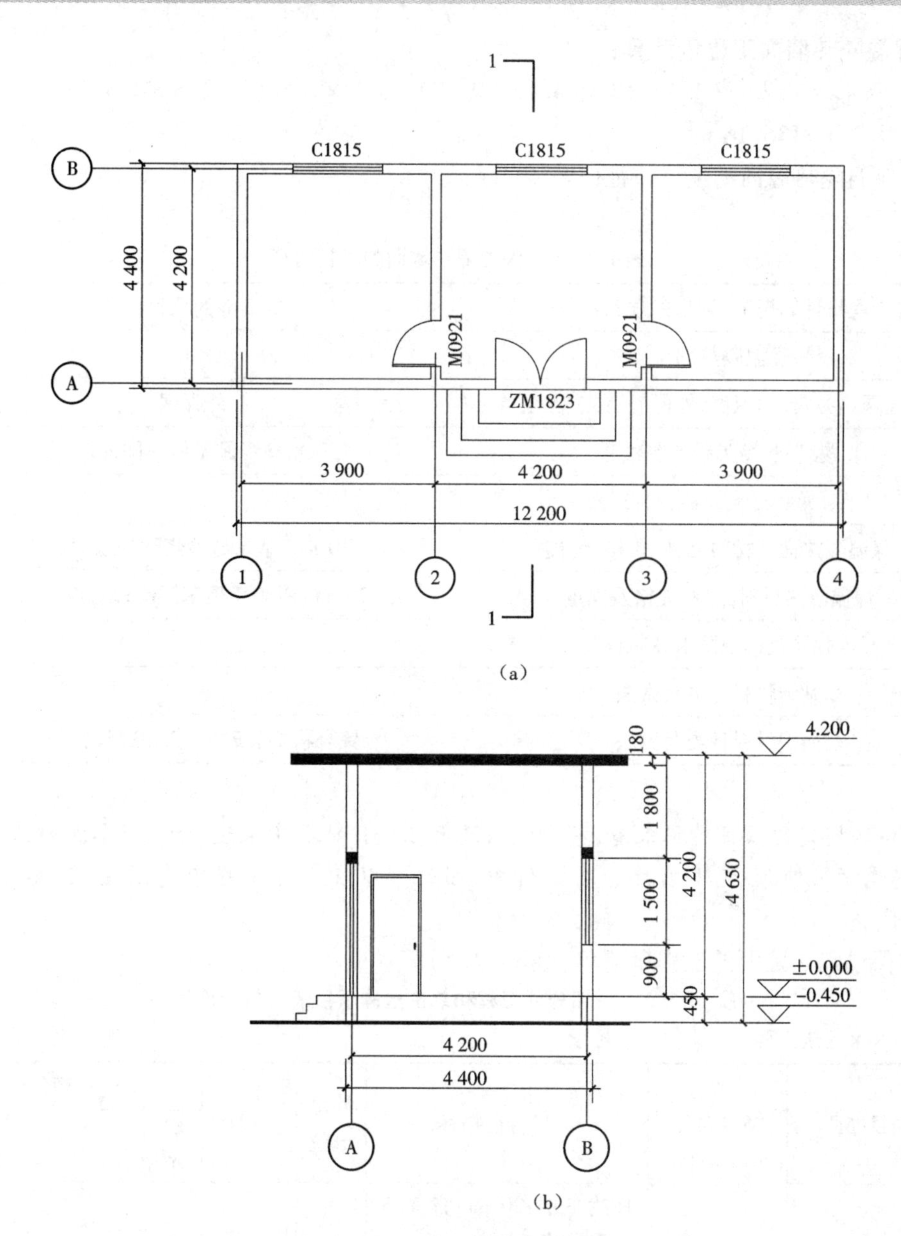

图 14.1.1　单层建筑物示意图

(a)建筑平面图　(b)1—1 剖面图

(1)保温隔热墙面的项目编码:011001003001。

(2)保温隔热墙面的项目名称:外墙聚苯颗粒外保温。

(3)保温隔热墙面的计量单位:m^2。

(4)保温隔热墙面的工程量。

①保温隔热墙面工程量计算规则:按设计图示尺寸以面积计算,扣除门窗洞口所占面积,门窗洞口侧壁需做保温时,并入保温墙体工程量内。

②保温隔热墙面工程量计算：

$$S_{外保温} = (12.2 + 4.4) \times 2 \times (4.65 - 0.18) - 1.8 \times 1.5 \times 3 - 1.8 \times 2.3 = 136.16\ m^2$$

(5)保温隔热墙面的项目特征(表14.1.4)。

表14.1.4　保温隔热墙面的项目特征

《工程量计算规范》列出的项目特征	本案例的项目特征
1. 保温隔热部位	外墙
2. 保温隔热方式(内保温、外保温、夹芯保温)	外保温
3. 踢脚线、勒脚线保温做法	勒脚线保温做法同外墙
4. 龙骨材料品种、规格	—
5. 保温隔热面层材料品种、规格、性能	8～10 mm厚黏结砂浆贴外墙面砖勾缝
6. 保温隔热材料品种、规格及厚度	30 mm厚胶粉聚苯颗粒保温胶浆料
7. 增强网及抗裂防水砂浆种类	—
8. 黏结材料种类及做法	—
9. 防护材料种类及做法	聚合物抗裂砂浆、四角镀锌钢丝网

提示：从规定的项目特征来看，有的做法没有在项目特征中表现，如1∶3水泥砂浆找平层，外墙面砖属于装饰面层，不需要含在报价中，因此可以在实际工程中灵活处理，具体方法见表14.1.5。

(6)保温隔热墙面的工程量清单(表14.1.5)。

表14.1.5　分部分项工程和单价措施项目清单与计价表

工程名称：××建筑工程　　　　标段：　　　　第　页　共　页

序号	项目编码	项目名称	项目特征描述	计量单位	工程量	金额(元)		
						综合单价	合价	其中：暂估价
1	011001003001	外墙聚苯颗粒外保温	1. 找平层：20 mm厚1∶3水泥砂浆 2. 界面层：2 mm厚聚氨酯界面砂浆 3. 保温层：30 mm厚胶粉聚苯颗粒保温胶浆料 4. 抗裂防护层：5 mm厚聚合物抗裂砂浆，敷设四角镀锌钢丝网一层，5 mm厚聚合物抗裂砂浆	m^2	136.16			

1.3.4 防腐混凝土面层、防腐砂浆面层、防腐胶泥面层工程量清单编制

1. 防腐混凝土面层、防腐砂浆面层、防腐胶泥面层适用范围

"防腐混凝土面层""防腐砂浆面层""防腐胶泥面层"项目适用于平面或立面的水玻璃混凝土、水玻璃砂浆、水玻璃胶泥、沥青混凝土、沥青砂浆、沥青胶泥、树脂砂浆、树脂胶泥以及聚合物水泥砂浆等的防腐工程。

2. 防腐混凝土面层、防腐砂浆面层、防腐胶泥面层工程量计算规则

防腐混凝土面层、防腐砂浆面层、防腐胶泥面层工程量按设计图示尺寸以面积计算，单位为 m^2。

(1)平面防腐，扣除凸出地面的构筑物、设备基础等所占面积。

(2)立面防腐，砖垛等凸出部分按展开面积并入墙面积内。

1.3.5 玻璃钢防腐面层工程量清单编制

1. 玻璃钢防腐面层适用范围

"玻璃钢防腐面层" 项目适用于树脂胶料与增强材料(如玻璃纤维丝、布、玻璃纤维表面毡、玻璃纤维短切毡或涤纶布、涤纶毡、丙纶布、丙纶毡等)复合塑制而成的玻璃钢防腐。应注意:

(1)项目名称应描述构成玻璃钢、树脂和增强材料名称，如环氧酚醛(树脂)玻璃钢、酚醛(树脂)玻璃钢、环氧煤焦油(树脂)玻璃钢、环氧呋喃(树脂)玻璃钢、不饱和聚酯(树脂)玻璃钢、增强材料玻璃纤维布、毡、涤纶布毡等;

(2)应描述防腐部位和立面、平面。

2. 玻璃钢防腐面层工程量计算规则

玻璃钢防腐面层工程量计算规则同防腐混凝土面层、防腐砂浆面层、防腐胶泥面层。

1.3.6 聚氯乙烯板面层、块料防腐面层工程量清单编制

1. 聚氯乙烯板面层、块料防腐面层适用范围

"聚氯乙烯板面层"项目适用于地面、墙面的软、硬聚氯乙烯板防腐工程。"块料防腐面层" 项目适用于地面、沟槽、基础的各类块料防腐工程。应注意:

(1)防腐蚀块料粘贴部位(地面、沟槽、基础、踢脚线)应在清单项目中进行描述;

(2)防腐蚀块料规格品种(磁板、铸石板、天然石板等)应在清单项目中进行描述。

2. 聚氯乙烯板面层、块料防腐面层工程量计算规则

聚氯乙烯板面层、块料防腐面层工程量按设计图示尺寸以面积计算，单位为 m^2。

(1)平面防腐，扣除凸出地面的构筑物、设备基础等所占面积。

(2)立面防腐，砖垛等凸出部分按展开面积并入墙面积内。

(3)踢脚板防腐，扣除门洞所占面积，并相应增加门洞侧壁面积。

1.3.7 其他防腐工程量清单编制

1. 其他防腐适用范围

其他防腐包括隔离层、砌筑沥青浸渍砖、防腐涂料项目。"隔离层"项目适用于楼地面的沥青类、树脂玻璃钢类防腐工程隔离层。"砌筑沥青浸渍砖"项目适用于浸渍标准砖。"防腐涂料"项目适用于建筑物、构筑物以及钢结构的防腐。应注意:

(1)项目名称应对涂刷基层(混凝土、抹灰面)进行描述;

(2)需刮腻子时,腻子应包括在报价内;

(3)应对涂料底漆层、中间漆层、面漆涂刷(或刮)遍数进行描述。

2. 其他防腐涂料工程量计算规则

(1)隔离层、防腐涂料项目:按设计图示尺寸以面积计算,单位为 m^2。

①平面防腐,扣除凸出地面的构筑物、设备基础等所占面积。

②立面防腐,砖垛等凸出部分按展开面积并入墙面积内。

(2)砌筑沥青浸渍砖项目:按设计图示尺寸以体积计算,立砌按厚度 115 mm 计算,平砌按 53 mm 计算,单位为 m^3。

任务 2 保温、隔热、防腐工程工程量清单计价

2.1 保温、隔热、防腐工程工程量清单项目与定额项目的对应关系

保温、隔热、防腐工程工程量清单项目与定额项目的对应关系见表 14.2.1。

表 14.2.1 保温、隔热、防腐工程工程量清单项目与定额项目对应表(摘录)

项目编码	清单项目名称	建筑工程定额编号
011001001	保温隔热屋面	屋面保温:AK0123 ~ AK0140
011001002	保温隔热天棚	天棚保温:AK0141
011001003	保温隔热墙面	墙体保温:AK0142 ~ AK0147 外墙面保温:AK0148 ~ AK0156
011002001	防腐混凝土面层	水玻璃耐酸混凝土:AK0003、AK0004 耐酸沥青混凝土:AK0005、AK0006 硫黄混凝土:AK0008、AK0009 重晶石混凝土:AK0016

续表

项目编码	清单项目名称	建筑工程定额编号
011002002	防腐砂浆面层	耐酸砂浆：AK0001、AK0002 环氧砂浆：AK0010、AK0011 环氧煤焦油砂浆：AK0012、AK0013 钢屑砂浆：AK0014 不发火沥青砂浆：AK0015 重晶石砂浆：AK0017、AK0018
011003003	防腐涂料	过氯乙烯漆：AK0115 ~ AK0120 沥青漆：AK0121、AK0122

2.2　保温、隔热、防腐工程工程量清单计价方法及案例

2.2.1　保温隔热屋面清单计价

保温工程清单编制与计价

1. 计算保温隔热屋面综合单价的注意事项

屋面保温隔热的找坡、找平层应包括在报价内，如果屋面防水层项目包括找平层和找坡，屋面保温隔热不再计算，以免重复。

2. 保温隔热屋面清单计价案例

【例14.2.1】根据例14.1.1的保温隔热屋面工程量清单（表14.1.3），完成保温隔热屋面工程量清单计价。

（1）对应的计价定额：AK0133 加气混凝土块屋面保温。

（2）计算定额工程量。《重庆市房屋建筑与装饰工程计价定额》中的加气混凝土块屋面保温工程量计算规则：按图示尺寸以 m^3 计算。

$S_{保温} = 412.70\ m^2$

$H_{平均厚度} = (0.9 + 4.5 + 1.2 - 0.12) \times 2\% \times 0.5 + 0.02$

$= 0.0848\ m$

$V_{保温} = 412.70 \times 0.0848 = 35.00\ m^3$

提示：屋面分水线部位为最厚处，由于屋面宽度不一，为了简化，以最长的距离计算厚度。

（3）计算综合单价（表14.2.2）。

表 14.2.2 工程量清单综合单价分析表

工程名称：××建筑工程　　　　标段：　　　　　　　　第　页　共　页

项目编码	011001001001		项目名称	加气混凝土保温隔热屋面		计量单位			m^3	
清单综合单价组成明细										
定额编号	定额名称	定额单位	数量	单价				合价		
				人工费	材料费	机械费	管理费和利润	人工费	材料费	机械费	管理费和利润
AK0133	加气混凝土块屋面保温	10 m^3	0.008 48	123.00	1 498.00	0	196.141	1.043 0	12.703 0	0	1.663 3
人工单价		小计						1.043 0	12.703 0	0	1.663 3
25 元/工日		未计价材料费									
清单项目综合单价								15.41			

提示：数量 $=\frac{35}{412.7}=0.0848$，定额单位 10 m^3，所以填 0.008 48。

(4)保温隔热屋面的工程量清单计价(表 14.2.3)。

表 14.2.3 分部分项工程和单价措施项目清单与计价表

工程名称：××建筑工程　　　　标段：　　　　　　　　第　页　共　页

序号	项目编码	项目名称	项目特征描述	计量单位	工程量	金额(元)		
						综合单价	合价	其中：暂估价
1	011001001001	加气混凝土保温隔热屋面	1. 保温层：1∶8 加气混凝土找坡 2%，最薄处 20 mm	m^2	412.70	15.41	6 359.71	

2.2.2 保温隔热墙面清单计价

1. 计算保温隔热墙面综合单价的注意事项

(1)外墙内保温和外保温的面层应包括在报价内，装饰层应按附录 B 相关项目编码列项。

(2)外墙内保温的内墙保温踢脚线应包括在报价内。

(3)外墙外保温、内保温和内墙保温的基层抹灰或刮腻子应包括在报价内。

2. 保温隔热墙面清单计价案例

【例 14.2.2】根据例 14.1.2 的保温隔热墙面工程量清单(表 14.1.5)，完成保温隔热墙面工程量清单计价。

(1)对应的计价定额：AL0001 砖墙面水泥砂浆抹灰、AK0148 厚 2 mm 界面砂浆、AK0150 厚 30 mm 保温砂浆、AK0155 厚 5 mm 抗裂砂浆、AK0153 热镀锌钢丝网、AK0155 厚 5 mm 抗裂砂浆。

(2)计算定额工程量。《重庆市房屋建筑与装饰工程计价定额》中的外墙保温隔热层(含界面砂浆、胶粉聚苯颗粒、网格布或钢丝网、抗裂砂浆)工程量计算规则：按图示尺寸以 m^2 计算，应扣除门窗洞口、空圈和单个面积在 0.3 m^2 以上的孔洞所占面积。门窗洞口、空圈的侧壁、顶(底)面和墙垛设计要求做保温时，并入墙保温工程量内。

$$S_{保温}=136.16\ m^2$$

提示：清单工程量计算规则与定额的工程量计算规则基本一致，在本例中工程量相同。

(3)计算综合单价(表 14.2.4)。

表 14.2.4　工程量清单综合单价分析表

工程名称：× ×建筑工程　　　　标段：　　　　第　页　共　页

项目编码		011001003001		项目名称		外墙聚苯颗粒外保温		计量单位		m^2	
清单综合单价组成明细											
定额编号	定额名称	定额单位	数量	单价				合价			
				人工费	材料费	机械费	管理费和利润	人工费	材料费	机械费	管理费和利润
AL0001	砖墙面水泥砂浆抹灰	100 m^2	0.01	362.25	333.36	22.42	86.881 6	3.622 5	0.224 2	0.868 8	—
AK0148	厚 2 mm 界面砂浆	100 m^2	0.01	63.00	364.40	2.30	51.994 0	0.630 0	3.644 0	0.023 0	0.519 9
AK0150	厚 30 mm 保温砂浆	100 m^2	0.01	564.75	1 088.39	33.34	204.064 1	5.647 5	10.883 9	0.333 4	2.040 6
AK0155	厚 5 mm 抗裂砂浆	100 m^2	0.01	241.50	975.70	5.75	147.977 0	2.415 0	9.757 0	0.057 5	1.479 8
AK0153	热镀锌钢丝网	100 m^2	0.01	161.25	909.60	0	129.572 9	1.612 5	9.096 0	0	1.295 7
AK0155	厚 5 mm 抗裂砂浆	100 m^2	0.01	241.50	975.70	5.75	147.977 0	2.415 0	9.757 0	0.057 5	1.479 8

续表

人工单价	小　计	16.342 5	46.471 5	0.695 6	7.684 7
25 元/工日	未计价材料费				
清单项目综合单价		71.19			

(4)保温隔热墙的工程量清单计价(表 14.2.5)。

表 14.2.5　分部分项工程和单价措施项目清单与计价表

工程名称:××建筑工程　　　　标段:　　　　第　页 共　页

序号	项目编码	项目名称	项目特征描述	计量单位	工程量	金额(元)		
						综合单价	合价	其中:暂估价
1	011001003001	外墙聚苯颗粒外保温	1. 找平层:20 mm 厚1:3水泥砂浆 2. 界面层:2 mm 厚聚氨酯界面砂浆 3. 保温层:30 mm 厚胶粉聚苯颗粒保温胶浆料 4. 抗裂防护层:5 mm 厚聚合物抗裂砂浆,敷设四角镀锌钢丝网一层,5 mm 厚聚合物抗裂砂浆	m^2	136.16	71.19	9 693.23	

2.3　保温、隔热、防腐工程造价管理

防腐工程清单编制与计价

保温、隔热、防腐工程在工程各阶段的工程造价管理内容参见土石方工程造价管理,在投标报价中还应注意以下事项。

(1)防腐工程中需酸化处理时酸化处理费用应包括在报价内。

(2)防腐工程中的养护费用应包括在报价内。

(3)保温面层应包括在项目内,面层外的装饰面层按《工程量计算规范》相关项目编码列项。

习　题

判断题

1. 柱帽保温隔热应并入天棚保温隔热工程量内。(　　)

2. “防腐混凝土面层”“防腐砂浆面层”“防腐胶泥面层”项目只能用于平面防腐工程。(　　)

3. 屋面隔热保温层上的防水层应包含在屋面隔热保温层项目中。(　　)

4. 保温隔热屋面工程量按设计图示尺寸以体积计算。(　　)

5. 保温隔热墙面项目仅用于工业与民用建筑物的外墙保温隔热工程。(　　)

6. 保温隔热墙面工程量按设计图示尺寸以面积计算，扣除门窗洞口所占面积，门窗洞口侧壁需做保温时，并入保温墙体工程量内。(　　)

7. 屋面保温隔热的找坡、找平层，既可以计算在保温隔热屋面的报价内，也可以计算在屋面防水层的报价内。(　　)

8. 外墙外保温的装饰层应包括在外墙外保温的报价内。(　　)

9. 外墙内保温的内墙保温踢脚线应包括在报价内。(　　)

10. 外墙外保温、内保温和内墙保温的基层抹灰不应包括在报价内。(　　)

学习情境 15　楼地面装饰工程工程量清单编制与计价

任务 1　楼地面装饰工程工程量清单编制

1.1　楼地面装饰工程工程量清单项目设置

在《工程量计算规范》中，楼地面装饰工程工程量清单项目共 8 节 43 个项目，包括整体面层及找平层、块料面层、橡塑面层、其他材料面层、踢脚线、楼梯面层、台阶装饰、零星装饰等项目，适用于楼地面、楼梯、台阶等装饰工程。楼地面工程工程量清单项目名称及编码见表 15.1.1。

表 15.1.1　楼地面工程工程量清单项目名称及编码

项目编码	项目名称	项目编码	项目名称
011101001	水泥砂浆楼地面	011103003	塑料板楼地面
011101002	现浇水磨石楼地面	011103004	塑料卷材楼地面
011101003	细石混凝土楼地面	011104001	地毯楼地面
011101004	菱苦土楼地面	011104002	竹、木(复合)地板
011101005	自流坪楼地面	011104003	金属复合地板
011101006	平面砂浆找平层	011104004	防静电活动地板
011102001	石材楼地面	011105001	水泥砂浆踢脚线
011102002	碎石材楼地面	011105002	石材踢脚线
011102003	块料楼地面	011105003	块料踢脚线
011103001	橡胶板楼地面	011105004	塑料板踢脚线
011103002	橡胶板卷材楼地面	011105005	木质踢脚线

续表

项目编码	项目名称	项目编码	项目名称
011105006	金属踢脚线	011107001	石材台阶面
011105007	防静电踢脚线	011107002	块料台阶面
011106001	石材楼梯面层	011107003	拼碎块料台阶面
011106002	块料楼梯面层	011107004	水泥砂浆台阶面
011106003	拼碎块料面层	011107005	现浇水磨石台阶面
011106004	水泥砂浆楼梯面层	011107006	剁假石台阶面
011106005	现浇水磨石楼梯面层	011108001	石材零星项目
011106006	地毯楼梯面层	011108002	拼碎石材零星项目
011106007	木板楼梯面层	011108003	块料零星项目
011106008	橡胶板楼梯面层	011108004	水泥砂浆零星项目
011106009	塑料板楼梯面层		

课堂活动：讨论如何列出需要计算的楼地面工程工程量清单项目名称、项目编码。

1.2　楼地面工程工程量清单编制规定

1. 整体面层及找平层工程量清单编制规定

(1)水泥砂浆面层处理是拉毛还是提浆压光应在面层做法要求中描述。

(2)平面砂浆找平层只适用于仅做找平层的平面抹灰。

(3)间壁墙指墙厚≤120 mm 的墙。

(4)楼地面混凝土垫层另按《工程量计算规范》中 E.1 垫层项目编码列项，除混凝土外的其他材料垫层按《工程量计算规范》中 D.4 垫层项目编码列项。

2. 块料面层工程量清单编制规定

(1)在描述碎石材项目的面层材料特征时可不用描述规格、品牌、颜色。

(2)石材、块料与黏结材料的结合面刷防渗材料的种类在防护材料种类中描述。

(3)楼地面镶贴工程中的磨边指施工现场磨边，在后面章节中若涉及磨边，含义与此相同。

3. 橡塑面层工程量清单编制规定

橡塑面层工程中涉及的找平层，按《工程量计算规范》中 L.1 找平层项目编码列项。

4. 踢脚线工程量清单编制规定

同块料面层工程量清单编制规定(2)。

5. 楼梯面层工程量清单编制规定

同块料面层工程量清单编制规定(1)(2)。

6. 台阶装饰工程量清单编制规定

同块料面层工程量清单编制规定(1)(2)。

7. 零星装饰项目工程量清单编制规定

(1)楼梯、台阶牵边和侧面镶贴块料面层,不大于0.5 m^2 的少量分散的楼地面镶贴块料面层,应当按零星装饰项目执行。

(2)同块料面层工程量清单编制规定(2)。

1.3 楼地面工程工程量清单编制方法及案例

1.3.1 整体(块料)面层楼地面工程量清单编制

1. 楼地面的相关概念

楼地面是由基层、垫层、填充层、隔离层、找平层、结合层、面层等构成的。

基层指楼板、夯实土基。

垫层指承受地面荷载并将其均匀传递给基层的构造层,主要有混凝土垫层、人工级配砂石垫层、灰、土垫层、碎石、碎砖垫层、三合土垫层、炉渣垫层等材料垫层。

填充层指在建筑楼地面上起隔音、保温、找坡或敷设暗管、暗线等作用的构造层,采用的材料有轻质松散材料(如炉渣、膨胀蛭石、膨胀珍珠岩等)、块体材料(如加气混凝土、泡沫混凝土、泡沫塑料、矿棉、膨胀珍珠岩、膨胀蛭石块和板材等)以及整体材料(如沥青膨胀珍珠岩、沥青膨胀蛭石、水泥膨胀珍珠岩、膨胀蛭石等)。

隔离层指起防水、防潮作用的构造层,主要材料有卷材、防水砂浆、沥青砂浆或防水涂料等。

找平层指在垫层、楼板上或填充层上起找平、找坡或加强作用的构造层,主要有水泥砂浆找平层,有特殊要求的找平层可采用细石混凝土、沥青砂浆、沥青混凝土等材料铺设。

结合层指面层与下层相结合的中间层。

面层指直接承受各种荷载作用的表面层,分为整体面层、块料面层等,其中整体面层有水泥砂浆、现浇水磨石、细石混凝土、菱苦土等类型,而块料面层主要有石材、陶瓷地砖、橡胶、塑料、竹、木地板等类型。

在进行楼地面工程量清单编制的时候,应该注意以下事项。

(1)与2008规范相比较,现有规范取消了地面工程工作内容中的“垫层”内容,混凝土垫层按现有规范中“E.1 现浇混凝土基础”项目编码列项,除混凝土外的其他材料垫层按现有规范中“D.4 垫层”项目编码列项。

(2)整体面层、块料面层工作内容中包括抹找平层,但在楼地面项目编码中又列有“平面砂浆找平层”项目，只适用于仅做找平层的平面抹灰。

(3)扶手、栏杆、栏板按《工程量计算规范》中“Q.3 扶手、栏杆、栏板装饰”相应项目编码。

(4)楼地面工程中的防水工程按《工程量计算规范》中“附录 J 屋面及防水工程”项目编码。

2. 整体(块料)面层楼地面工程量清单编制案例

整体面层清单编制与计价

【例 15.1.1】根据图 15.1.1，编制水泥砂浆楼地面工程量清单。

(1)水泥砂浆楼地面的项目编码：011101001001。

(2)水泥砂浆楼地面的项目名称：水泥砂浆楼地面。

(3)水泥砂浆楼地面的计量单位：m^2。

(4)水泥砂浆楼地面的工程量。

①水泥砂浆楼地面工程量计算规则：按设计图示尺寸以面积计算，扣除凸出地面构筑物、设备基础、室内管道、地沟等所占面积，不扣除间壁墙和≤0.3 m^2 的柱、垛、附墙烟囱及孔洞所占面积，门洞、空圈、暖气包槽、壁龛的开口部分不增加面积。

课堂活动：分组讨论水泥砂浆楼地面工程量计算规则，总结需要扣除及不需要扣除的情况。

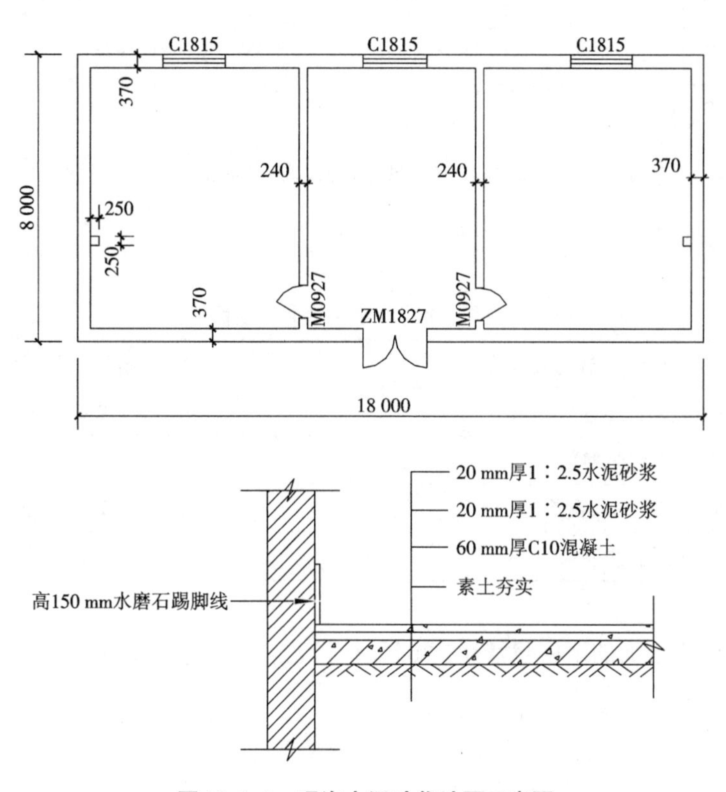

图 15.1.1　现浇水泥砂浆地面示意图

②水泥砂浆楼地面工程量计算。

建筑面积 = 18 × 8 = 144 m^2

外墙中心线长度 = (18 + 8) × 2 − 4 × 0.365 = 50.54 m

内墙净长线长度 = (8 − 0.365 × 2) × 2 = 14.54 m

水泥砂浆楼地面面积 = 建筑面积 − 主墙所占面积

= 144 − 50.54 × 0.365 − 14.54 × 0.24

= 122.06 m^2

提示:计算结果保留2位小数。

课堂活动:计算图15.1.2所示房间及走廊地面C20细石混凝土楼地面清单工程量。(注:内外墙厚均为240 mm)

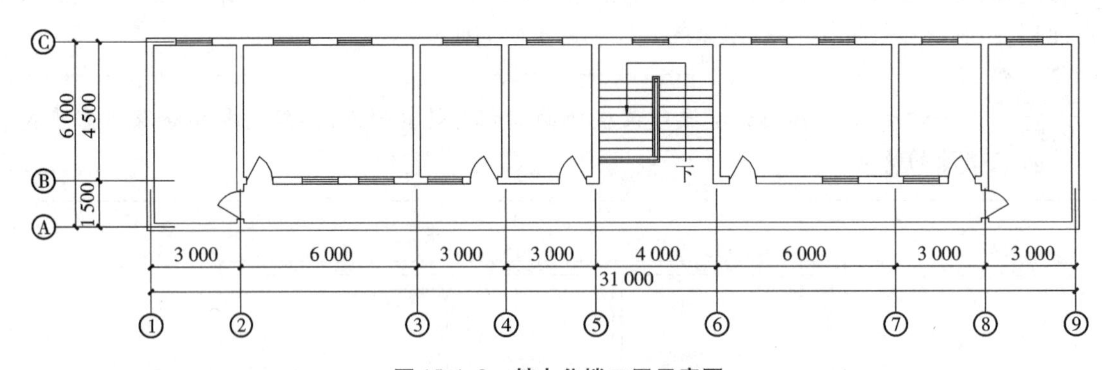

图15.1.2　某办公楼二层示意图

(5)水泥砂浆楼地面的项目特征(表15.1.2)。

表15.1.2　水泥砂浆楼地面的项目特征

《工程量计算规范》列出的项目特征	本案例的项目特征
1. 找平层厚度、砂浆配合比	20 mm厚1∶2.5水泥砂浆
2. 素水泥浆遍数	—
3. 面层厚度、砂浆配合比	20 mm厚1∶2.5水泥砂浆
4. 面层做法要求	—

(6)水泥砂浆楼地面的工程量清单(表15.1.3)。

表 15.1.3 分部分项工程和单价措施项目清单与计价表

工程名称：××建筑工程　　　　标段：　　　　第 页 共 页

序号	项目编码	项目名称	项目特征描述	计量单位	工程量	金额(元)		
						综合单价	合价	其中：暂估价
1	011101001001	水泥砂浆楼地面	1. 找平层厚度、砂浆配合比：20 mm 厚 1∶2.5 水泥砂浆 2. 面层厚度、砂浆配合比：20 mm 厚 1∶2.5 水泥砂浆	m^2	122.06			

课堂活动：将水泥砂浆楼地面改成玻化砖楼地面，编制工程量清单，分析二者有何不同。

【例 15.1.2】根据附录 5 图纸，厨房地面做法为 1∶2 水泥砂浆铺贴 300 mm×300 mm 防滑砖，不勾缝，试编制其工程量清单。

(1)防滑砖楼地面的项目编码：011102003001。

(2)防滑砖楼地面的项目名称：防滑砖楼地面。

(3)防滑砖楼地面的计量单位：m^2。

(4)防滑砖楼地面的工程量。

①防滑砖楼地面工程量计算规则：块料(包括防滑砖)楼地面的工程量按设计图示尺寸以面积计算；门洞、空圈、暖气包槽、壁龛的开口部分并入相应的工程量内。

②防滑砖楼地面工程量计算：

$$S_{防滑砖} = [(2.1-0.24)\times(3.9-0.12-0.06)]\times4\times6 = 166.06\ m^2$$

(5)防滑砖楼地面的项目特征(表 15.1.4)。

表 15.1.4 防滑砖楼地面的项目特征

《工程量计算规范》列出的项目特征	本案例的项目特征
1. 找平层厚度、砂浆配合比	—
2. 结合层厚度、砂浆配合比	1∶2水泥砂浆
3. 面层材料品种、规格、颜色	300 mm×300 mm 防滑砖
4. 嵌缝材料种类	—
5. 防护层材料种类	—
6. 酸洗、打蜡要求	—

(6)防滑砖楼地面的工程量清单(表15.1.5)。

表15.1.5　分部分项工程和单价措施项目清单与计价表

工程名称:××装饰装修工程　　　　标段:　　　　　　　　　　第　页共　页

序号	项目编码	项目名称	项目特征描述	计量单位	工程量	金额(元)		
						综合单价	合价	其中:暂估价
1	011102003001	防滑砖楼地面	1. 结合层厚度、砂浆配合比:1:2水泥砂浆 2. 面层材料品种、规格、颜色:300 mm×300 mm防滑砖	m^2	166.06			

块料、塑料其他踢脚清单编制与计价

1.3.2　橡塑(其他材料)面层工程量清单编制

1. 橡塑(其他材料)面层工程量清单编制案例

【例15.1.3】根据图15.1.1计算橡胶板楼地面工程量清单。(将水泥砂浆面层改成橡胶板面层)

课堂活动:请查《工程量计算规范》附录,填写下面3项。
(1)橡胶板楼地面的项目编码:____________。
(2)橡胶板楼地面的项目名称:____________。
(3)橡胶板楼地面的计量单位:____________。

(1)橡胶板楼地面的工程量。

①橡胶板楼地面工程量计算规则:按设计图示尺寸以面积计算,门洞、空圈、暖气包槽、壁龛的开口部分并入相应的工程量内。

②橡胶板楼地面工程量计算:

$$S_{\text{橡胶板楼地面}} = 121.82 - \text{垛所占面积} + \text{门洞开口面积}$$
$$= 121.82 - 0.24 \times 0.24 \times 2 + 0.9 \times 0.24 \times 2$$
$$= 122.14\ m^2$$

(2)橡胶板楼地面的项目特征(表15.1.6)。

表 15.1.6　橡胶板楼地面的项目特征

《工程量计算规范》列出的项目特征	本案例的项目特征
1. 黏结层厚度、材料种类	60 mm 厚 C10 混凝土
2. 面层材料品种、规格、颜色	20 mm 厚橡胶板
3. 压线条种类	—

(3)橡胶板楼地面的工程量清单(表 15.1.7)。

表 15.1.7　分部分项工程和单价措施项目清单与计价表

工程名称:××建筑工程　　标段:　　第　页　共　页

序号	项目编码	项目名称	项目特征描述	计量单位	工程量	金　额(元)		
						综合单价	合价	其中:暂估价
1	011103001001	橡胶板楼地面	1. 黏结层厚度、材料种类:60 mm 厚 C10 混凝土 2. 面层材料品种、规格、颜色:20 mm 厚橡胶板	m^2	122.14			

1.3.3　踢脚线工程量清单编制

1. 踢脚线工程的适用范围

踢脚线是指室内地面四周与内墙身交接处高度在 100～180 mm 的一种护脚面层(或水泥砂浆抹灰),它的作用是保护内墙脚不被撞损和保持表面清洁。踢脚线的工程量计算可以按面积(m^2)计算,也可以按延长米(m)计算。

2. 踢脚线工程量清单编制案例

【例 15.1.4】如图 15.1.1 所示,若该踢脚线采用水泥砂浆踢脚线,设计要求为 12 mm 厚底层 1∶3水泥砂浆,8 mm 厚面层 1∶2水泥砂浆,普通(不分色)。试编制水泥砂浆踢脚线工程量清单。

(1)水泥砂浆踢脚线的项目编码:011105001001。

(2)水泥砂浆踢脚线的项目名称:水泥砂浆踢脚线。

(3)水泥砂浆踢脚线的计量单位:m 或 m^2。

(4)水泥砂浆踢脚线的工程量。

①水泥砂浆踢脚线工程量计算规则:以 m^2 计量,按设计图示长度乘以高度以面积计算;以 m 计量,按延长米计算。

②水泥砂浆踢脚线工程量计算：

$L_{踢脚线} = (18 - 0.37 \times 2 - 0.24 \times 2) \times 2 + (8 - 0.37 \times 2) \times 6 - 1.8 - 0.9 \times 2 = 73.52$ m

$S_{踢脚线} = 73.52 \times 0.15 = 11.03$ m^2

(5)水泥砂浆踢脚线的项目特征(表15.1.8)。

表15.1.8　水泥砂浆踢脚线的项目特征

《工程量计算规范》列出的项目特征	本案例的项目特征
1. 踢脚线高度	150 mm
2. 底层厚度、砂浆配合比	12 mm 厚 1∶3水泥砂浆
3. 面层厚度、砂浆配合比	8 mm 厚 1∶2水泥砂浆

(6)水泥砂浆踢脚线的工程量清单(表15.1.9)。

表15.1.9　分部分项工程和单价措施项目清单与计价表

工程名称：××建筑工程　　标段：　　第　页　共　页

序号	项目编码	项目名称	项目特征描述	计量单位	工程量	金额(元)		
						综合单价	合价	其中：暂估价
1	011105001001	水泥砂浆踢脚线	1. 踢脚线高度：150 mm 2. 底层厚度、砂浆配合比：12 mm 厚 1∶3水泥砂浆 3. 面层厚度、砂浆配合比：8 mm 厚 1∶2水泥砂浆	m (m^2)	73.52 (11.03)			

1.3.4　楼梯装饰工程量清单编制

台阶、楼梯、零星工程清单编制与计价

1. 楼梯装饰工程的适用范围

楼梯装饰包括踏步、平台以及小于500 mm宽的楼梯，按水平投影面积计算，不包括楼梯踢脚线、底面侧面抹灰，适用于一般的楼梯工程量计算。

2. 楼梯装饰工程量清单编制案例

【例15.1.5】根据图15.1.3，设计要求为20 mm厚1∶2.5水泥砂浆楼梯面，试编制水泥砂浆楼梯面工程量清单。(无梯口梁)

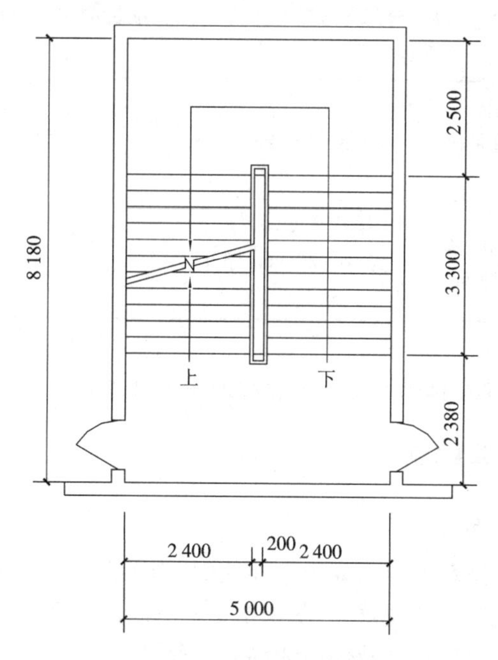

图 15.1.3　水泥砂浆楼梯平面图

(1)水泥砂浆楼梯面的项目编码:011106004001。

(2)水泥砂浆楼梯面的项目名称:水泥砂浆楼梯面。

(3)水泥砂浆楼梯面的计量单位:m^2。

(4)水泥砂浆楼梯面的工程量。

①水泥砂浆楼梯面工程量计算规则:按设计图示尺寸以楼梯(包括踏步、休息平台及 500 mm 以内的楼梯井)水平投影面积计算。楼梯与楼地面相连时,算至梯口梁内侧边沿;无梯口梁者,算至最上一层踏步边沿加 300 mm。

②水泥砂浆楼梯面工程量计算。

提示:此楼梯梯井宽 200 mm,故此楼梯面层的工程量应包括楼梯井。

$$S_{楼梯}=5\times(2.5+3.3+0.3)=5\times6.1=30.5\ m^2$$

(5)水泥砂浆楼梯面的项目特征(表 15.1.10)。

表 15.1.10　水泥砂浆楼梯面的项目特征

《工程量计算规范》列出的项目特征	本案例的项目特征
1. 找平层厚度、砂浆配合比	—
2. 面层厚度、砂浆配合比	20 mm 厚 1∶2.5 水泥砂浆
3. 防滑条材料种类、规格	—

(6)水泥砂浆楼梯面的工程量清单(表 15.1.11)。

表 15.1.11　分部分项工程和单价措施项目清单与计价表

工程名称：××建筑工程　　　　标段：　　　　第　页　共　页

序号	项目编码	项目名称	项目特征描述	计量单位	工程量	金额(元)		
						综合单价	合价	其中：暂估价
1	011106004001	水泥砂浆楼梯面	1. 面层厚度、砂浆配合比：20 mm 厚 1:2.5 水泥砂浆	m^2	30.5			

提示：注意楼梯梯井宽及楼梯与楼地面相连时如何处理。

1.3.5　台阶工程量清单编制

1. 台阶工程的适用范围

台阶指的是一般建筑物室内地面高于室外地面，为了便于使用，根据高差，用砖、石、混凝土等筑成的一级一级供人上下的建筑物，踏步指每级台阶的踏面。

台阶面层的工程量不包括牵边及侧面装饰的工程量。

2. 台阶工程量清单编制案例

【例 15.1.6】根据图 15.1.4，编制大理石台阶工程量清单。

课堂活动：请查《工程量计算规范》附录，写出下面 3 项。

(1) 大理石台阶的项目编码：________________。

(2) 大理石台阶的项目名称：________________。

(3) 大理石台阶的计量单位：________________。

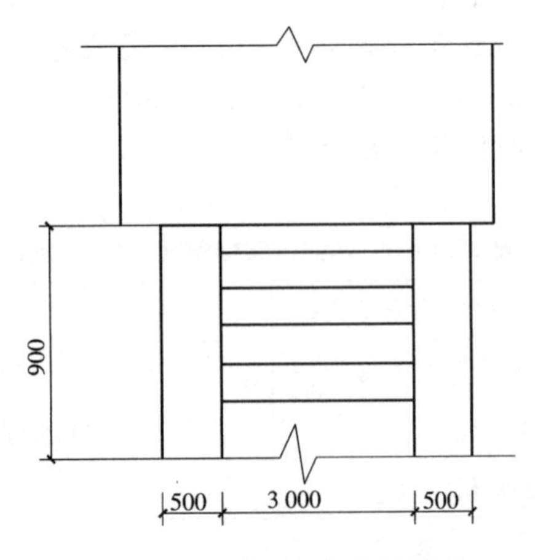

图 15.1.4　大理石台阶平面图

(1)大理石台阶的工程量。

①大理石台阶工程量计算规则：按照设计图示尺寸以台阶(包括最上层踏步边沿加300 mm)水平投影面积计算。

②大理石台阶工程量计算：

$$S_{大理石台阶}=3\times(0.9+0.3)=3.60\ m^2$$

提示：按照计算规则，注意计算台阶投影面积的长度如何确定。

(2)大理石台阶的项目特征(表15.1.12)。

表15.1.12　大理石台阶的项目特征

《工程量计算规范》列出的项目特征	本案例的项目特征
1. 找平层厚度、砂浆配合比	1:2.5水泥砂浆
2. 黏结材料种类	—
3. 面层材料品种、规格、颜色	大理石
4. 勾缝材料种类	白水泥
5. 防滑条材料种类、规格	—
6. 防护材料种类	—

(3)大理石台阶的工程量清单(表15.1.13)。

表15.1.13　分部分项工程和单价措施项目清单与计价表

工程名称：××建筑工程　　　　标段：　　　　第　页　共　页

序号	项目编码	项目名称	项目特征描述	计量单位	工程量	金额(元)		
						综合单价	合价	其中：暂估价
1	011107001001	大理石台阶	1. 垫层材料种类、厚度：按规范 2. 找平层厚度、砂浆配合比：1:2.5水泥砂浆 3. 面层材料品种、规格、颜色：大理石 4. 勾缝材料种类：白水泥	m^2	3.60			

任务2　楼地面装饰工程工程量清单计价

2.1　楼地面装饰工程工程量清单项目与定额项目的对应关系

楼地面装饰工程工程量清单项目与定额项目的对应关系见表15.2.1。

表15.2.1　楼地面装饰工程工程量清单项目与定额项目对应表(摘录)

项目编码	清单项目名称	建筑工程定额编号	装饰工程定额编号
011101001	水泥砂浆楼地面	找平层:AL0001~AL0009 防水层:AJ0076~AJ0087 面层:AI0021、AI0022	找平层:BA0001~BA0007 嵌防滑条:BA0062
011101002	现浇水磨石楼地面	找平层:AL0001~AL0009 防水层:AJ0076~AJ0087 面层:AL0032~AL0037 嵌缝条:AL0039~AL0042 酸洗打蜡:AL0038	找平层:BA0001~BA0007 嵌防滑条:BA0062
011101003	细石混凝土楼地面	找平层:AL0001~AL0009 防水层:AJ0076~AJ0087 面层:AL0022~AL0026	找平层:BA0001~BA0007 嵌防滑条:BA0062
011102001	石材楼地面	找平层:AL0001~AL0009 防水层:AJ0076~AJ0087 面层:AI0062 酸洗打蜡:AL0038	找平层:BA0001~BA0007 面层:BA0008~BA0011、BA0013 点缀: BA0012 防护材料:BA0027~BA0035 酸洗打蜡:BA0067
011102003	块料楼地面	找平层:AL0001~AL0009 防水层:AJ0034~AJ0041 面层:LA0001~LA0026 酸洗打蜡:AL0038	找平层:BA0001~BA0007 面层:BA0036~BA0038、BA0044~BA0055、BA0058、BA0060、BA0061 点缀: BA0012 酸洗打蜡:BA0067
011103001	橡胶板楼地面	找平层:AL0001~AL0009 面层:AI0092	找平层:BA0001~BA0007 面层:BA0071
011105001	水泥砂浆踢脚线	找平层:AL0001~AL0009 面层:AL0043 防滑条:AI0054~AI0056	

续表

项目编码	清单项目名称	建筑工程定额编号	装饰工程定额编号
011105002	石材踢脚线	面层:AI0066、AI0067 酸洗打蜡:AL0038	面层:BA0014～BA0017 防护材料:BA0027～BA0035 酸洗打蜡:BA0067
011105003	块料踢脚线	面层:AL0044～AL0046 酸洗打蜡:AL0038	面层:BA0039、BA0040、BA0057 酸洗打蜡:BA0067
011106004	水泥砂浆楼梯面层	面层:AL0044～AL0046 酸洗打蜡:AL0038	
011107001	石材台阶面	找平层:AL0001～AL0009 面层:AL0061～AL0063 酸洗打蜡:AL0038	找平层:BA0001～BA0007 面层:BA0020～BA0022 防滑条:BA0023～BA0026 防护材料:BA0027～BA0035、BF0053～BF0055 酸洗打蜡:BA0068

提示:表中在定额编号栏内分列了《重庆市房屋建筑与装饰工程计价定额》所关联的定额编号。“建筑工程定额编号”栏所关联的定额适用于建筑工程的装饰装修清单项目,“装饰工程定额编号”栏所关联的定额适用于单独进行施工的装饰装修工程。建筑工程、装饰工程定额缺项时可相互借用。

2.2　楼地面装饰工程工程量清单计价方法及案例

2.2.1　水泥砂浆楼地面工程量清单计价

1. 计算水泥砂浆楼地面综合单价的注意事项

(1)防水层与墙面连接上卷高度在 500 mm 以内者,展开面积并入平面防水层内计算;上卷高度超过 500 mm 时,按立面防水层计算工程量。

(2)《重庆市房屋建筑与装饰工程计价定额》中砂浆楼地面的计算规则与《工程量计算规范》中砂浆楼地面的计算规则基本一致。

2. 水泥砂浆楼地面工程量清单计价案例

【例 15.2.1】根据例 15.1.1 水泥砂浆楼地面工程量清单(表 15.1.3),完成水泥砂浆楼地面工程量清单(垫层采用自拌混凝土)计价。(注:工程由土建施工单位完成)

(1)对应的计价定额:AL0001 20 mm 厚 1∶2.5 水泥砂浆找平层、AL0014 20 mm 厚 1∶2.5 水泥砂浆楼地面。

(2)计算定额工程量。《重庆市房屋建筑与装饰工程计价定额》中的工程量计算规则:水泥砂浆楼地面工程量按室内主墙间净空面积以 m^2 计算(地面垫层按室内主墙间净空面积乘

以设计厚度以 m^3 计算)，均应扣除凸出地面构筑物、设备基础、室内铁道、地沟等所占面积，但不扣除柱、垛、间壁墙、附墙烟囱及面积在 0.3 m^2 以内孔洞所占面积(体积)，而门洞、空圈、暖气包槽、壁龛的开口部分的面积(体积)亦不增加。所以，工程量为

$$S_{水泥砂浆楼地面}=122.06\ m^2$$

提示：清单与定额的工程量计算规则基本一致，在本例中工程量相同。

(3)计算综合单价(表 15.2.2)。

表 15.2.2　工程量清单综合单价分析表

工程名称：××建筑工程　　　　标段：　　　　第　页　共　页

项目编码	011101001001	项目名称		水泥砂浆楼地面					计量单位		m²		综合单价		53.21
定额编号	定额项目名称	单位	数量	定额综合单价									人材机价差	其他风险费	合价
				定额人工费	定额材料费	定额施工机具使用费	企业管理费		利润		一般风险费用				
				1	2	3	4	5	6	7	8	9	10	11	12
							费率(%)	(1+3)×4	费率(%)	(1+3)×6	费率(%)	(1+3)×8			1+2+3+5+7+9+10+11
AL0001	水泥砂浆找平层厚度 20 mm,在混凝土或硬基层上现拌	100 m²	0.01	8.34	5.2	0.55	24.1	2.14	12.92	1.15	1.5	0.13	6.9	0	24.41
AL0014	楼地面面层,水泥砂浆厚度 20 mm,现拌	100 m²	0.01	10.99	5.59	0.68	24.1	2.81	12.92	1.51	1.5	0.18	7.04	0	28.8
合　计				19.33	10.8	1.23	—	4.95	—	2.66	—	0.31	13.94	0	53.21
人工、材料及机械名称					单位	数量	定额单价		市场单价		价差合计		市场合价		备注
1.人工															
抹灰综合工					工日	0.154 6	125		134		1.39		20.72		
2.材料															
(1)计价材料															
水泥砂浆(特细砂)1:2.5					m³	0.040 4	232.4		542.71		12.54		21.93		
水泥 32.5R					kg	22.429 6	0.31		0.43		2.69		9.64		
特细砂					t	0.052 7	63.11		257		10.22		13.54		
水					m³	0.059 2	4.42		3.88		-0.03		0.23		

续表

素水泥浆 普通水泥	m^3	0.002	479.39	663.79	0.37	1.33	
(2)其他材料费							
其他材料费	元	—	—	1	—	0.25	
3.机械							
(1)机上人工							
机上人工	工日	0.009 2	120	84.67	-0.33	0.78	
(2)燃油动力费							
电	kW·h	0.056 8	0.7	0.46	-0.01	0.03	

(4)水泥砂浆楼地面工程量清单计价(表15.2.3)。

表15.2.3　分部分项工程和单价措施项目清单与计价表

工程名称:××建筑工程　　　　标段:　　　　第　页　共　页

序号	项目编码	项目名称	项目特征描述	计量单位	工程量	金额(元)		
						综合单价	合价	其中:暂估价
1	011101001001	水泥砂浆楼地面	1.找平层厚度、砂浆配合比:20 mm厚1:2.5水泥砂浆 2.面层厚度、砂浆配合比:20 mm厚1:2.5水泥砂浆	m^2	122.06	53.21	6 494.81	

提示:由土建施工单位完成的装饰工程套用建筑工程计价定额,单独由装饰施工完成的装饰工程套用装饰工程计价定额。

2.2.2 踢脚线工程量清单计价

1. 计算水泥砂浆踢脚线综合单价的注意事项

《重庆市房屋建筑与装饰工程计价定额》按设计长度以延长米计算工程量，而清单中工程量既可以按图示尺寸面积计算，也可以按长度延长米计算。

2. 水泥砂浆踢脚线工程量清单计价案例

【例 15.2.2】根据例 15.1.4，完成水泥砂浆踢脚线工程量清单计价。（注：工程由土建施工单位完成）

（1）对应的计价定额：AL0043 踢脚板，普通（不分色），底层 12 mm，面层 8 mm。

（2）计算定额工程量。《重庆市房屋建筑与装饰工程计价定额》中的工程量计算规则：踢脚线工程量按主墙间净长以延长米计算，洞口及空圈长度不予扣除，但洞口、空圈、垛、附墙烟囱等侧壁长度亦不增加。

$$L_{踢脚线} = (18 - 0.37 \times 2 - 0.24 \times 2) \times 2 + (8 - 0.37 \times 2) \times 6 = 77.12 \text{ m}$$

提示：清单按实计算踢脚线长度，而定额不扣除洞口及空圈长度，同时不增加其侧壁长度，而《工程量计算规范》要扣除门洞空圈的长度。

（3）计算综合单价（表 15.2.4）。

表 15.2.4 工程量清单综合单价分析表

工程名称：××装饰装修工程 标段： 第 页 共 页

<table>
<tr><td>项目编码</td><td>011105001001</td><td colspan="2">项目名称</td><td colspan="5">水泥砂浆踢脚线</td><td colspan="2">计量单位</td><td colspan="2">m</td><td colspan="2">综合单价</td><td>9.29</td></tr>
<tr><td rowspan="4">定额编号</td><td rowspan="4">定额项目名称</td><td rowspan="4">单位</td><td rowspan="4">数量</td><td colspan="9">定额综合单价</td><td rowspan="4">人材机价差</td><td rowspan="4">其他风险费</td><td rowspan="2">合价</td></tr>
<tr><td>定额人工费</td><td>定额材料费</td><td>定额施工机具使用费</td><td colspan="2">企业管理费</td><td colspan="2">利润</td><td colspan="2">一般风险费用</td></tr>
<tr><td rowspan="2">1</td><td rowspan="2">2</td><td rowspan="2">3</td><td>4</td><td>5</td><td>6</td><td>7</td><td>8</td><td>9</td><td>12</td></tr>
<tr><td>费率（%）</td><td>(1+3)×4</td><td>费率（%）</td><td>(1+3)×6</td><td>费率（%）</td><td>(1+3)×8</td><td>1+2+3+5+7+9+10+11</td></tr>
<tr><td>AL0043 换</td><td>踢脚板，水泥砂浆 1:2.5，厚度 20 mm 换为【水泥砂浆（特细砂）1:3】</td><td>100 m</td><td>0.006</td><td>3.05</td><td>0.44</td><td>0.05</td><td>24.1</td><td>0.75</td><td>12.92</td><td>0.4</td><td>1.5</td><td>0.05</td><td>0.82</td><td>0</td><td>5.55</td></tr>
</table>

续表

AL0043 换	踢脚板,水泥砂浆 1:2.5,厚度 20 mm 换为【水泥砂浆(特细砂) 1:2】	100 m	0.004	2.03	0.33	0.03	24.1	0.5	12.92	0.27	1.5	0.03	0.55	0	3.74
合　计				5.08	0.77	0.08	—	1.24	—	0.67	—	0.08	1.36	0	9.29

人工、材料及机械名称	单位	数量	定额单价	市场单价	价差合计	市场合价	备注
1. 人工							
抹灰综合工	工日	0.040 7	125	134	0.37	5.45	
2. 材料							
(1)计价材料							
水泥砂浆(特细砂)1:2.5	m^3	0.000 6	232.4	542.71	0.19	0.33	
水泥 32.5R	kg	1.508 4	0.31	0.43	0.18	0.65	
特细砂	t	0.004 3	63.11	257	0.83	1.11	
水	m^3	0.006 9	4.42	3.88	0	0.03	
水泥砂浆(特细砂)1:2	m^3	0.000 7	256.68	565.9	0.22	0.4	
水泥砂浆(特细砂)1:3	m^3	0.002	213.87	523.57	0.62	1.05	
(2)其他材料费							
3. 机械							
(1)机上人工							
机上人工	工日	0.000 6	120	84.67	-0.02	0.05	
(2)燃油动力费							
电	kW·h	0.003 4	0.7	0.46	0	0	

(4)水泥砂浆踢脚线的工程量清单计价(表 15.2.5)。

表 15.2.5　分部分项工程和单价措施项目清单与计价表

工程名称：××建筑工程　　　　标段：　　　　第　页　共　页

序号	项目编码	项目名称	项目特征描述	计量单位	工程量	金额(元)		
						综合单价	合价	其中：暂估价
1	011105001001	水泥砂浆踢脚线	1. 踢脚线高度:150 mm 2. 底层厚度、砂浆配合比:12 mm 厚 1∶3 水泥砂浆 3. 面层厚度、砂浆配合比:8 mm 厚 1∶2 水泥砂浆	m	77.12	9.29	716.45	

课堂活动：根据例 15.2.2，将水泥砂浆踢脚线换成玻化砖踢脚线，试编制玻化砖踢脚线工程量清单。

2.2.3　水泥砂浆楼梯面工程量清单计价

1. 计算水泥砂浆楼梯面综合单价的注意事项

(1)楼梯形式若为弧形或螺旋形，应按定额相关规定调整工料机用量。

(2)《重庆市房屋建筑与装饰工程计价定额》中面层已含找平层，不需要再计算找平层，若需计算楼梯找平层，可借用地面找平层子目。

(3)《重庆市房屋建筑与装饰工程计价定额》中整体面层计算规则与清单一致，但若为块料面层，楼梯水平投影面积只包括 200 mm 以内的楼梯井。

2. 水泥砂浆楼梯面工程量清单计价案例

【例 15.2.3】根据例 15.1.5 水泥砂浆楼梯面工程量清单(表 15.1.11)，完成水泥砂浆楼梯面工程量清单计价。(注：工程由土建施工单位完成)

(1)对应的计价定额：AL0047 20 mm 厚 1∶2.5 水泥砂浆楼梯面。

(2)计算定额工程量。《重庆市房屋建筑与装饰工程计价定额》中的工程量计算规则：按水泥砂浆楼梯面(包括踏步、休息平台、锁口梁)水平投影面积计算。整体面层楼梯井宽度在 500 mm 以内者，块料面层楼梯井宽度在 200 mm 以内者不予扣除。楼梯与楼地面相连时，算至锁口梁内侧边沿；无锁口梁者，算至最上一层踏步边沿加 300 mm。所以，工程量为

$$S_{水泥砂浆楼梯} = 30.5\ m^2$$

提示：清单与定额的工程量计算规则基本一致，在本例中工程量相同。

(3)计算综合单价(表 15.2.6)。

表 15.2.6　工程量清单综合单价分析表

工程名称：××建筑工程　　　　标段：　　　　　　第　页　共　页

项目编码	011106004001	项目名称		水泥砂浆楼梯面					计量单位		m^2		综合单价		88.39
定额编号	定额项目名称	单位	数量	定额综合单价									人材机价差	其他风险费	合价
				定额人工费	定额材料费	定额施工机具使用费	企业管理费		利润		一般风险费用				
				1	2	3	4	5	6	7	8	9	10	11	12
							费率(%)	(1+3)×4	费率(%)	(1+3)×6	费率(%)	(1+3)×8			1+2+3+5+7+9+10+11
AL0047	楼梯面层，水泥砂浆厚度20 mm，现拌	100 m^2	0.01	48.5	7.7	1.03	24.1	11.94	12.92	6.4	1.5	0.74	12.08	0	88.39
合　计				48.5	7.7	1.03	—	11.94	—	6.4	—	0.74	12.08	0	88.39

人工、材料及机械名称	单位	数量	定额单价	市场单价	价差合计	市场合价	备注
1.人工							
抹灰综合工	工日	0.388	125	134	3.49	51.99	
2.材料							
(1)计价材料							
水泥砂浆(特细砂)1∶2.5	m^3	0.027 8	232.4	542.71	8.63	15.09	
水泥 32.5R	kg	15.470 8	0.31	0.43	1.86	6.65	
特细砂	t	0.036 3	63.11	257	7.04	9.33	
水	m^3	0.059 2	4.42	3.88	-0.03	0.23	
素水泥浆 普通水泥	m^3	0.001 4	479.39	663.79	0.26	0.93	
(2)其他材料费							
其他材料费	元	—	—	1	—	0.34	
3.机械							
(1)机上人工							
机上人工	工日	0.007 6	120	84.67	-0.27	0.64	
(2)燃油动力费							
电	kW·h	0.047 4	0.7	0.46	-0.01	0.02	

(4)水泥砂浆楼梯面的工程量清单计价(表15.2.7)。

表15.2.7 分部分项工程和单价措施项目清单与计价表

工程名称:××建筑工程　　标段:　　第 页 共 页

序号	项目编码	项目名称	项目特征描述	计量单位	工程量	金额(元)		
						综合单价	合价	其中:暂估价
1	011106004001	水泥砂浆楼梯面	1.面层厚度、砂浆配合比:20 mm厚1:2.5水泥砂浆	m^2	30.5	88.39	2 695.90	

2.2.4 防滑砖楼地面工程量清单计价

1.计算防滑砖楼地面综合单价的注意事项

《重庆市房屋建筑与装饰工程计价定额》中,防滑砖楼地面的工程量计算规则与《工程量计算规范》基本一致。

2.防滑砖楼地面工程量清单计价案例

【例15.2.4】根据例15.1.2防滑砖楼地面工程量清单(表15.1.5),完成防滑砖楼地面工程量清单计价。假定防滑砖单价为100元/m²,水泥32.5的价格为0.43元/kg,白水泥的价格为0.5元/kg。(注:工程由装饰施工单位完成)

(1)对应的计价定额:BA0036 1:2水泥砂浆防滑砖地面。

(2)计算定额工程量。《重庆市房屋建筑与装饰工程计价定额》中的工程量计算规则:楼地面装饰面积按图示尺寸计算,不扣除单个面积在0.3 m²以内孔洞所占面积。本案例定额工程量与清单工程量相同。

$S_{防滑砖}=166.06\ m^2$

(3)计算综合单价表(表15.2.8)。

表 15.2.8　分部分项工程量清单综合单价分析表

工程名称：××装饰装修工程　　　　标段：　　　　第　页　共　页

项目编码	011102003001	项目名称		防滑砖楼地面					计量单位		m^2		综合单价		107.84
定额编号	定额项目名称	单位	数量	定额综合单价									人材机价差	其他风险费	合价
				定额人工费	定额材料费	定额施工机具使用费	企业管理费		利润		一般风险费用				
				1	2	3	4	5	6	7	8	9	10	11	12
							费率(%)	(1+3)×(4)	费率(%)	(1+3)×(6)	费率(%)	(1+3)×(8)			1+2+3+5+7+9+10+11
AL0001 换	水泥砂浆找平层厚度 20 mm 在混凝土或硬基层上现拌换为【水泥砂浆(特细砂) 1:2】	100 m^2	0.01	8.34	5.69	0.55	24.1	2.14	12.92	1.15	1.5	0.13	6.88	0	24.88
LA0008	地面砖楼地面周长(mm 以内):1 600	10 m^2	0.1	26	39.96	0.52	15.61	4.14	9.61	2.55	1.8	0.48	9.45	0	82.96
合　计				34.34	45.65	1.07	—	6.28	—	3.7	—	0.61	16.33	0	107.84

人工、材料及机械名称	单位	数量	定额单价	市场单价	价差合计	市场合价	备注
1.人工							
抹灰综合工	工日	0.066 7	125	134	0.6	8.94	
镶贴综合工	工日	0.2	130	141	2.2	28.2	
2.材料							
(1)计价材料							
水泥 32.5R	kg	26.106	0.31	0.43	3.13	11.23	
特细砂	t	0.050 2	63.11	257	9.73	12.9	
水	m^3	0.021 1	4.42	3.88	-0.01	0.08	
素水泥浆 普通水泥	m^3	0.002	479.39	663.79	0.37	1.33	
地面砖	m^2	1.025	32.48	33.04	0.57	33.87	
水泥砂浆(特细砂)1:2	m^3	0.040 4	256.68	565.9	12.49	22.86	
普通硅酸盐水泥 P·O 32.5	kg	1.989	0.3	0.43	0.26	0.86	
白色硅酸盐水泥	kg	0.103	0.75	0.63	-0.01	0.06	

续表

(2)其他材料费							
其他材料费	元	—	—	1	—	0.33	
3.机械							
(1)机上人工							
机上人工	工日	0.004	120	84.67	-0.14	0.34	
(2)燃油动力费							
电	kW·h	0.025	0.7	0.46	-0.01	0.01	

(4)防滑砖楼地面的工程量清单计价(表15.2.9)。

表15.2.9　分部分项工程和单价措施项目清单与计价表

工程名称:××装饰装修工程　　　　标段:　　　　　　　　　　　　第　页　共　页

序号	项目编码	项目名称	项目特征描述	计量单位	工程量	金额(元)		
						综合单价	合价	其中:暂估价
1	011102003001	防滑砖楼地面	1.结合层厚度、砂浆配合比:1:2水泥砂浆 2.面层材料品种、规格、颜色:300 mm×300 mm防滑砖	m^2	166.06	107.84	17 907.91	

课堂活动:根据附录5图纸,参照例15.2.4编制卫生间玻化砖楼地面工程量清单。

习　题

一、单项选择题

1.由装饰施工单位单独施工的装饰工程,管理费和利润采用(　　)作为计费基础。

A.基价直接工程费　　　　B.基价人工费

C.基价材料费　　　　D.基价人工费+基价机械费

2.根据《重庆市建设工程费用定额》,重庆市装饰工程类别划分为(　　)类。

A.一　　B.二　　C.三　　D.四

3.《重庆市房屋建筑与装饰工程计价定额》规定块料面层楼梯井宽度在(　　)以内者不

予扣除。

A. 200 mm　　B. 300 mm　　C. 400 mm　　D. 500 mm

4. 楼梯、台阶侧面装饰应按(　　)编码。

A. 楼梯装饰项目　　B. 台阶装饰项目　　C. 零星装饰项目　　D. 楼地面装饰项目

5. 水泥砂浆楼地面工程量计算不扣除(　　)以内的柱、垛、附墙烟囱及孔洞所占面积。

A. 0.1 m^2　　B. 0.2 m^2　　C. 0.3 m^2　　D. 0.4 m^2

6. 防滑砖楼地面工程量计算时，要计算面积的是(　　)。

A. 门洞　　B. 设备基础　　C. 空圈　　D. 间壁墙

二、多项选择题

1. 楼地面结构包括(　　)。

A. 防水层　　B. 基层　　C. 找平层　　D. 面层

E. 隔汽层

2. 按整体面层编码列项有(　　)。

A. 水刷石　　B. 塑料　　C. 水泥砂浆　　D. 现浇水磨石

E. 菱苦土

3. 按块料面层编码列项有(　　)。

A. 石材　　B. 玻化砖　　C. 橡胶　　D. 预制水磨石

E. 防滑砖

4. 楼梯清单项目包括(　　)。

A. 踏步　　B. 休息平台　　C. 300 mm 以内的楼梯井

D. 600 mm 以内的楼梯井　　E. 栏杆

三、判断题

1.《重庆市房屋建筑与装饰工程计价定额》无相关面层子目时不可随意调整。(　　)

2.《重庆市房屋建筑与装饰工程计价定额》中的缺项可借用建筑工程相关定额。(　　)

3.《重庆市房屋建筑与装饰工程计价定额》规定楼地面工程量按设计图示尺寸以面积计算，不扣除间壁墙和柱、垛、附墙烟囱及孔洞所占面积。(　　)

4.《重庆市房屋建筑与装饰工程计价定额》踢脚线按设计图示以延长米计算。(　　)

5. 清单计价时如需计算楼梯找平层，可借用地面找平层子目。(　　)

6. 楼地面工程量按设计图示尺寸以面积计算，不扣除间壁墙和柱、垛、附墙烟囱及孔洞所占面积。(　　)

7. 楼梯与楼地面相连时，算至梯口梁内侧边沿；无梯口梁者，算至最上一层踏步边沿加300 mm。

8. 踢脚线按设计图示以延长米计算。(　　)

9. 台阶工程量按设计图示尺寸以台阶(包括最上层踏步边沿加300 mm)水平投影面积计算。(　　)

10. 台阶面层的工程量包括平面及侧面装饰的工程量。(　　)

学习情境16　墙、柱面装饰与隔断、幕墙工程工程量清单编制与计价

任务1　墙、柱面装饰与隔断、幕墙工程工程量清单编制

1.1　墙、柱面装饰与隔断、幕墙工程工程量清单项目设置

在《工程量计算规范》中,墙、柱面装饰与隔断、幕墙工程工程量清单项目共10节35个项目,包括墙面抹灰、柱(梁)面抹灰、零星抹灰、墙面块料面层、柱(梁)面镶贴块料、镶贴零星块料、墙饰面、柱(梁)饰面、幕墙工程和隔断等装饰工程,适用于一般抹灰、装饰抹灰。墙、柱面装饰与隔断、幕墙工程工程量清单项目名称及编码见表16.1.1。

表16.1.1　墙、柱面装饰与隔断、幕墙工程工程量清单项目名称及编码

项目编码	项目名称	项目编码	项目名称
011201001	墙面一般抹灰	011203003	零星项目砂浆找平
011201002	墙面装饰抹灰	011204001	石材墙面
011201003	墙面勾缝	011204002	拼碎石材墙面
011201004	立面砂浆找平层	011204003	块料墙面
011202001	柱、梁面一般抹灰	011204004	干挂石材钢骨架
011202002	柱、梁面装饰抹灰	011205001	石材柱面
011202003	柱、梁面砂浆找平	011205002	块料柱面
011202004	柱面勾缝	011205003	拼碎块柱面
011203001	零星项目一般抹灰	011205004	石材梁面
011203002	零星项目装饰抹灰	011205005	块料梁面

续表

项目编码	项目名称	项目编码	项目名称
011206001	石材零星项目	011209002	全玻(无框玻璃)幕墙
011206002	块料零星项目	011210001	木隔断
011206003	拼碎块零星项目	011210002	金属隔断
011207001	墙面装饰板	011210003	玻璃隔断
011207002	墙面装饰浮雕	011210004	塑料隔断
011208001	柱(梁)面装饰	011210005	成品隔断
011208002	成品装饰柱	011210006	其他隔断
011209001	带骨架幕墙		

课堂活动:讨论如何列出需要计算的墙、柱面装饰与隔断、幕墙工程工程量清单项目名称、项目编码。

1.2 墙、柱面装饰与隔断、幕墙工程工程量清单编制规定

1. 墙面抹灰工程量清单编制规定

(1)立面砂浆找平项目适用于仅做找平层的立面抹灰。

(2)墙面抹石灰砂浆、水泥砂浆、混合砂浆、聚合物水泥砂浆、麻刀石灰浆、石膏灰浆等按墙面一般抹灰编码列项,水刷石、斩假石、干粘石、假面砖等按墙面装饰抹灰编码列项。

(3)飘窗凸出外墙面增加的抹灰并入外墙工程量内。

(4)有吊顶天棚的内墙面抹灰,抹至吊顶以上部分在综合单价中考虑。

2. 柱(梁)面抹灰工程量清单编制规定

(1)砂浆找平项目适用于仅做找平层的柱(梁)面抹灰。

(2)抹石灰砂浆、水泥砂浆、混合砂浆、聚合物水泥砂浆、麻刀石灰浆、石膏灰浆等按柱(梁)面一般抹灰编码列项,水刷石、斩假石、干粘石、假面砖等按柱(梁)面装饰抹灰编码列项。

3. 零星抹灰工程量清单编制规定

(1)抹石灰砂浆、水泥砂浆、混合砂浆、聚合物水泥砂浆、麻刀石灰浆、石膏灰浆等按零星项目一般抹灰编码列项,水刷石、斩假石、干粘石、假面砖等按零星项目装饰抹灰编码列项。

(2)墙、柱(梁)面≤$0.5\ m^2$ 的少量分散的抹灰按零星项目装饰抹灰编码列项。

4. 墙面块料面层工程量清单编制规定

(1)在描述碎块项目的面层材料特征时可不用描述规格、颜色。

(2)石材、块料与黏结材料的结合面刷防渗材料的种类在防护材料种类中描述。

(3)安装方式可描述为砂浆或黏结剂黏结、挂贴、干挂等,不论哪种安装方式,都要详细描述与组价相关的内容。

5. 柱(梁)面镶贴块料工程量清单编制规定

(1)同墙面块料面层工程量清单编制规定(1)。

(2)同墙面块料面层工程量清单编制规定(2)。

(3)柱(梁)面干挂石材的钢骨架按墙面块料面层中相应项目编码列项。

6. 镶贴零星块料工程量清单编制规定

(1)同墙面块料面层工程量清单编制规定(1)。

(2)同墙面块料面层工程量清单编制规定(2)。

(3)零星项目干挂石材的钢骨架按《工程量计算规范》中 M.4 相应项目编码列项。

(4)墙、柱面≤0.5 m^2 的少量分散的镶贴块料面层应按零星项目执行。

7. 幕墙工程工程量清单编制规定

幕墙钢骨架按《工程量计算规范》中 M.4 干挂石材钢骨架编码列项。

1.3 墙、柱面装饰与隔断、幕墙工程工程量清单编制方法及案例

1.3.1 墙面抹灰工程量清单编制

抹灰清单编制与计价

1. 墙面抹灰适用范围

"墙面抹灰"项目适用于砖墙、石墙、混凝土墙、砌块墙以及内墙、外墙等。

在进行墙、柱面装饰与隔断、幕墙工程清单编制的时候,应该注意以下几点。

(1)墙、柱面抹灰工作内容中包括"底层抹灰",墙、柱(梁)的镶贴块料中包括"黏结层",而在墙、柱面装饰与隔断、幕墙工程项目编码中的"立面砂浆找平层""柱、梁面砂浆找平"及"零星项目砂浆找平"项目适用于仅做找平层的立面抹灰。

(2)飘窗凸出外墙面增加的抹灰并入外墙工程量内,以外墙线作为分界线。

(3)一般抹灰与装饰抹灰要区别编码列项。

(4)凡不属于仿古建筑的项目,可按"墙面装饰浮雕"项目编码列项。

(5)墙面装饰项目,不含立面防腐、防水、保温以及刷油漆的工作内容。防水按《工程量计算规范》附录 J 屋面及防水工程相应编码列项,保温按《工程量计算规范》附录 K 保温、隔热、防腐工程相应编码列项,刷油漆按《工程量计算规范》附录 P 油漆、涂料、裱糊工程相应编码列项。

2. 墙面抹灰工程量清单编制案例

【例 16.1.1】根据图 16.1.1，设计要求室外墙面抹水泥砂浆，并抹水刷石墙裙，试编制墙面抹灰工程量清单。（窗高 1.8 m）

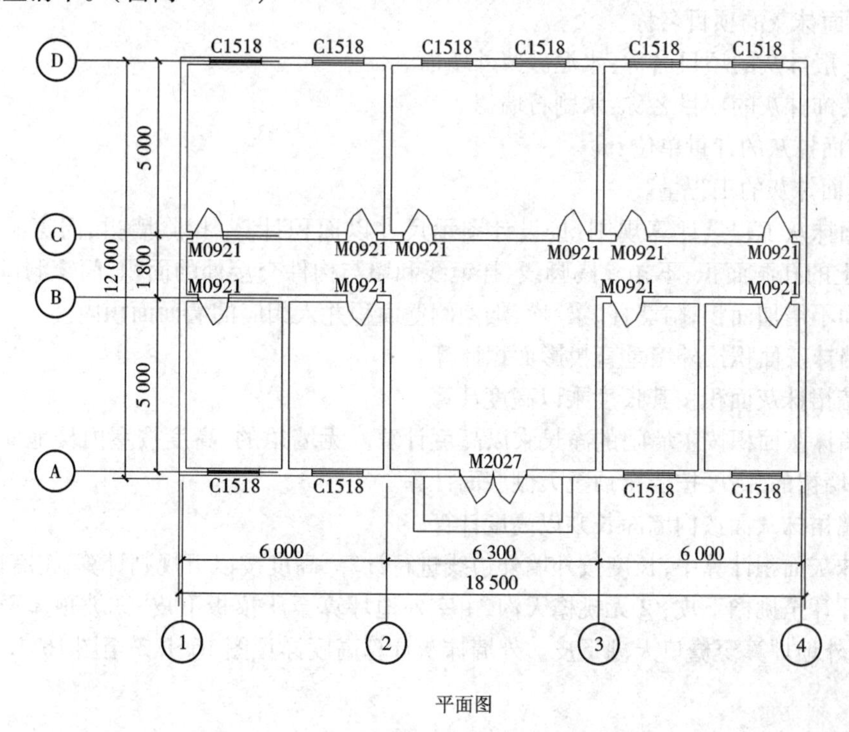

平面图

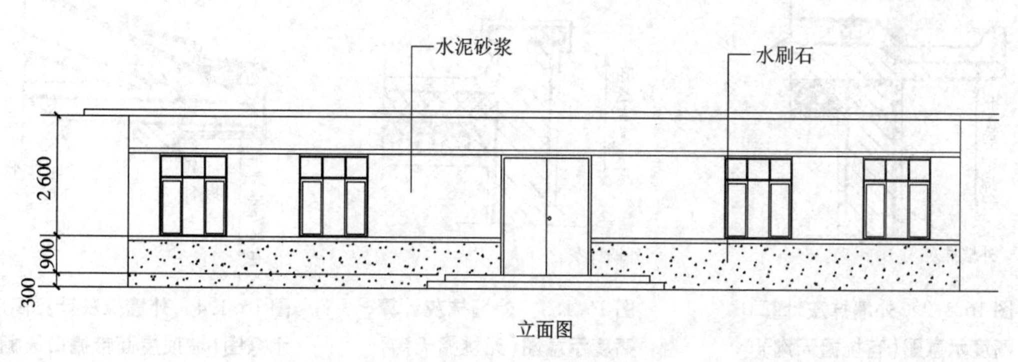

立面图

图 16.1.1　建筑示意图

（1）墙面抹灰的项目编码。

一般抹灰项目适用于石灰砂浆、水泥砂浆、水泥混合砂浆、聚合物水泥砂浆、膨胀珍珠岩水泥砂浆和麻刀灰、纸筋石灰、石膏灰等。

装饰抹灰适用于水刷石、水磨石、斩假石（剁斧石）、干粘石、假面砖、拉条灰、拉毛灰、甩手灰、扒拉石、喷毛灰、喷涂、喷砂、滚涂、弹涂等。

由于图中外墙面是水泥砂浆，墙裙抹水刷石，所以外墙面应选取墙面一般抹灰项目，而墙裙选取墙面装饰抹灰项目。

墙面一般抹灰的项目编码:011201001001。

墙面装饰抹灰的项目编码:011201002001。

(2)墙面抹灰的项目名称。

墙面一般抹灰的项目名称:水泥砂浆外墙面。

墙面装饰抹灰的项目名称:水刷石墙裙。

(3)墙面抹灰的计量单位:m^2。

(4)墙面抹灰的工程量。

①墙面抹灰工程量计算规则:按设计图示尺寸以面积计算,扣除墙裙、门窗洞口及单个 0.3 m^2 以上的孔洞面积;不扣除踢脚线、挂镜线和墙与构件交接处的面积,门窗洞口和孔洞的侧壁及顶面不增加面积;附墙柱、梁、垛、烟囱侧壁面积并入相应的墙面面积内。

a.外墙抹灰面积按外墙垂直投影面积计算。

b.外墙裙抹灰面积按其长度乘以高度计算。

c.内墙抹灰面积按主墙间的净长乘以高度计算。无墙裙的,高度按室内楼地面至天棚底面计算;有墙裙的,高度按墙裙顶至天棚底面计算。

d.内墙裙抹灰面按内墙净长乘以高度计算。

外墙抹灰面积计算中,长度按外墙外边线进行计算,高度按以下规则计算:①有挑檐天沟,由室外地坪算至挑檐下皮;②无挑檐天沟,由室外地坪算至压顶板下皮;③坡顶屋面带檐口天棚者,由室外地坪算至檐口天棚下皮。外墙抹灰计算高度详见图 16.1.2 至图 16.1.4。

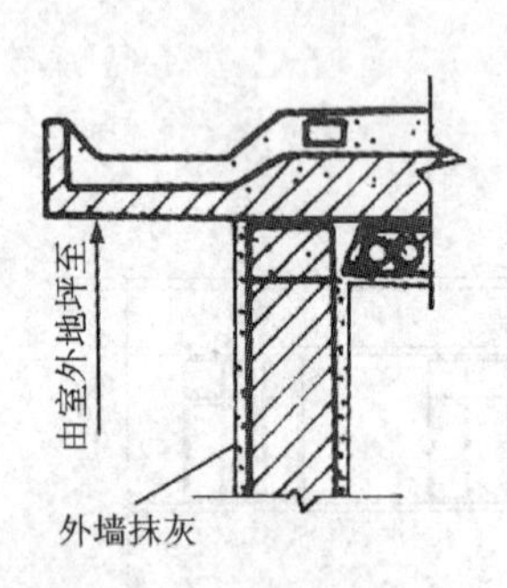

图 16.1.2 外墙抹灰计算高度示意图(有挑檐天沟)

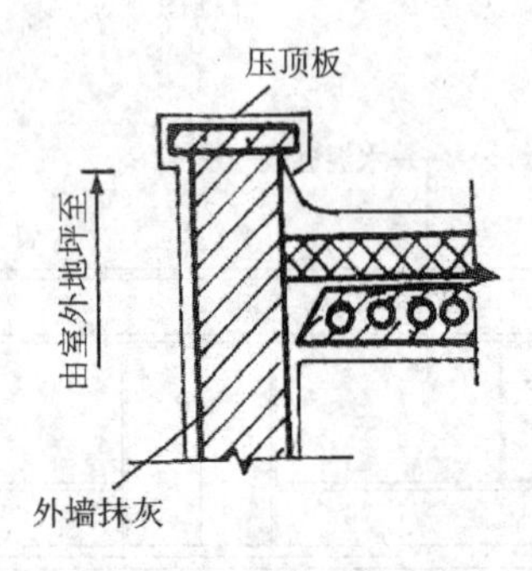

图 16.1.3 外墙抹灰计算高度示意图(无挑檐天沟)

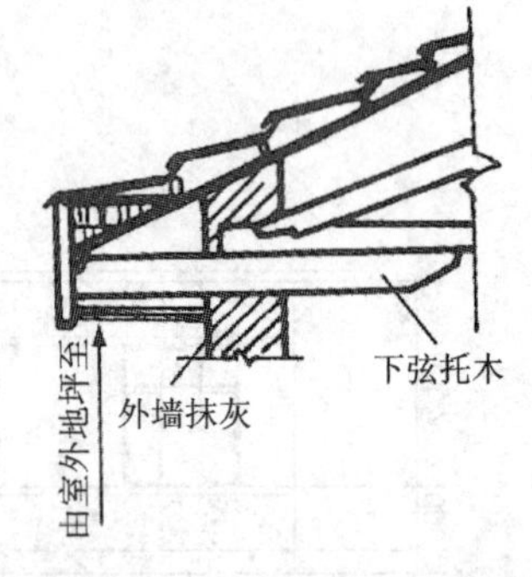

图 16.1.4 外墙抹灰计算高度示意图(坡顶屋面带檐口天棚)

②墙面抹灰工程量计算。

$$\text{水泥砂浆外墙面} = (18.5+12)\times 2\times 2.6-1.5\times 1.8\times 10-2\times(2.7-0.9)$$
$$=61\times 2.6-27-3.6$$
$$=128.00\ m^2$$

$$\text{水刷石墙裙} = 61\times(0.9+0.3)-2\times 0.9$$
$$=71.40\ m^2$$

(5)墙面抹灰的项目特征(表 16.1.2)。

表16.1.2　墙面抹灰的项目特征

《工程量计算规范》列出的项目特征	水泥砂浆外墙面项目特征	水刷石墙裙项目特征
1.墙体类型	砖墙	砖墙
2.底层厚度、砂浆配合比	1∶3水泥砂浆	15 mm厚1∶3水泥砂浆
3.面层厚度、砂浆配合比	1∶2.5水泥砂浆	10 mm厚1∶2水泥白石子浆
4.装饰面材料种类	—	—
5.分格缝宽度、材料种类	—	—

(6)墙面抹灰的工程量清单(表16.1.3)。

表16.1.3　分部分项工程和单价措施项目清单与计价表

工程名称:××装饰装修工程　　　　标段:　　　　第　页　共　页

序号	项目编码	项目名称	项目特征描述	计量单位	工程量	金额(元)		
						综合单价	合价	其中:暂估价
1	011201001001	水泥砂浆外墙面	1.墙体类型:砖墙 2.底层厚度、砂浆配合比:1∶3水泥砂浆 3.面层厚度、砂浆配合比:1∶2.5水泥砂浆	m^2	128.00			
2	011201002001	水刷石墙裙	1.墙体类型:砖墙 2.底层厚度、砂浆配合比:15 mm厚1∶3水泥砂浆 3.面层厚度、砂浆配合比:10 mm厚1∶1.5水泥白石子浆	m^2	71.40			

1.3.2　柱面抹灰工程量清单编制

1.柱面抹灰适用范围

“柱面抹灰”项目适用于矩形柱、异型柱(包括圆形柱、半圆形柱等)。

2.柱面抹灰工程量清单编制案例

【例16.1.2】根据图16.1.5,柱面抹水泥砂浆,试编制水泥砂浆柱面工程量清单。

(1)水泥砂浆柱面的项目编码:011202001001。

(2)水泥砂浆柱面的项目名称:水泥砂浆柱面。

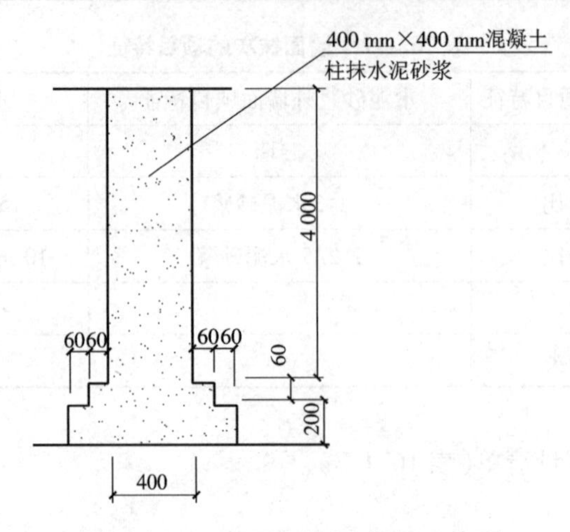

图 16.1.5　水泥砂浆独立柱面示意图

(3)水泥砂浆柱面的计量单位:m^2。

(4)水泥砂浆柱面的工程量。

①水泥砂浆柱面工程量计算规则:按设计图示柱断面周长乘以高度以面积计算。

②水泥砂浆柱面工程量计算。

提示:柱高的计算规定如下。

①有梁板的柱高,应以柱基上表面(或楼板上表面)至上一层楼板上表面高度计算。

②无梁板的柱高,应以柱基上表面(或楼板上表面)至柱帽下表面高度计算。

③有楼隔层的柱高,应以柱基上表面至梁上表面高度计算。

④无楼隔层的柱高,应以柱基上表面至柱顶高度计算。

柱身:

$$0.4\times4\times4=6.4\ m^2$$

柱脚:

平面

$$(0.4+0.06\times4)^2-0.4^2=0.25\ m^2$$

立面

$$(0.4+0.06\times4)\times4\times0.2+(0.4+0.06\times2)\times4\times0.06=0.64\ m^2$$

合计:

$$6.4+0.25+0.64=7.29\ m^2$$

(5)水泥砂浆柱面的项目特征(表 16.1.4)。

表 16.1.4　水泥砂浆柱面的项目特征

《工程量计算规范》列出的项目特征	本案例的项目特征
1. 柱体类型	矩形砖柱
2. 底层厚度、砂浆配合比	1:3水泥砂浆

续表

《工程量计算规范》列出的项目特征	本案例的项目特征
3. 面层厚度、砂浆配合比	1∶2.5 水泥砂浆
4. 装饰面材料种类	—
5. 分格缝宽度、材料种类	—

(6)水泥砂浆柱面的工程量清单(表16.1.5)。

表16.1.5　分部分项工程和单价措施项目清单与计价表

工程名称:××装饰装修工程　　　　标段:　　　　第　页　共　页

序号	项目编码	项目名称	项目特征描述	计量单位	工程量	金额(元)		
						综合单价	合价	其中:暂估价
1	011202001001	水泥砂浆柱面	1. 柱体类型:矩形砖柱 2. 底层厚度、砂浆配合比:1∶3水泥砂浆 3. 面层厚度、砂浆配合比:1∶2.5 水泥砂浆	m^2	7.29			

课堂活动:计算图16.1.6水泥砂浆柱面工程清单工程量。

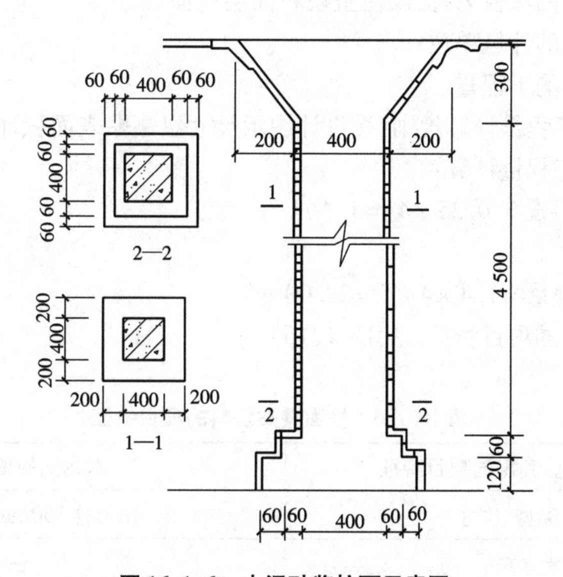

图16.1.6　水泥砂浆柱面示意图

提示：工程量分柱身、柱帽、柱脚三部分进行计算。

1.3.3 柱面镶贴块料工程量清单编制

块料工程量清单编制与计价

1. 柱面镶贴块料适用范围

“柱面镶贴块料”项目适用于矩形柱、异型柱（包括圆形柱、半圆形柱等）。

2. 柱面镶贴块料工程量清单编制案例

【例 16.1.3】根据图 16.1.7，设计要求独立柱面挂贴汉白玉块料面层，试编制柱面镶贴块料工程量清单。

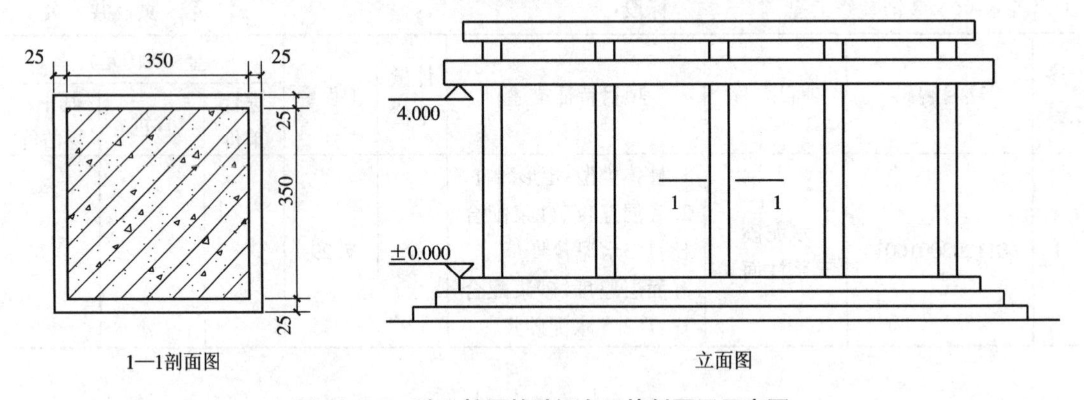

图 16.1.7 独立柱面挂贴汉白玉块料面层示意图

（1）柱面镶贴块料的项目编码：011205002001。

（2）柱面镶贴块料的项目名称：汉白玉块料面层柱面。

（3）柱面镶贴块料的计量单位：m^2。

（4）柱面镶贴块料的工程量。

①柱面镶贴块料工程量计算规则：按设计图示尺寸以镶贴表面积计算。

②柱面镶贴块料工程量计算：

柱结构断面周长 = $0.35 \times 4 = 1.4$ m

柱高 = 4 m

镶贴面层工程量 = $1.4 \times 4 \times 5 = 28.00\ m^2$

（5）柱面镶贴块料的项目特征（表 16.1.16）。

表 16.1.6 柱面镶贴块料的项目特征

《工程量计算规范》列出的项目特征	本案例的项目特征
1. 柱截面类型、尺寸	矩形柱 350 mm×350 mm
2. 安装方式	—

续表

《工程量计算规范》列出的项目特征	本案例的项目特征
3. 面层材料品种、规格、颜色	汉白玉块料
4. 缝宽、嵌缝材料种类	—
5. 防护材料种类	—
6. 磨光、酸洗、打蜡要求	—

(6)柱面镶贴块料的工程量清单(表16.1.7)。

表16.1.7　分部分项工程和单价措施项目清单与计价表

工程名称:××装饰装修工程　　标段:　　第　页　共　页

序号	项目编码	项目名称	项目特征描述	计量单位	工程量	金额(元)		
						综合单价	合价	其中:暂估价
1	011205002001	汉白玉块料面层柱面	1. 柱截面类型、尺寸:矩形柱350 mm ×350 mm 2. 面层材料品种、规格、颜色:汉白玉块料	m^2	28.00			

任务2　墙、柱面装饰与隔断、幕墙工程工程量清单计价

2.1　墙、柱面装饰与隔断、幕墙工程工程量清单项目与定额项目的对应关系

墙、柱面装饰与隔断、幕墙工程工程量清单项目与定额项目的对应关系见表16.2.1。

表 16.2.1　墙、柱面装饰与隔断、幕墙工程工程量清单项目与定额项目对应表(摘录)

项目编码	清单项目名称	建筑工程定额编号	装饰工程定额编号
011201001	墙面一般抹灰	抹灰:AL0001 ~ AL0005、AL0012 ~ AL0016、AL0027、AL0028 基层处理:AL0029 ~ AL0032、AL0040 ~ AL0043	抹灰:BB0001 ~ BB0005、 基层处理:BB0012 ~ BB0017
011201002	墙面装饰抹灰	抹灰:AL0034、AL0037 基层处理:AL0029 ~ AL0032、AL0040 ~ AL0043	抹灰:BB0018、BB0019、BB0022、BB0023、BB0026、BB0027、BB0030、BB0031、BB0034、BB0035、BB0038 ~ BB0041 基层处理:BB0012 ~ BB0017
011202001	柱、梁面一般抹灰	抹灰:AL0008 ~ AL0011、AL0019 ~ AL0024、AL0029 ~ AL0032、AL0040 ~ AL0043	抹灰:BB0006 ~ BB0009、BB0012 ~ BB0017
011205002	块料柱面	面层:AL0066、AL0069、AL0072、AL0077、AL0089 ~ AL0092、AL0097、AL0100、AL0103	基层抹灰:BB0006 ~ BB0009、BB0012 ~ BB0017 面层:BB0067、BB0070、BB0073、BB0076、BB0079、BB0082、BB0100 ~ BB0103、BB0112、BB0115
011207001	墙面装饰板	基层抹灰:AL0006、AL0007、AL0017、AL0018、AL0025、AL0026、AL0029 ~ AL0032 龙骨:AL0108 ~ AL0111 隔离层:AL0112 基层:AL0113 ~ AL0115 面层:AL0116 ~ AL0124 防护材料:AL0199、AL0201、AL0203 ~ AL0208、AL0210、AL0212 ~ AL0215、AL0217、AL0219、AL0221、AL0223、AL0225、AL0227、AL0229、AL0231、AL0233、AL0235、AL0237、AL0238 油漆:AL0178、AL0182、AL0186、AL0190、AL0194、AL0198	基层抹灰:BB0001 ~ BB0005、BB0012 ~ BB0017 龙骨:BB0117 ~ BB0121 隔离层:BB0122 基层:BB0123、BB0126、BB0129 面层:BB0132、BB0135、BB0138、BB0141 ~ BB0146、BB0149、BB0152、BB0155、BB0158 ~ BB0169、BB0171、BB0230 ~ BB0234 防护材料:BE0119、BE0122、BE0125 ~ BE0129、BE0132、BE0135 ~ BE0140、BE0162、BE0166、BE0172、BE0174、BE0176、BE0177 油漆:BE0004、BE0008、BE0012、BE0016、BE0020、BE0024、BE0028、BE0032、BE0036、BE0040、BE0044、BE0048、BE0052、BE0056、BE0060、BE0064、BE0068、BE0072、BE0076、BE0080、BE0084、BE0088、BE0092、BE0105 ~ BE0108

续表

项目编码	清单项目名称	建筑工程定额编号	装饰工程定额编号
011208001	柱(梁)面装饰	基层抹灰:AL0008 ~ AL0011、AL0019 ~ AL0022、AL0024、AL0026、AL0029 ~ AL0032、AL0035 龙骨:AL0108 ~ AL0111 隔离层:AL0112 基层:AL0113 ~ AL0115 面层:AL0123 防护材料:AL0199、AL0201、AL0203 ~ AL0208、AL0210、AL0212 ~ AL0215、AL0217、AL0219、AL0221、AL0223、AL0225、AL0227、AL0229、AL0231、AL0233、AL0235、AL0237、AL0238 油漆:AL0178、AL0182、AL0186、AL0190、AL0194、AL0198	基层抹灰:BB0006 ~ BB0009 龙骨:BB0117 ~ BB0121 隔离层:BB0122 基层:BB0124、BB0127、BB0130 面层:BB0133、BB0136、BB0139、BB0147、BB0150、BB0153、BB0156、BB0170、BB0173、BB0207 ~ BB0228 防护材料:BE0119、BE0122、BE0125 ~ BE0129、BE0132、BE0135 ~ BE0140、BE0162、BE0166、BE0172、BE0174、BE0176、BE0177 油漆:BE0004、BE0008、BE0012、BE0016、BE0020、BE0024、BE0028、BE0032、BE0036、BE0040、BE0044、BE0048、BE0052、BE0056、BE0060、BE0064、BE0068、BE0072、BE0076、BE0080、BE0084、BE0088、BE0092、BE0105 ~ BE0108

2.2　墙、柱面装饰与隔断、幕墙工程工程量清单计价方法及案例

2.2.1　墙面抹灰工程量清单计价

1.计算墙面抹灰综合单价的注意事项

(1)涉及门窗洞口及孔洞的侧壁及顶面时,关于内墙面的计算,重庆市计价定额与清单规则一致,不增加面积;但关于外墙面的计算,重庆市计价定额需与外墙面抹灰合并计算。

(2)重庆市计价定额中,若建筑工程定额缺项,可借用装饰工程相关定额。

2.墙面抹灰工程量清单计价案例

【例 16.2.1】根据例 16.1.1 墙面抹灰工程量清单(表 16.1.3),完成墙面抹灰工程量清单计价。假定水泥砂浆墙面未计价材料中 1∶2.5 水泥砂浆的单价为 269.84 元/m^3,1∶3水泥砂浆的单价为 242.54 元/m^3;水刷石墙裙未计价材料中 1∶3水泥砂浆的单价为 242.53 元/m^3,1∶2水泥白石子浆的单价为 334.99 元/m^3,窗靠外墙安装。(工程由装饰施工单位完成)

(1)对应的计价定额:BB0001 水泥砂浆外墙面、BB0018 水刷石墙裙。

(2)计算定额工程量。《重庆市房屋建筑与装饰工程计价定额》中的工程量计算规则:按

设计结构尺寸(有保温、隔热、防潮层者按其外表面尺寸)以 m^2 计算,应扣除门窗洞口、空圈和单个面积在 0.3 m^2 以上的孔洞所占面积。门窗洞口及空圈的侧壁、顶面、底面和墙垛(含附墙烟囱)侧壁的面积与外墙面(外墙裙)抹灰工程量合并计算。所以,工程量为

$$S_{外墙面} = 128.00\ m^2$$

$$S_{墙裙} = 71.40\ m^2$$

提示:因本例的窗靠外安装,不存在门窗洞口及空圈的侧壁、顶面(底面)面积,故在本例中清单工程量与定额工程量相同。

(3)计算综合单价(表 16.2.2 和表 16.2.3)。

表 16.2.2 分部分项工程项目综合单价分析表

工程名称:××装饰装修工程　　标段:　　第　页　共　页

项目编码	011201001001	项目名称		墙面一般抹灰				计量单位		m²		综合单价	75.23
定额编号	定额项目名称	单位	数量	定额综合单价								人材机价差	其他风险费	合价
				定额人工费	定额材料费	定额施工机具使用费	企业管理费		利润		一般风险费用				
				1	2	3	4 费率(%)	5 (1+3)×4	6 费率(%)	7 (1+3)×6	8 费率(%)	9 (1+3)×8	10	11	12 1+2+3+5+7+9+10+11
AM0004 换	墙面、墙裙水泥砂浆抹灰砖墙外墙现拌砂浆换为【水泥砂浆(特细砂) 1:3】	100 m²	0.01	16.28	5.65	0.73	24.1	4.1	12.92	2.2	1.5	0.26	8.33	0	37.55
AM0004	墙面、墙裙水泥砂浆抹灰砖墙,外墙,现拌砂浆	100 m²	0.01	16.28	5.78	0.73	24.1	4.1	12.92	2.2	1.5	0.26	8.33	0	37.68
合　计				32.57	11.43	1.46	—	8.2	—	4.4	—	0.51	16.66	0	75.23

人工、材料及机械名称	单位	数量	定额单价	市场单价	价差合计	市场合价	备注
1.人工							
抹灰综合工	工日	0.260 5	125	134	2.34	34.91	
2.材料							
(1)计价材料							
水泥砂浆(特细砂)1:2.5	m³	0.006 9	232.4	542.71	2.14	3.74	

续表

水泥 32.5R	kg	22.843 2	0.31	0.43	2.74	9.82	
特细砂	t	0.061 8	63.11	257	11.98	15.88	
水	m^3	0.018 1	4.42	3.88	-0.01	0.07	
素水泥浆 普通水泥	m^3	0.002 2	479.39	663.79	0.41	1.46	
水泥砂浆(特细砂)1:3	m^3	0.039 3	213.87	523.57	12.17	20.58	
(2)其他材料费							
其他材料费	元	—	—	1	—	0.37	
3.机械							
(1)机上人工							
机上人工	工日	0.010 8	120	84.67	-0.38	0.91	
(2)燃油动力费							
电	kW·h	0.067 2	0.7	0.46	-0.02	0.03	

表 16.2.3 分部分项工程项目综合单价分析表

工程名称：××装饰装修工程　　标段：　　　　　　第　页　共　页

项目编码	011201002001	项目名称		水刷石墙裙				计量单位		m^2		综合单价		59.37
定额编号	定额项目名称	单位	数量	定额综合单价								人材机价差	其他风险费	合价
				定额人工费	定额材料费	定额施工机具使用费	企业管理费		利润		一般风险费用				
				1	2	3	4	5	6	7	8	9	10	11	12
							费率(%)	(1+3)×4	费率(%)	(1+3)×6	费率(%)	(1+3)×8			1+2+3+5+7+9+10+11
LB0001	墙面装饰抹灰 水刷石子,砖、混凝土墙面 厚度(15+10)mm	10 m^2	0.1	28.43	13.37	1.02	15.61	4.60	9.61	2.83	1.8	0.53	8.59	0	59.37
合计				28.43	13.37	1.02	—	4.60	—	2.83	—	0.53	8.59	0	59.37

续表

人工、材料及机械名称	单位	数量	定额单价	市场单价	价差合计	市场合价	备注
1.人工							
抹灰综合工	工日	0.227 4	125	134	2.05	30.47	
2.材料							
(1)计价材料							
水泥 32.5R	kg	16.813 5	0.31	0.43	2.02	7.23	
特细砂	t	0.023 4	63.11	257	4.54	6.01	
水	m^3	0.010 5	4.42	3.88	-0.01	0.04	
素水泥浆 普通水泥	m^3	0.001 1	479.39	663.79	0.2	0.73	
水泥砂浆(特细砂)1:3	m^3	0.017 4	213.87	523.57	5.39	9.11	
水泥白石子浆 1:2	m^3	0.011 6	775.39	857.67	0.95	9.95	
白石子	t	0.016	407.77	407.77	0	6.52	
(2)其他材料费							
其他材料费	元	—	—	1	—	0.13	
3.机械							
(1)机上人工							
(2)燃油动力费							

(4)墙面抹灰的工程量清单计价(表 16.2.4)。

表 16.2.4　分部分项工程和单价措施项目清单与计价表

工程名称：××装饰装修工程　　　　标段：　　　　第　页　共　页

序号	项目编码	项目名称	项目特征描述	计量单位	工程量	金额(元)		
						综合单价	合价	其中：暂估价
1	011201001001	水泥砂浆外墙面	1. 墙体类型：砖墙 2. 底层厚度、砂浆配合比：1∶3水泥砂浆 3. 面层厚度、砂浆配合比：1∶2.5 水泥砂浆	m^2	128.00	75.23	9 629.44	
2	011201002001	水刷石墙裙	1. 墙体类型：砖墙 2. 底层厚度、砂浆配合比：15 mm 厚 1∶3水泥砂浆 3. 面层厚度、砂浆配合比：10 mm 厚 1∶1.5 水泥白石子浆	m^2	71.40	59.37	4 239.02	

2.2.2　柱面抹灰工程量清单计价

1. 计算柱面抹灰综合单价的注意事项

(1)使用重庆市计价定额，需区分柱体的形状及结构材料。

(2)《重庆市房屋建筑与装饰工程计价定额》中已包括基层抹灰的，不应再套用基层抹灰定额。

2. 柱面抹灰工程量清单计价案例

【例 16.2.2】根据例 16.1.2 柱面抹灰工程量清单(表 16.1.5)，完成柱面抹灰工程量清单计价。假定柱面抹灰未计价材料中 1∶2.5 水泥砂浆的单价为 269.84 元/m^3，1∶3水泥砂浆的单价为 242.54 元/m^3。(工程由装饰施工单位完成)

(1)对应的计价定额：BB0006 水泥砂浆矩形砖柱面。

(2)计算定额工程量。《重庆市房屋建筑与装饰工程计价定额》中柱面抹灰的工程量计算规则：按结构断面周长乘以高度计算，所以定额工程量与清单工程量相同。

$$S_{柱面}=7.29\ m^2$$

(3)计算综合单价(表 16.2.5)。

(4)柱面抹灰的工程量清单计价(表 16.2.6)。

表 16.2.5 分部分项工程项目综合单价分析表

工程名称：××装饰装修工程　　　　　　标段：　　　　　　　　　　　第　页　共　页

项目编码	011202001001	项目名称		水泥砂浆柱面				计量单位		m²			综合单价		66.63
定额编号	定额项目名称	单位	数量	定额综合单价									人材机价差	其他风险费	合价
				定额人工费	定额材料费	定额施工机具使用费	企业管理费		利润		一般风险费用				
				1	2	3	4	5	6	7	8	9	10	11	12
							费率(%)	(1+3)×4	费率(%)	(1+3)×6	费率(%)	(1+3)×8			1+2+3+5+7+9+10+11
AM0040换	柱面抹水泥砂浆,方(矩)形柱、梁面,砖柱面,现拌砂浆换为【水泥砂浆(特细砂) 1:3】	100 m²	0.01	13.68	5.46	0.69	24.1	3.46	12.92	1.86	1.5	0.22	7.87	0	33.25
AM0040	柱面抹水泥砂浆,方(矩)形柱、梁面,砖柱面,现拌砂浆	100 m²	0.01	13.68	5.59	0.69	24.1	3.46	12.92	1.86	1.5	0.22	7.88	0	33.38
合计				27.37	11.05	1.39	—	6.93	—	3.71	—	0.43	15.75	0	66.63

人工、材料及机械名称	单位	数量	定额单价	市场单价	价差合计	市场合价	备注
1.人工							
抹灰综合工	工日	0.218 9	125	134	1.97	29.33	
2.材料							
(1)计价材料							
水泥砂浆(特细砂)1:2.5	m³	0.006 7	232.4	542.71	2.08	3.64	
水泥 32.5R	kg	22.089 8	0.31	0.43	2.65	9.50	
特细砂	t	0.059 4	63.11	257	11.52	15.27	
水	m³	0.017 4	4.42	3.88	-0.01	0.07	
素水泥浆　普通水泥	m³	0.002 2	479.39	663.79	0.41	1.46	
水泥砂浆(特细砂)1:3	m³	0.037 7	213.87	523.57	11.68	19.74	
(2)其他材料费							
其他材料费	元	—	—	1	—	0.38	

续表

3. 机械							
(1)机上人工							
机上人工	工日	0.010 3	120	84.67	-0.36	0.87	
(2)燃油动力费							
电	kW·h	0.063 7	0.7	0.46	-0.02	0.03	

表 16.2.6　分部分项工程和单价措施项目清单与计价表

工程名称：××装饰装修工程　　　　标段：　　　　　　　　第　页　共　页

序号	项目编码	项目名称	项目特征描述	计量单位	工程量	金额(元)		
						综合单价	合价	其中：暂估价
1	011202001001	水泥砂浆柱面	1. 柱体类型：矩形砖柱 2. 底层厚度、砂浆配合比：1∶3水泥砂浆 3. 面层厚度、砂浆配合比：1∶2.5 水泥砂浆	m^2	7.29	66.63	485.73	

2.2.3　柱面镶贴块料工程量清单计价

课堂活动：根据例 16.1.3，完成柱面镶贴块料工程量清单计价。假定汉白玉块料单价为 200 元/m^2，其他未计价材料单价可通过询价取得。（工程由装饰施工单位完成）

（1）对应的计价定额：____________________。

（2）计算定额工程量：

（3）计算综合单价（表 16.2.7）。

表 16.2.7 分部分项工程项目综合单价分析表

工程名称：××装饰装修工程　　标段：　　第　页　共　页

项目编码	011205002001	项目名称	汉白玉块料面层柱面	计量单位	m²	综合单价	282.32

定额编号	定额项目名称	单位	数量	定额综合单价									人材机价差	其他风险费	合价
				定额人工费	定额材料费	定额施工机具使用费	企业管理费		利润		一般风险费用				
							4	5	6	7	8	9			12
				1	2	3	费率(%)	(1+3)×(4)	费率(%)	(1+3)×(6)	费率(%)	(1+3)×(8)	10	11	1+2+3+5+7+9+10+11
LB0067	粘贴装饰石材 水泥砂浆粘贴 柱(梁)面	10 m²	0.1	68.33	138.81	1.71	15.61	10.93	9.61	6.73	1.8	1.26	55.55	0	282.32
合　计				68.33	138.81	1.71	—	10.93	—	6.73	—	1.26	55.55	0	282.32

人工、材料及机械名称	单位	数量	定额单价	市场单价	价差合计	市场合价	备注
1. 人工							
镶贴综合工	工日	0.525 6	130	141	5.78	74.11	
2. 材料							
(1)计价材料							
水泥 32.5R	kg	6.409 4	0.31	0.43	0.77	2.76	
特细砂	t	0.007	63.11	257	1.36	1.80	
水	m³	0.002 6	4.42	3.88	0	0.01	
白色硅酸盐水泥	kg	0.155 4	0.75	0.63	-0.02	0.10	
胶黏剂	kg	0.565 7	12.82	22.74	5.61	12.86	
装饰石材	m²	1.07	120	159.3	42.05	170.45	
水泥砂浆(特细砂)1:1	m³	0.007 3	334.13	624.85	2.12	4.56	
(2)其他材料费							
其他材料费	元	—	—	1	—	0.60	
3. 机械							
(1)机上人工							
(2)燃油动力费							

(4)柱面镶贴块料的工程量清单计价(表16.2.8)。

表16.2.8　分部分项工程和单价措施项目清单与计价表

工程名称:××装饰装修工程　　标段:　　第　页　共　页

序号	项目编码	项目名称	项目特征描述	计量单位	工程量	金额(元)		
						综合单价	合价	其中:暂估价

习　题

一、单项选择题

1.《重庆市房屋建筑与装饰工程计价定额》的人工费基价是(　　)元。

A. 18　　B. 22　　C. 28　　D. 30

2.《重庆市房屋建筑装饰工程计价定额》中柱面抹灰的工程量应当以(　　)计。

A. 柱高　　B. 断面周长乘以柱高

C. 柱体积　　D. 断面面积

二、多项选择题

1. 0.5 m^2 以内少量分散的抹灰和镶贴块料面层,应按(　　)中相关项目编码列项。

A. 墙面抹灰　　B. 墙面镶贴块料　　C. 零星镶贴块料　　D. 柱面镶贴块料

E. 墙面零星抹灰

2. 墙面抹灰中一般抹灰项目编码列项适用于(　　)项目。

A. 水泥砂浆　　B. 斩假石　　C. 水刷石　　D. 干粘石

E. 混合砂浆

3. 墙面抹灰项目适用于(　　)项目。

A. 外墙　　B. 砖墙　　C. 内墙　　D. 砌块墙

E. 钢板

4. 墙、柱面装饰与隔断、幕墙工程工程量清单项目包括(　　)项目。

A. 幕墙　　B. 零星抹灰　　C. 墙饰面　　D. 天棚

E. 门

三、判断题

1. 墙面抹灰包括一般抹灰、装饰抹灰及水刷石。(　　)

2. 墙面一般抹灰按设计图示尺寸以面积计算，扣除墙裙、门窗洞口及单个 0.3 m^2 以上的孔洞面积。(　　)

3. 半圆形柱面抹灰不适用于柱面抹灰项目。(　　)

4. 水泥砂浆柱面工程量按设计图示柱断面周长乘以高度以面积计算。(　　)

5. 镶贴块料柱面工程量按设计图示柱断面周长乘以高度以面积计算。(　　)

6. 重庆市计价定额中的墙面抹灰中内墙面工程量计算规则与清单规则一致。(　　)

7. 重庆市计价定额中的墙面抹灰中外墙面工程量计算规则与清单规则一致。(　　)

8. 重庆市计价定额规定，若建筑工程定额缺项，可借用装饰工程相关定额。(　　)

9. 柱面抹灰计价，重庆市计价定额中已包括基层抹灰的，不应再套用基层抹灰定额。(　　)

学习情境17　天棚工程工程量清单编制与计价

任务1　天棚工程工程量清单编制

1.1　天棚工程工程量清单项目设置

天棚工程工程量清单编制与计价

在《工程量计算规范》中,天棚工程工程量清单项目共4节10个项目,包括天棚抹灰、天棚吊顶、采光天棚和天棚其他装饰,适用于天棚装饰工程。天棚工程工程量清单项目名称及编码见表17.1.1。

表17.1.1　天棚工程工程量清单项目名称及编码

项目编码	项目名称	项目编码	项目名称
011301001	天棚抹灰	011302005	织物软雕吊顶
011302001	吊顶天棚	011302006	装饰网架吊顶
011302002	格栅吊顶	011303001	采光天棚
011302003	吊筒吊顶	011304001	灯带(槽)
011302004	藤条造型悬挂吊顶	011304002	送风口、回风口

课堂活动:讨论如何列出需要计算的天棚工程工程量清单项目名称、项目编码。

1.2　天棚工程工程量清单编制规定

(1)采光天棚骨架不包括在工作内容中,应按《工程量计算规范》附录F金属结构工程相应项目编码列项。

(2)天棚装饰刷油漆、涂料及裱糊,应按《工程量计算规范》附录P油漆、涂料、裱糊工程相应项目编码列项。

1.3 天棚工程工程量清单编制方法及案例

1.3.1 天棚抹灰工程量清单编制

天棚工程工程量清单编制

1. 天棚抹灰适用范围

"天棚抹灰"项目适用于混凝土现浇板、预制混凝土板、木板条等基层类型的一般抹灰。

2. 天棚抹灰工程量清单编制案例

【例17.1.1】编制图17.1.1所示天棚清单工程量,墙厚200 mm,天棚做法为抹20 mm厚1∶3水泥砂浆。

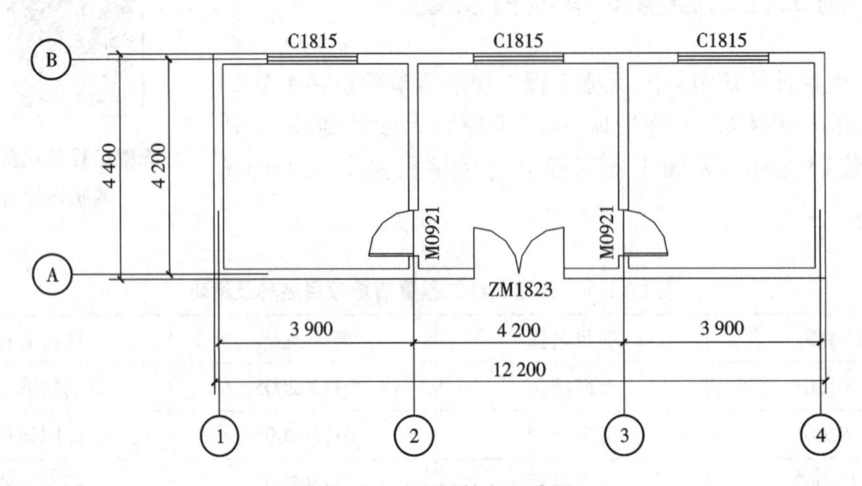

图17.1.1 天棚抹灰示意图

(1)天棚抹灰的项目编码:011301001001。

(2)天棚抹灰的项目名称:1∶3水泥砂浆天棚抹灰。

(3)天棚抹灰的计量单位:m^2。

(4)天棚抹灰的工程量。

①天棚抹灰工程量计算规则:按设计图示尺寸以水平投影面积计算,不扣除间壁墙、垛、柱、附墙烟囱、检查口和管道所占的面积,带梁天棚的梁两侧抹灰面积并入天棚面积内,板式楼梯底面抹灰按斜面积计算,锯齿形楼梯底板抹灰按展开面积计算。

课堂活动:分组讨论天棚工程量计算规则,分析自己的家或宿舍,哪些属于上述计算规则中提到的情况。

②天棚抹灰工程量计算:

$$S_{天棚} = (12.2 - 0.2 \times 4) \times (4.2 - 0.2)$$
$$= 45.60\ m^2$$

课堂活动:计算图17.1.2所示的天棚抹灰清单工程量。

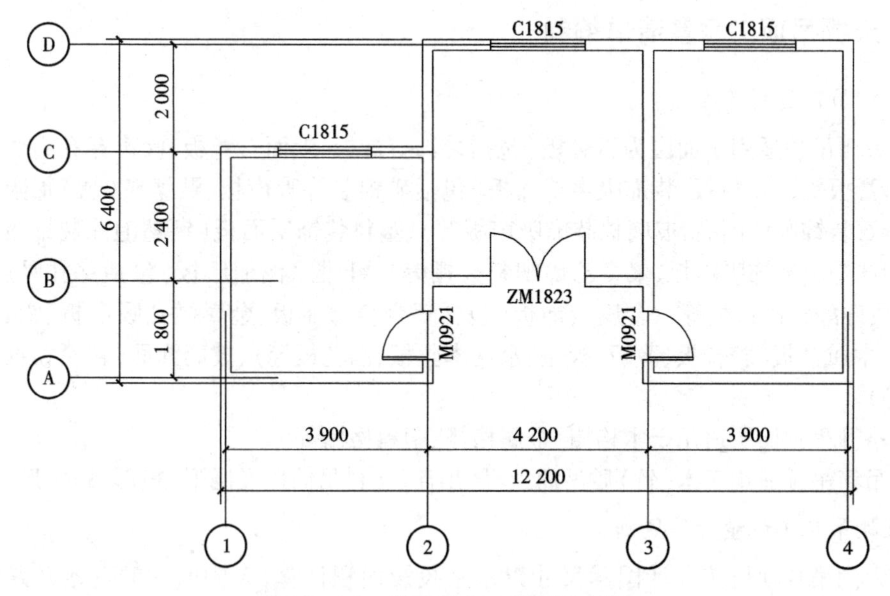

图17.1.2　天棚抹灰工程量示意图

(5)天棚抹灰的项目特征(表17.1.2)。

表17.1.2　天棚抹灰的项目特征

《工程量计算规范》列出的项目特征	本案例的项目特征
1.基层类型	混凝土
2.抹灰厚度、材料种类	20 mm厚水泥砂浆
3.砂浆配合比	1:3

(6)天棚抹灰的工程量清单(表17.1.3)。

表 17.1.3　分部分项工程和单价措施项目清单与计价表

工程名称：××建筑工程　　　　标段：　　　　第　页　共　页

序号	项目编码	项目名称	项目特征描述	计量单位	工程量	金额(元)		
						综合单价	合价	其中：暂估价
1	011301001001	1∶3水泥砂浆天棚抹灰	1. 基层类型：混凝土 2. 抹灰厚度、材料种类：20 mm 厚水泥砂浆 3. 砂浆配合比：1∶3	m^2	45.60			

1.3.2　天棚吊顶工程量清单编制

1. 天棚吊顶适用范围

(1)天棚吊顶适用于面层为石膏板(包括装饰石膏板、纸面石膏板、吸声穿孔石膏板、嵌装式装饰石膏板等)、埃特板、装饰吸声罩面板(包括矿棉装饰吸声板、贴塑矿(岩)棉吸声板、膨胀珍珠岩石装饰吸声制品、玻璃棉装饰吸声板等)、塑料装饰罩面板(钙塑泡沫装饰吸声板、聚苯乙烯泡沫塑料装饰吸声板、聚氯乙烯塑料天棚等)、纤维水泥加压板(包括穿孔吸声饰面水泥板、轻质硅酸钙吊顶板等)、金属装饰板(包括铝合金罩面板、金属微孔吸声板、铝合金单体构件等)、木质饰板(胶合板、薄板、板条、水泥木丝板、刨花板等)、玻璃饰面(包括镜面玻璃、镭射玻璃等)。

(2)格栅吊顶面层适用于木格栅、金属格栅、塑料格栅等。

(3)吊筒吊顶适用于木(竹)质吊筒、金属吊筒、塑料吊筒以及圆形、矩形、扁钟形吊筒等。

2. 天棚吊顶工程量计算规则

(1)天棚吊顶项目按设计图示尺寸以水平投影面积计算，天棚面中的灯槽及跌级、锯齿形、吊挂式、藻井式天棚面积不展开计算，不扣除间壁墙、柱垛、附墙烟囱、检查口和管道所占的面积，扣除单个面积 $>0.3\ m^2$ 的孔洞、独立柱及与天棚相连的窗帘盒所占面积。

(2)格栅吊顶、吊筒吊顶、藤条造型悬挂吊顶、织物软雕吊顶、装饰网架吊顶项目按设计图示尺寸以水平投影面积计算。

(3)采光天棚按框外围展开面积计算。

1.3.3　天棚其他装饰工程量清单计算规则

1. 天棚其他装饰适用范围

(1)灯带格栅适用于不锈钢格栅、铝合金格栅、玻璃格栅等。

(2)送风口、回风口适用于金属、塑料、木质风口。

2. 天棚其他装饰工程量计算规则

(1)灯带(槽)工程量按设计图示尺寸以框外围面积计算。

(2)送风口、回风口工程量按设计图示数量以个计算。

任务2　天棚工程工程量清单计价

2.1　天棚工程工程量清单项目与定额项目的对应关系

天棚工程工程量清单项目与定额项目的对应关系见表17.2.1。

表17.2.1　天棚工程工程量清单项目与定额项目对应表(摘录)

项目编码	清单项目名称	建筑工程定额编号	装饰工程定额编号
011301001	天棚抹灰	混凝土面:AL0136、AL0137 钢板网面:AL0138 装饰线:AL0139、AL0140	—
011302001	吊顶天棚	龙骨:AL0140~AL0146 基层:AL0147~AL0149 面层:AL0150~AL0174 防护:AL0200、AL0202~AL0207、AL0209、AL0211~AL0215 油漆:AL0178、AL0182、AL0186、AL0190、AL0194、AL0198、AL0239~AL0248、AL0253、AL0254、AL0259~AL0262	龙骨:BC0001~BC0058 基层:BC0059~BC0062 面层:BC0063~BC0109 防护:BE0121、BE0124~BE0128、BE0131、BE0134~BE0139 油漆:BE0004、BE0008、BE0012、BE0016、BE0020、BE0024、BE0028、BE0032、BE0036、BE0040、BE0044、BE0048、BE0052、BE0056、BE0060、BE0064、BE0068、BE0072、BE0076、BE0080、BE0084、BE0088、BE0092、BE0105~BE0108、BE0178~BE0190、BE0195~BE0200、BE0209、BE0212、BE0213、BE0218、BE0219、BE0233~BE0235

续表

项目编码	清单项目名称	建筑工程定额编号	装饰工程定额编号
011302002	格栅吊顶	底层抹灰:AL0029、AL0136 ~ AL0138	面层:BC0110、BC0111、BC0121 ~ BC0127 防护:BE0121、BE0124 ~ BE0128、BE0131、BE0134 ~ BE0139 油漆:BE0004、BE0008、BE0012、BE0016、BE0020、BE0024、BE0028、BE0032、BE0036、BE0040、BE0044、BE0048、BE0052、BE0056、BE0060、BE0064、BE0068、BE0072、BE0076、BE0080、BE0084、BE0088、BE0092、BE0105 ~ BE0108、BE0178 ~ BE0190、BE0195 ~ BE0200、BE0209、BE0212、BE0213、BE0218、BE0219
011302006	装饰网架吊顶	底层抹灰:AL0029、AL0136 ~ AL0138	面层:BC0128、BC0129 防护:BE0162、BE0166、BE0170、BE0172、BE0174、BE0176 油漆:BE0142、BE0144、BE0146、BE0148、BE0153 ~ BE0156、BE0164、BE0168
011304001	灯带(槽)		灯带制安:BC0132 ~ BC0135
011304002	送风口、回风口		送风口:BC0141 回风口:BC0142

2.2 天棚工程工程量清单计价方法及案例

1. 计算天棚工程综合单价的注意事项

天棚工程工程量清单计价

(1)天棚的检查孔、天棚内的检修走道、灯槽等应包括在报价内。

(2)天棚吊顶的平面、跌级、锯齿形、阶梯形、吊挂式、藻井式以及矩形、弧形、拱形等应在清单项目中进行描述。

(3)采光天棚和天棚设置保温、隔热、吸声层时,按清单计量规范相关项目编码列项。

2. 天棚工程工程量清单计价案例

【例 17.2.1】根据例 17.1.1 天棚抹灰工程量清单(表 17.1.3)，完成天棚抹灰工程量清单计价。(工程由土建施工单位完成)

(1)对应的计价定额:AL0136 水泥砂浆天棚抹灰。

(2)计算定额工程量。《重庆市房屋建筑与装饰工程计价定额》中的天棚抹灰工程量计算规则:按墙与墙间的净面积以 m² 计算，不扣除柱、附墙烟囱、垛、管道孔、检查口、单个面积在 0.3 m² 以内的孔洞及窗帘盒所占的面积。有梁板(含密肋梁板、井字梁板、槽形板等)底的抹灰按展开面积以 m² 计算，并入天棚抹灰工程量内。清单与定额的工程量计算规则基本一致，在本例中工程量相同。

$$S_{天棚}=45.60\ m^2$$

(3)计算综合单价(表 17.2.2)。

表 17.2.2　分部分项工程项目综合单价分析表

工程名称:××建筑工程　　　　标段:　　　　　　　　　　第　页　共　页

项目编码	011301001001	项目名称		1:3水泥砂浆天棚抹灰					计量单位		m²		综合单价		25.91
定额编号	定额项目名称	单位	数量	定额综合单价									人材机价差	其他风险费	合价
				定额人工费	定额材料费	定额施工机具使用费	企业管理费		利润		一般风险费用				
							4	5	6	7	8	9			12
				1	2	3	费率(%)	(1+3)×(4)	费率(%)	(1+3)×(6)	费率(%)	(1+3)×(8)	10	11	1+2+3+5+7+9+10+11
AN0001 换	天棚抹灰混凝土面水泥砂浆现拌换为【水泥砂浆(特细砂) 1:3】	10 m²	0.1	11.39	4.1	0.47	24.1	2.86	12.92	1.53	1.5	0.18	5.39	0	25.91
合　计				11.39	4.1	0.47	—	2.86	—	1.53	—	0.18	5.39	0	25.91
人工、材料及机械名称					单位	数量	定额单价		市场单价		价差合计		市场合价		备注
1. 人工															
抹灰综合工					工日	0.091 1	125		134		0.82		12.21		
2. 材料															
(1)计价材料															
水泥 32.5R					kg	7.265 7	0.31		0.43		0.87		3.12		

续表

特细砂	t	0.019 8	63.11	257	3.84	5.09	
水	m^3	0.007 9	4.42	3.88	0	0.03	
水泥砂浆(特细砂)1:3	m^3	0.014 7	213.87	523.57	4.55	7.70	
木材锯材	m^3	0.000 2	1547.01	1547.01	0	0.31	
水泥 建筑胶浆 1:0.1:0.2	m^3	0.001 2	530.19	652.32	0.15	0.78	
建筑胶	kg	0.129	1.97	1.97	0	0.25	
(2)其他材料费							
3.机械							
(1)机上人工							
机上人工	工日	0.003 5	120	84.67	-0.12	0.3	
(2)燃油动力费							
电	kW·h	0.021 5	0.7	0.46	-0.01	0.01	

(4)天棚抹灰的工程量清单计价(表 17.2.3)。

表 17.2.3 分部分项工程和单价措施项目清单与计价表

工程名称:××建筑工程　　　　标段:　　　　第　页　共　页

序号	项目编码	项目名称	项目特征描述	计量单位	工程量	金额(元)		
						综合单价	合价	其中:暂估价
1	011301001001	1:3水泥砂浆天棚抹灰	1.基层类型:混凝土 2.抹灰厚度、材料种类:20 mm 厚水泥砂浆 3.砂浆配合比:1:3	m^2	45.60	25.91	1 181.50	

习　题

一、单项选择题

1. 在下列工程量清单项目中,不属于天棚装饰工程的项目是(　　)。

A. 天棚抹灰　　B. 天棚吊顶　　C. 灯带　　D. 天窗

2. 采光天棚和天棚设保温、隔热、吸音层时,应按(　　)相关项目编码列项。

A. 防腐、隔热、保温工程　　B. 天棚吊顶工程

C. 天棚抹灰工程　　D. 格栅吊顶工程

3. 锯齿形楼梯底板抹灰按(　　)面积计算。

A. 展开　　B. 水平投影　　C. 斜　　D. 垂直投影

4. 下列关于天棚工程工程量清单项目与定额项目的对应关系的说法正确的是(　　)。

A. 清单项目与定额项目是一一对应的

B. 清单项目与定额项目是完全不相同的两个项目

C. 一般情况下,一个清单项目包含多个定额项目

D. 一般情况下,一个定额项目包含多个清单项目

5. 下列关于天棚工程量综合单价计算说法错误的是(　　)。

A. 天棚的检查孔、天棚内的检修走道、灯槽等应包括在报价内

B. 天棚吊顶的平面、跌级、锯齿形、阶梯形、吊挂式、藻井式以及矩形、弧形、拱形等应在清单项目中进行描述

C. 采光天棚和天棚设置保温、隔热、吸音层时,按清单计量规范相关项目编码列项

D. 采光天棚和天棚设置保温、隔热、吸音层时,按天棚相关项目编码列项

二、多项选择题

1. 下列关于天棚抹灰项目工程量计算规则说法正确的有(　　)。

A. 按设计图示尺寸以水平投影面积计算

B. 不扣除墙体、垛、柱、附墙烟囱、检查口和管道所占面积

C. 带梁天棚的梁两侧抹灰面积并入天棚面积内

D. 板式楼梯底面抹灰按斜面积计算

E. 板式楼梯底面抹灰按水平投影面积计算

2. 下列关于天棚吊顶项目工程量计算规则说法正确的有(　　)。

A. 天棚面中的灯槽及跌级、锯齿形、吊挂式、藻井式天棚面积按展开面积计算

B. 不扣除间壁墙、柱垛、附墙烟囱、检查口和管道所占的面积

C. 扣除单个面积在0.3 m^2 以上的孔洞

D. 独立柱及与天棚相连的窗帘盒所占面积不扣除

E. 独立柱及与天棚相连的窗帘盒所占面积要扣除

三、判断题

1. 梁、柱侧壁抹灰并入天棚抹灰面积内计算工程量。(　　)

2. 送风口、回风口项目按设计图示数量以个计算。(　　)

3. 格栅吊顶是天棚吊顶的一个子项目。(　　)

4. 天棚的检查孔、天棚内的检修走道、灯槽等应单独列项。(　　)

学习情境18　油漆、涂料、裱糊工程工程量清单编制与计价

任务1　油漆、涂料、裱糊工程工程量清单编制

油漆、涂料、裱糊工程工程量清单编制与计价

1.1　油漆、涂料、裱糊工程工程量清单项目设置

在《工程量计算规范》附录P中，油漆、涂料、裱糊工程工程量清单项目共8节36个项目，包括门油漆，窗油漆，木扶手及其他板条、线条油漆，木材面油漆，金属面油漆，抹灰面油漆，喷刷涂料，裱糊等，适用于门窗油漆、金属、抹灰面油漆工程。油漆、涂料、裱糊工程工程量清单项目名称及编码见表18.1.1。

表18.1.1　油漆、涂料、裱糊工程工程量清单项目名称及编码

项目编码	项目名称	项目编码	项目名称
011401001	木门油漆	011404003	清水板条天棚、檐口油漆
011401002	金属门油漆	011404004	木方格吊顶天棚油漆
011402001	木窗油漆	011404005	吸音板墙面、天棚面油漆
011402002	金属窗油漆	011404006	暖气罩油漆
011403001	木扶手油漆	011404007	其他木材面
011403002	窗帘盒油漆	011404008	木间壁、木隔断油漆
011403003	封檐板、顺水板油漆	011404009	玻璃间壁露明墙筋油漆
011403004	挂衣板、黑板框油漆	011404010	木栅栏、木栏杆(带扶手)油漆
011403005	挂镜线、窗帘棍、单独木线油漆	011404011	衣柜、壁柜油漆
011404001	木护墙、木墙裙油漆	011404012	梁柱饰面油漆
011404002	窗台板、筒子板、盖板、门窗套、踢脚线油漆	011404013	零星木装修油漆

续表

项目编码	项目名称	项目编码	项目名称
011404014	木地板油漆	011407002	天棚喷刷涂料
011404015	木地板烫硬蜡面	011407003	空花格、栏杆刷涂料
011405001	金属面油漆	011407004	线条刷涂料
011406001	抹灰面油漆	011407005	金属构件刷防火涂料
011406002	抹灰线条油漆	011407006	木材构件喷刷防火涂料
011406003	满刮腻子	011408001	墙纸裱糊
011407001	墙面刷喷涂料	011408002	织锦缎裱糊

课堂活动：讨论如何列出需要计算的油漆、涂料、裱糊工程工程量清单项目名称、项目编码。

1.2 油漆、涂料、裱糊工程工程量清单编制规定

(1)木门油漆应区分木大门、单层木门、双层(一玻一纱)木门、双层(单裁口)木门、全玻自由门、半玻自由门、装饰门及有框门或无框门等项目，分别编码列项。

(2)金属门油漆应区分平开门、推拉门、钢质防火门等项目，分别编码列项。

(3)木窗油漆应区分单层玻璃窗、双层(一玻一纱)木窗、双层框扇(单裁口)木窗、双层框三层(二玻一纱)木窗、单层组合窗、双层组合窗、木百叶窗、木推拉窗等项目，分别编码列项。

(4)金属窗油漆应区分平开窗、推拉窗、固定窗、组合窗、金属格栅窗等项目，分别编码列项。

(5)木扶手应区分带托板与不带托板，分别编码列项，若是木栏杆带扶手，木扶手不应单独列项，应包含在木栏杆油漆中。

1.3 油漆、涂料、裱糊工程工程量清单编制方法及案例

油漆、涂料、裱糊工程工程量清单编制

油漆、涂料、裱糊工程工程量清单编制方法及案例

1. 木门油漆适用范围

“木门油漆”项目适用于各种类型的门及单独门框等的油漆。

2. 木门油漆工程量清单编制案例

【例18.1.1】编制如表18.1.2所示一个标准层木门的油漆工程量清单。假定木门油漆的做法为底油一遍，刮腻子，调和漆两遍。

(1)木门油漆的项目编码:011401001001。

(2)木门油漆的项目名称:木门油漆。

(3)木门油漆的计量单位:樘或m^2,此处以m^2计算。

(4)木门油漆的工程量。

①木门油漆工程量计算规则:按设计图示数量或设计图示洞口尺寸以面积计算。

②木门油漆工程量计算(表18.1.2)。

表18.1.2　木门油漆工程量计算表

门编号	宽(m)	高(m)	数量(樘)	面积(m^2)
M1121	1.1	2.1	4	9.24
M0921	0.9	2.1	12	22.68
M0821	0.8	2.1	4	6.72
M0721	0.7	2.1	8	11.76
面积合计				50.40

(5)木门油漆的项目特征(表18.1.3)。

表18.1.3　木门油漆的项目特征

《工程量计算规范》列出的项目特征	本案例的项目特征
1.门类型	装饰实木平开门
2.门代号及洞口尺寸	—
3.腻子种类	—
4.刮腻子遍数	满刮
5.防护材料种类	—
6.油漆品种、刷漆遍数	底油一遍、调和漆两遍

提示:木门类型应分镶板门、木板门、胶合板门、装饰实木门、木纱门、木质防火门、连窗门、平开门、推拉门、单扇门、双扇门、带纱门、全玻门(带木扇框)、半玻门、半百叶门、全百叶门以及带亮子、不带亮子、有门框、无门框和单独门框等油漆。

(6)木门油漆的工程量清单。

课堂活动:请根据以上内容完善表18.1.4。

表18.1.4 分部分项工程量清单与计价表

工程名称:××建筑工程 标段: 第 页 共 页

序号	项目编码	项目名称	项目特征描述	计量单位	工程量	金额(元)		
						综合单价	合价	其中:暂估价

注:任务2"油漆、涂料、裱糊工程工程量清单计价"内容在本书中省略,不再举例示范。

习 题

判断题

1. 一项工程中所有的油漆、涂料工程都需要按本部分项目单独列项。( )
2. 金属门油漆应区分平开门、推拉门、钢质防火门等项目,分别编码列项。( )
3. 木门油漆工程量按设计图示数量或设计图示双面洞口面积计算。( )
4. 抹灰面油漆适用于抹灰面刷乳胶漆、调和漆等工程。( )

学习情境 19　其他装饰工程工程量清单编制与计价

任务 1　其他装饰工程工程量清单编制

1.1　其他装饰工程工程量清单项目设置

在《工程量计算规范》附录 Q 中，其他装饰工程工程量清单项目共 8 节 62 个项目，包括柜类、货架，压条、装饰线，扶手、栏杆、栏板装饰，暖气罩，浴厕配件，雨篷、旗杆，招牌、灯箱，美术字等项目，适用于装饰物件的制作安装工程。其他装饰工程工程量清单项目名称及编码见表 19.1.1。

表 19.1.1　其他装饰工程工程量清单项目名称及编码

项目编码	项目名称	项目编码	项目名称
011501001	柜台	011501012	吧台背柜
011501002	酒柜	011501013	酒吧吊柜
011501003	衣柜	011501014	酒吧台
011501004	存包柜	011501015	展台
011501005	鞋柜	011501016	收银台
011501006	书柜	011501017	试衣间
011501007	厨房壁柜	011501018	货架
011501008	木壁柜	011501019	书架
011501009	厨房低柜	011501020	服务台
011501010	厨房吊柜	011502001	金属装饰线
011501011	矮柜	011502002	木质装饰线

续表

项目编码	项目名称	项目编码	项目名称
011502003	石材装饰线	011505004	浴缸拉手
011502004	石膏装饰线	011505005	卫生间扶手
011502005	镜面玻璃线	011505006	毛巾杆(架)
011502006	铝塑装饰线	011505007	毛巾环
011502007	塑料装饰线	011505008	卫生纸盒
011502008	GRC装饰线条	011505009	肥皂盒
011503001	金属扶手、栏杆、栏板	011505010	镜面玻璃
011503002	硬木扶手、栏杆、栏板	011505011	镜箱
011503003	塑料扶手、栏杆、栏板	011506001	雨篷吊挂饰面
011503004	GRC扶手、栏杆	011506002	金属旗杆
011503005	金属靠墙扶手	011506003	玻璃雨篷
011503006	硬木靠墙扶手	011507001	平面、箱式招牌
011503007	塑料靠墙扶手	011507002	竖式标箱
011503008	玻璃栏板	011507003	灯箱
011504001	饰面板暖气罩	011507004	信报箱
011504002	塑料板暖气罩	011508001	泡沫塑料字
011504003	金属暖气罩	011508002	有机玻璃字
011505001	洗漱台	011508003	木质字
011505002	晒衣架	011508004	金属字
011505003	帘子杆	011508005	吸塑字

课堂活动:讨论如何列出需要计算的其他装饰工程工程量清单项目名称、项目编码。

其他装饰工程工程量清单编制与计价

1.2 其他装饰工程工程量清单编制规定

(1)柜类、货架、涂刷配件、雨篷、旗杆、招牌、灯箱、美术字等单件项目,工作内容包含了“刷油漆”,主要考虑整体性,不得单独将油漆分离出来单列油漆清单项目,《工程量计算规范》附录Q中工作内容没有包含“刷油漆”的，可单独按附录 P 项目编码列项。

(2)厨房壁柜和厨房吊柜，以嵌入墙内的为壁柜，以支架固定在墙上的为吊柜。

(3)压条、装饰线项目已包括在门扇、墙柱面、天棚等项目内的，不再单独列项。

(4)旗杆的砌砖或混凝土台座，台座的饰面可按相关附录的章节另行编码列项，也可纳入旗杆报价内。

(5)美术字不分字体，按大小规格分类。美术字的字体规格以字的外接矩形长、宽和字的厚度表示；固定方式指粘贴、焊接以及铁钉、螺栓、铆钉固定等方式。

(6)台柜的规格以能分离的成品单体长、宽、高来表示，如一个组合书柜分上下两部分，下部为独立的矮柜，上部为敞开式的书柜，可以上下两部分标注尺寸。

(7)镜面玻璃和灯箱等的基层材料是指玻璃背后的衬垫材料，如胶合板、油毡等。

(8)装饰线和美术字的基层类型是指装饰线、美术字依托的材料，如砖墙、木墙、石墙、混凝土墙、墙面抹灰、钢支架等。

(9)旗杆高度自旗杆台座上表面算至杆顶。

1.3　其他装饰工程工程量清单编制方法及案例

其他装饰工程工程量清单编制方法及案例

1.3.1　柜类、货架工程量清单编制方法

1. 柜类、货架适用范围

“柜类、货架”适用于柜台、酒柜、衣柜、书柜、收银台、货架、书架等工程。

2. 柜类、货架工程量计算规则

柜类、货架工程量按设计图示数量计算，单位为个。

1.3.2　洗漱台工程量清单编制方法

1. 洗漱台适用范围

“洗漱台”适用于卫生间、浴室等的洗漱台工程，洗漱台材质可以是石材(天然石材、人造石材等)、玻璃等。

2. 洗漱台工程量清单编制案例

【**例** 19.1.1】某工程采用如图 19.1.1 所示的啡网纹大理石洗漱台(无挡板、吊沿板)，共有 100 个。试编制洗漱台工程量清单。

(1)洗漱台的项目编码：011505001001。

(2)洗漱台的项目名称：啡网纹大理石洗漱台。

(3)洗漱台的计量单位：m^2。

(4)洗漱台的工程量。

①洗漱台工程量计算规则：按设计图示尺寸以台面外接矩形面积计算，不扣除孔洞、挖弯、削角所占面积，挡板、吊沿板面积并入台面面积内。

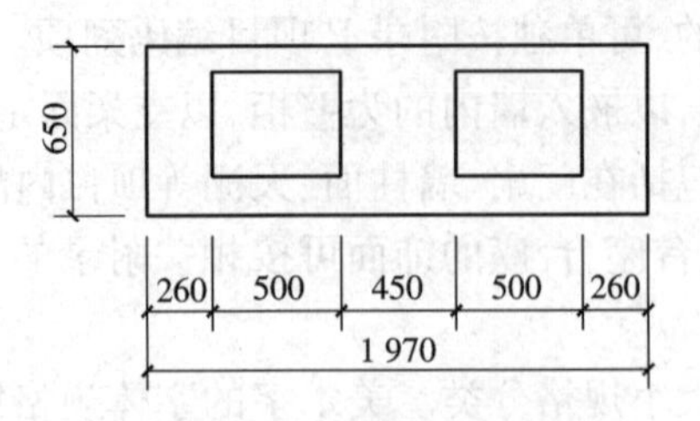

图 19.1.1　洗漱台平面图

②洗漱台工程量计算：

$$S_{洗漱台} = 1.97 \times 0.65 \times 100 = 128.05\ m^2$$

(5)洗漱台的项目特征(表 19.1.2)。

表 19.1.2　洗漱台的项目特征

《工程量计算规范》列出的项目特征	本案例的项目特征
1. 材料品种、规格、颜色	啡网纹大理石
2. 支架、配件品种、规格	角钢支架

(6)洗漱台的工程量清单。

课堂活动：请根据以上内容完善表 19.1.3。

表 19.1.3　分部分项工程和单价措施项目清单与计价表

工程名称：××装饰装修工程　　　　标段：　　　　　　　　第　页　共　页

序号	项目编码	项目名称	项目特征描述	计量单位	工程量	金额(元)		
						综合单价	合价	其中：暂估价
1	011505001001	啡网纹大理石洗漱台	1. 材料品种、规格、颜色：啡网纹大理石 2. 支架、配件品种、规格：角钢支架	m^2	128.05			

1.3.3　压条、装饰线工程量清单编制方法

1. 压条、装饰线适用范围

“压条、装饰线”适用于各类材质的装饰线工程，包括金属、木质、石材、石膏、镜面玻璃、铝

塑、塑料等。

2. 压条、装饰线工程量计算规则

压条、装饰线工程量按设计图示尺寸以长度计算,单位为 m。

任务2　其他装饰工程工程量清单计价

2.1　其他装饰工程工程量清单项目与定额项目的对应关系

其他装饰工程工程量清单项目与定额项目的对应关系见表 19.2.1。

表 19.2.1　其他装饰工程工程量清单项目与定额项目对应表(摘录)

项目编码	清单项目名称	装饰工程定额编号
011501001	柜台	柜台制安:BF0104
011501003	衣柜	衣柜制安:BF0108
011501004	存包柜	存包柜制安:BF0106
011501005	鞋柜	鞋柜制安:BF0106
011501006	书柜	书柜制安:BF0107
011501007	厨房壁柜	壁柜制安:BF0106
011501008	木壁柜	木壁柜制安:BF0104
011501009	厨房低柜	低柜制安:BF0106
011501010	厨房吊柜	吊柜制安:BF0109
011501019	书架	书架制安:BF0107
011501020	服务台	台柜制安:BF0103
011502001	金属装饰线	金属装饰线制安:BF0026
011502002	木质装饰线	木质装饰线制安:BF0027 ~ BF0036
011502003	石材装饰线	石材装饰线制安:BF0037 ~ BF0050,BF0053 ~ BF0059
011502004	石膏装饰线	石膏装饰线制安:BF0062 ~ BF0064
011502006	铝塑装饰线	铝塑装饰线制安:BF0061
011505001	洗漱台	洗漱台制安:BF0084、BF0085
011505010	镜面玻璃	镜面玻璃制安:BF0071 ~ BF0074、BF0076

续表

项目编码	清单项目名称	装饰工程定额编号
011507003	灯箱	灯箱制安:BF0005、BF0006、BF0009 灯箱面层:BF0010 ~ BF0015
011508001	泡沫塑料字	泡沫塑料字制安:BF0016 ~ BF0018
011508004	金属字	金属字制安:BF0022 ~ BF0025

2.2 其他装饰工程工程量清单计价方法及案例

2.2.1 洗漱台清单计价

1.计算洗漱台综合单价的注意事项

洗漱台现场制作、切割、磨边等人工、机械的费用应包括在报价内。在套用重庆2008定额时应注意洗漱台的面积,定额子目分两个:面积1 m^2 以内(含1 m^2)和1 m^2 以上。

2.洗漱台工程量清单计价案例

【例19.2.1】根据例19.1.1完成洗漱台工程量清单计价,材料价格:1∶2.5水泥砂浆230元/m^3,型钢5.2元/kg,钢板网120元/m^2,啡网纹大理石100元/m^2。(工程由单独的装饰公司施工)

(1)对应的计价定额:LF0112 啡网纹大理石洗漱台。

提示:单个投影面积为1.28 m^2,大于1 m^2。

(2)计算定额工程量。《重庆市房屋建筑与装饰工程计价定额》中大理石洗漱台的工程量计算规则:按台面投影面积以 m^2 计算(不扣除孔洞面积)。定额工程量与清单工程量相同:$S_{洗漱台}=128.05\ m^2$。

课堂活动:请将表19.2.2和表19.2.3填写完整,完成洗漱台工程量清单计价。

(3)计算综合单价(表19.2.2)。

提示:查定额LF0112,每10 m^2 的石材洗漱台需要1∶2.5水泥砂浆0.428 m^3,型钢台柜项目以"个"计算,应按设计图纸或说明,台柜、台面材料(石材、皮革、金属)、内隔板材料、连接件、配件等,均应包括在报价内。

19.2.2　分部分项工程项目综合单价分析表

工程名称：××装饰装修工程　　　　　　　　　　　　　　　　　　　　第　页　共　页

项目编码	011505001001	项目名称		啡网纹大理石洗漱台					计量单位		m²		综合单价		632.79
定额编号	定额项目名称	单位	数量	定额综合单价									人材机价差	其他风险费	合价
				定额人工费	定额材料费	定额施工机具使用费	企业管理费		利润		一般风险费用				
				1	2	3	4	5	6	7	8	9	10	11	12
							费率(%)	(1+3)×4	费率(%)	(1+3)×6	费率(%)	(1+3)×8			1+2+3+5+7+9+10+11
LF0112	装饰石材洗漱台1 m²以上	10 m²	0.1	247.42	234.01	6.19	15.61	39.59	9.61	24.37	1.8	4.56	76.65	0	632.79
合　计				247.42	234.01	6.19	—	39.59	—	24.37	—	4.56	76.65	0	632.79

人工、材料及机械名称	单位	数量	定额单价	市场单价	价差合计	市场合价	备注
1.人工							
镶贴综合工	工日	1.903 2	130	141	20.94	268.35	
2.材料							
(1)计价材料							
水泥砂浆(特细砂)1:2.5	m³	0.045 3	232.4	542.71	14.06	24.58	
水泥 32.5R	kg	21.698 7	0.31	0.43	2.6	9.33	
特细砂	t	0.059 1	63.11	257	11.46	15.19	
水	m³	0.015 9	4.42	3.88	-0.01	0.06	
装饰石材	m²	1.06	120	159.3	41.66	168.86	
电	kW·h	0.028	0.7	0.7	0	0.02	
钢板网	m²	1.336 3	5.98	5.98	0	7.99	
型钢综合	kg	24.316	3.09	3.09	0	75.14	
(2)其他材料费							
其他材料费	元	—	—	1	—	13.13	
3.机械							
(1)机上人工							
(2)燃油动力费							

(4)洗漱台工程量清单计价(表19.2.3)。

表19.2.3　分部分项工程量清单与计价表

工程名称:××装饰装修工程　　　　标段:　　　　第　页　共　页

序号	项目编码	项目名称	项目特征描述	计量单位	工程量	金额(元)		
						综合单价	合价	其中:暂估价
1	011505001001	啡网纹大理石洗漱台	1.材料品种、规格、颜色:啡网纹大理石 2.支架、配件品种、规格:角钢支架	m^2	128.05	632.79	81 028.76	

习　题

判断题

1.压条、装饰线项目已包括在门扇、墙柱面、天棚等项目内的,不再单独列项。(　　)

2.卫生间洗漱台按设计图示尺寸以台面外接矩形面积计算,不扣除孔洞、挖弯、削角所占面积,挡板、吊沿板面积并入台面面积内。(　　)

3.计算洗漱台综合单价时,洗漱台现场制作、切割、磨边等人工、机械的费用应包括在报价内。(　　)

学习情境20　拆除工程工程量清单编制与计价

任务1　拆除工程工程量清单编制

1.1　拆除工程工程量清单项目设置

在《工程量计算规范》中，拆除工程工程量清单项目共15节37个项目，包括砖砌体拆除，混凝土及钢筋混凝土构件拆除，木构件拆除，抹灰层拆除，块料面层拆除，龙骨及饰面拆除，屋面拆除，铲除油漆涂料裱糊面，栏杆、栏板、轻质隔断隔墙拆除，门窗拆除，金属构件拆除，管道及卫生洁具拆除，灯具、玻璃拆除，其他构件拆除，开孔(打洞)等项目，适用于房屋工程的维修、加固、二次装修前的拆除，不适用于房屋的整体拆除。拆除工程工程量清单项目名称及编码见表20.1.1。

表20.1.1　拆除工程工程量清单项目名称及编码

项目编码	项目名称	项目编码	项目名称
011601001	砖砌体拆除	011606002	墙柱面龙骨及饰面拆除
011602001	混凝土构件拆除	011606003	天棚面龙骨及饰面拆除
011602002	钢筋混凝土构件拆除	011607001	刚性层拆除
011603001	木构件拆除	011607002	防水层拆除
011604001	平面抹灰层拆除	011608001	铲除油漆面
011604002	立面抹灰层拆除	011608002	铲除涂料面
011604003	天棚抹灰面拆除	011608003	铲除裱糊面
011605001	平面块料拆除	011609001	栏杆、栏板拆除
011605002	立面块料拆除	011609002	隔断隔墙拆除
011606001	楼地面龙骨及饰面拆除	011610001	木门窗拆除

续表

项目编码	项目名称	项目编码	项目名称
011610002	金属门窗拆除	011613002	玻璃拆除
011611001	钢梁拆除	011614001	暖气罩拆除
011611002	钢柱拆除	011614002	柜体拆除
011611003	钢网架拆除	011614003	窗台板拆除
011611004	钢支撑、钢墙架拆除	011614004	筒子板拆除
011611005	其他金属构件拆除	011614005	窗帘盒拆除
011612001	管道拆除	011614006	窗帘轨拆除
011612002	卫生洁具拆除	011615001	开孔(打洞)
011613001	灯具拆除		

课堂活动:讨论如何列出需要计算的拆除工程工程量清单项目名称及项目编码。

1.2 拆除工程工程量清单编制规定

(1)“拆除工程”项目适用于房屋建筑工程、仿古工程、构筑物、园林景观工程等项目的拆除,可按《工程量计算规范》相应项目编码列项;市政工程、园路、园桥工程等项目拆除,按《市政工程工程量计算规范》相应项目编码列项;城市轨道交通工程拆除,按《城市轨道交通工程工程量计算规范》相应项目编码列项。

(2)对于只拆面层的项目,在项目特征中不必描述基层(或龙骨)类型(或种类);对于基层(或龙骨)和面层同时拆除的项目,在项目特征中必须描述基层(或龙骨)类型(或种类)。

(3)拆除项目工作内容中含“建渣场内、外运输”,因此组成综合单价应含建渣场内、外运输。

(4)地面拆除按水平投影面积以 m^2 计算,不扣除室内柱子所占的面积。栏杆按延长米计算。

(5)天棚拆除按水平投影面积以 m^2 计算,不扣除室内柱子所占的面积。

(6)墙面拆除按垂直投影面积以 m^2 计算。

(7)门窗拆除按框外围面积以 m^2 计算。

(8)木装饰层拆除按投影面积以 m^2 计算。

(9)固定家具拆除按家具垂直投影面积以 m^2 计算。

(10)旧木门、窗清除油皮按框外围面积以 m^2 计算。

任务2　拆除工程工程量清单计价

拆除工程工程量清单项目与定额项目的对应关系见表20.2.1。

表20.2.1　拆除工程工程量清单项目与定额项目对应表(摘录)

项目编码	清单项目名称	建筑工程定额编号
011601001	砖砌体拆除	砖砌体拆除:JA0001~JA0015
011602001	混凝土构件拆除	混凝土构件拆除:JA0016~JA0018
011602002	钢筋混凝土构件拆除	钢筋混凝土构件拆除:JA0019~JA0031
011603001	木构件拆除	木构件拆除:JA0032~JA0040
011604001	平面抹灰层拆除	平面抹灰层拆除:JA0041~JA0043
011604002	立面抹灰层拆除	立面抹灰层拆除:JA0044、JA0045
011604003	天棚抹灰面拆除	天棚抹灰面拆除:JA0046、JA0047
011605001	平面块料拆除	平面块料拆除:JA0048~JA0052
011605002	立面块料拆除	立面块料拆除:JA0053~JA0059
011606001	楼地面龙骨及饰面拆除	楼地面龙骨及饰面拆除:JA0060~JA0063
011606002	墙柱面龙骨及饰面拆除	墙柱面龙骨及饰面拆除:JA0064、JA0065
011607001	刚性层拆除	刚性层拆除:JA0066
011607002	防水层拆除	防水层拆除:JA0067
011609001	栏杆、栏板拆除	栏杆、栏板拆除:JA0068~JA0071
011609002	隔断隔墙拆除	隔断、隔墙拆除:JA0072~JA0074
011610001	木门窗拆除	木门窗拆除:JA0075~JA0079
011610002	金属门窗拆除	金属门窗拆除:JA0080~JA0083
011611001	钢梁拆除	钢梁拆除:JA0084
011611002	钢柱拆除	钢柱拆除:JA0085
011611003	钢网架拆除	钢网架拆除:JA0086
011611004	钢支撑、钢墙架拆除	钢支撑、钢墙架拆除:JA0087
011611005	其他金属构件拆除	其他金属构件拆除:JA0088~JA0090
011612001	管道拆除	管道拆除:JA0091~JA0115
011612002	卫生洁具拆除	卫生洁具拆除:JA0136~JA0146

续表

项目编码	清单项目名称	建筑工程定额编号
011613001	灯具拆除	灯具拆除:JA0147 ~ JA0159
011614002	柜体拆除	柜体拆除:JA0214
011614003	窗台板拆除	窗台板拆除:JA0215
011614004	筒子板拆除	筒子板拆除:JA0216
011614005	窗帘盒拆除	窗帘盒拆除:JA0217
011614006	窗帘轨拆除	窗帘轨拆除:JA0218

习 题

判断题

1. 拆除工程工程量清单项目含“建渣场内、外运输”的报价。(　　)
2. 墙面拆除按体积以 m^3 计算。(　　)

学习情境 21　措施项目工程量清单编制与计价

任务 1　措施项目工程量清单编制

1.1　措施项目工程量清单项目设置

1. 措施项目的含义

措施项目是为完成工程项目施工，发生于该工程施工准备和施工过程中的技术、生活、安全、环境保护等方面的项目。

2. 措施项目的分类

按照是否可以计算工程量来划分，措施项目分为单价措施项目和总价措施项目。

(1)单价措施项目是可以计算工程量的措施项目。《工程量计算规范》中列出了项目编码、项目名称、项目特征、计量单位和工程量计算规则，按照分部分项工程量清单的方法编制清单和计价。

在《工程量计算规范》中，措施项目中单价措施项目共 6 节 45 个项目，包括脚手架工程，混凝土模板及支架(撑)，垂直运输，超高施工增加，大型机械设备进出场及安拆，施工排水、降水等。单价措施项目工程量清单项目名称及编码见表 21.1.1。

表 21.1.1　单价措施项目工程量清单项目名称及编码

项目编码	项目名称	项目编码	项目名称
011701001	综合脚手架	011701005	挑脚手架
011701002	外脚手架	011701006	满堂脚手架
011701003	里脚手架	011701007	整体提升架
011701004	悬空脚手架	011701008	外装饰吊篮

续表

项目编码	项目名称	项目编码	项目名称
011702001	基础	011702020	其他板
011702002	矩形柱	011702021	栏板
011702003	构造柱	011702022	天沟、檐沟
011702004	异型柱	011702023	雨篷、悬挑板、阳台板
011702005	基础梁	011702024	楼梯
011702006	矩形梁	011702025	其他现浇构件
011702007	异型梁	011702026	电缆沟、地沟
011702008	圈梁	011702027	台阶
011702009	过梁	011702028	扶手
011702010	弧形、拱形梁	011702029	散水
011702011	直形墙	011702030	后浇带
011702012	弧形墙	011702031	化粪池
011702013	短肢剪力墙、电梯井壁	011702032	检查井
011702014	有梁板	011703001	垂直运输
011702015	无梁板	011704001	超高施工增加
011702016	平板	011705001	大型机械设备进出场及安拆
011702017	拱板	011706001	成井
011702018	薄壳板	011706002	排水、降水
011702019	空心板		

(2)总价措施项目是不能计算工程量的项目。《工程量计算规范》中列出了项目编码、项目名称、工作内容及包含范围。总价措施项目中包括安全文明施工及其他措施项目、夜间施工、二次搬运等7项内容。总价措施项目工程量清单项目名称及编码见表21.1.2。

表21.1.2　总价措施项目工程量清单项目名称及编码

项目编码	项目名称	项目编码	项目名称
011707001	安全文明施工(含环境保护、文明施工、安全施工、临时设施)	011707005	冬雨季施工
011707002	夜间施工	011707006	地上、地下设施、建筑物的临时保护设施
011707003	非夜间施工照明	011707007	已完工程及设备保护
011707004	二次搬运		

①环境保护费是指施工现场为达到环保部门要求所需要的各项费用。

②文明施工费是指施工现场文明施工所需要的各项费用。

③安全施工费是指施工现场安全施工所需要的各项费用。

④临时设施是指施工企业为进行建筑工程施工所必须搭设的生活和生产用的临时建筑物、构筑物、仓库、办公室、加工厂以及规定范围内道路、水、电、管线等临时设施。临时设施费包括临时设施的搭设、维修、拆除和摊销费。

⑤夜间施工费是指因夜间施工所发生的夜班补助费及夜间施工降效、夜间施工照明设备摊销及照明用电等费用。

⑥非夜间施工照明费是指为保证工程施工正常进行，在如地下室等特殊施工部位施工时所采用的照明设备的安拆、维护、摊销及照明用电等费用。

⑦二次搬运费是指因施工场地狭小等特殊情况而发生的二次搬运费用。

⑧冬雨季施工增加费是指在冬雨季施工需增加的设施（如防雨、防寒棚）、劳保用品、防滑、排除雨雪的人工及劳动效率降低等费用。

⑨地上、地下设施、建筑物的临时保护设施费是指工程施工过程中，对地上及地下设施、建筑物进行临时性保护所需费用。

⑩已完工程及设备保护费是指竣工验收前，对已完工程及设备进行保护所需的费用。

1.2　措施项目工程量清单编制规定

（1）措施项目清单应根据拟建工程的具体情况列项。单价措施项目列入分部分项工程和单价措施项目清单与计价表中，总价措施项目列入总价措施项目清单与计价表中，以“项”为计量单位。单价措施项目可按表 21.1.1 选择列项，总价措施项目可按表 21.1.2 选择列项。但是，由于影响措施项目设置的因素太多，《工程量计算规范》不可能将施工中可能出现的措施项目一一列出。在编制措施项目清单时，因工程情况不同，出现《工程量计算规范》中未列的措施项目时，可根据工程的具体情况对措施项目清单进行补充。

（2）使用综合脚手架时，不再使用外脚手架、里脚手架等单项脚手架；综合脚手架适用于能够按“建筑面积计算规则”计算建筑面积的建筑工程脚手架，不适用于房屋加层、构筑物及附属工程脚手架。

（3）同一建筑物有不同檐高时，按建筑物竖向切面应将脚手架分别按不同檐高编列清单项目。

（4）整体提升架已包括 2 m 高的防护架体设施。

（5）建筑面积计算按《建筑工程建筑面积计算规范》（GB/T 50353—2013）进行。

（6）脚手架材质可以不描述，但应注明由投标人根据工程实际情况按照《建筑施工扣件式钢管脚手架安全技术规范》（JGJ 130—2011）、《建筑施工附着升降脚手架管理暂行规定》（建建〔2000〕230 号）等规范自行确定。

（7）原槽浇灌的混凝土基础、垫层，不计算模板。

（8）混凝土模板及支撑（架）项目，只适用于以 m^2 计量，按模板与混凝土构件的接触面积计算。以 m^3 计量的模板及支撑(架),按混凝土及钢筋混凝土实体项目执行,其综合单价中应包含模板及支撑(架)。当单独分包模板及支撑(架)工程项目时,模板应以 m^2 计量,除此以外都应以 m^3 计量。

(9)采用清水模板时,应在项目特征描述中注明。

(10)若现浇混凝土梁、板支撑高度超过3.6 m,项目特征应描述支撑高度。

(11)垂直运输项目特征中,建筑物的檐口高度是指设计室外地坪至檐口滴水的高度(平屋顶是指屋面板底高度),凸出主体建筑物屋顶的电梯机房、楼梯出口间、水箱间、瞭望塔、排烟机房等不计入檐口高度。

(12)垂直运输机械指施工工程在合理工期内所需的垂直运输机械。

(13)同一建筑物有不同檐高时,按建筑物的不同檐高做纵向分割,分别计算建筑面积,应将垂直运输以不同檐高分别编码列项。

(14)单层建筑物檐口高度超过20 m,多层建筑物超过6层时,可按超高部分的建筑面积计算超高施工增加。计算层数时,地下室不计入层数。

(15)同一建筑物有不同檐高时,可按不同高度的建筑面积分别计算建筑面积,应将超高施工增加以不同檐高分别编码列项。

1.3　措施项目工程量清单编制方法及案例

措施项目清单应按工程所在地造价管理规定编制,《重庆市建设工程费用定额》将措施项目费分为施工技术措施费和施工组织措施费两类。

1.施工技术措施费

施工技术措施费指能够套用《重庆市建筑工程计价定额》计算的措施费,详见表21.1.3。该部分措施项目可以计算工程量,采用分部分项工程和单价措施项目清单与计价表编制。施工技术措施费与《工程量计算规范》的单价措施项目相对应。

表21.1.3　施工技术措施费

序号	项目名称
1	脚手架费
2	混凝土、钢筋混凝土模板及支架费
3	垂直运输费
4	超高施工增加费
5	大型机械设备进出场及安拆费
6	专业工程专用措施费

2.施工组织措施费

施工组织措施费指以费率形式计算的措施项目费,详见表21.1.4。该部分措施项目不能计算工程量,采用总价措施项目清单与计价表编制。施工组织措施费与《工程量计算规范》的总价措施项目相对应。

表 21.1.4　施工组织措施费

序号	项目名称	
1	组织措施费	夜间施工增加费
		二次搬运费
		冬雨季施工增加费
		已完工程及设备保护费
		工程定位复测费
2	安全文明施工费	
3	建设工程竣工档案编制费	
4	住宅工程质量分户验收费	

注:①工程定位复测费是指工程施工过程中进行全部施工测量放线、复测的费用。

②建设工程竣工档案编制费是指施工企业根据建设工程档案管理的有关规定,在建设工程施工过程中收集、整理、制作、装订、归档具有保存价值的文字、图纸、图表、声像、电子文件等各种建设工程档案资料所发生的费用。

③住宅工程质量分户验收费是指施工企业根据住宅工程质量分户验收规定,进行住宅工程分户验收工作发生的人工、材料、检测工具、档案资料等费用。

【例 21.1.1】某多层框架结构建筑檐口高度如图 21.1.1 所示,按建筑面积计算规则计算的建筑面积分别是①~②轴间为 1 200 m^2,②~③轴间为 7 000 m^2,③~④轴间为 6 000 m^2。试完成该工程垂直运输及超高施工增加的清单计价。

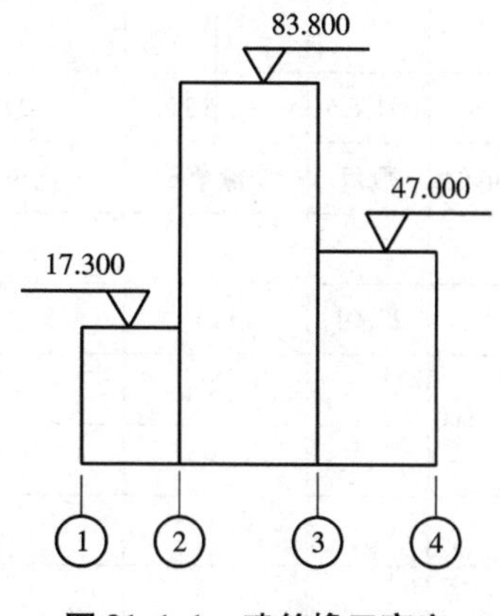

图 21.1.1　建筑檐口高度

(1)垂直运输：

①～②轴间，建筑面积为 1 200 m²，檐口高度为 17.3 m(≤30 m)；

②～③轴间，建筑面积为 7 000 m²，檐口高度为 83.8 m(≤100 m)；

③～④轴间，建筑面积为 6 000 m²，檐口高度为 47.0 m(≤70 m)。

(2)超高施工增加：

②～③轴间，建筑面积为 7 000 m²，檐口高度为 83.8 m(≤100 m)；

③～④轴间，建筑面积为 6 000 m²，檐口高度为 47.0 m(≤60 m)。

(3)编制综合单价分析表，计算综合单价。

查《重庆市房屋建筑与装饰工程计价定额》中的垂直运输及超高施工增加，套用相应项目，综合单价计算过程见表 21.1.5 至表 21.1.10。

表 21.1.5　施工技术措施项目清单综合单价分析表

工程名称：土建工程　　　　单位：元

项目编码	011703001001	项目名称	垂直运输	计量单位	m²	综合单价	25.85

定额编号	定额项目名称	单位	数量	定额综合单价									人材机价差	其他风险费	合价
				定额人工费	定额材料费	定额施工机具使用费	企业管理费		利润		一般风险费用				
							4	5	6	7	8	9			12
				1	2	3	费率(%)	(1+3)×4	费率(%)	(1+3)×6	费率(%)	(1+3)×8	10	11	1+2+3+5+7+9+10+11
AP0045	多、高层建筑物垂直运输檐口高度(30 m以内)	100 m²	12	2 530.92	0	19 866.6	24.10	5 397.80	12.92	2 893.76	1.5	335.96	0	0	31 025.04
合计				2 530.92	0	19 866.6	—	5 397.80	—	2 893.76	—	335.96	0	0	31 025.04

人工、材料及机械名称	单位	数量	定额单价	市场单价	价差合计	市场合价	备注
1. 人工							
建筑综合工	工日	22.01	115	115	0	2 530.92	
2. 材料							
(1)计价材料							
(2)其他材料费							

续表

3.机械							
(1)机上人工							
(2)燃油动力费							

注:《重庆市建设工程费用定额》规定房屋建筑工程的利润率为12.92%,管理费率为24.10%,计算基数为定额人工费与定额施工机具使用费之和,价差暂不考虑。

表21.1.6　施工技术措施项目清单综合单价分析表

工程名称:土建工程　　　　单位:元

项目编码	011703001002	项目名称		垂直运输						计量单位		m²		综合单价		38.45
定额编号	定额项目名称	单位	数量	定额综合单价										人材机价差	其他风险费	合价
				定额人工费	定额材料费	定额施工机具使用费	企业管理费		利润		一般风险费用					
				1	2	3	4	5	6	7	8	9		10	11	12
							费率(%)	(1+3)×4	费率(%)	(1+3)×6	费率(%)	(1+3)×8				1+2+3+5+7+9+10+11
AP0047	多、高层建筑物垂直运输檐口高度(70 m以内)	100 m²	60	28 780.20	0	137 767.8	24.10	40 138.07	12.92	21 518.00	1.5	2 498.22		0	0	230 702.29
合计				28 780.20	0	137 767.8	—	40 138.07	—	21 518.00	—	2 498.22		0	0	230 702.29

人工、材料及机械名称	单位	数量	定额单价	市场单价	价差合计	市场合价	备注
1.人工							
建筑综合工	工日	250.26	115	115	0	28 779.9	
2.材料							
(1)计价材料							
(2)其他材料费							
3.机 械							
(1)机上人工							

续表

(2)燃油动力费							

注:《重庆市建设工程费用定额》规定房屋建筑工程的利润率为12.92%,管理费率为24.10%,计算基数为定额人工费与定额施工机具使用费之和,价差暂不考虑。

表21.1.7　施工技术措施项目清单综合单价分析表

工程名称:土建工程　　　　　　　　　　　　　　　　　　　　　　单位:元

项目编码	011703001003	项目名称		垂直运输					计量单位		m^2		综合单价		43.16
定额编号	定额项目名称	单位	数量	定额综合单价									人材机价差	其他风险费	合价
				定额人工费	定额材料费	定额施工机具使用费	企业管理费		利润		一般风险费用				
				1	2	3	4	5	6	7	8	9	10	11	12
							费率(%)	(1+3)×4	费率(%)	(1+3)×6	费率(%)	(1+3)×8			1+2+3+5+7+9+10+11
AP0048	多、高层建筑物垂直运输檐口高度(100 m以内)	100 m^2	70	44 814.7	0	173 306	24.10	52 567.09	12.92	28 181.19	1.5	3 271.81	0	0	302 140.79
合计				44 814.7	0	173 306	—	52 567.09	—	28 181.19	—	3 271.81	0	0	302 140.79

人工、材料及机械名称	单位	数量	定额单价	市场单价	价差合计	市场合价	备注
1.人工							
建筑综合工	工日	389.69	115	115	0	44 814.35	
2.材料							
(1)计价材料							
(2)其他材料费							
3.机械							
(1)机上人工							
(2)燃油动力费							

注:《重庆市建设工程费用定额》规定房屋建筑工程的利润率为12.92%,管理费率为24.10%,计算基数为定额人工费与定额施工机具使用费之和,价差暂不考虑。

表 21.1.8　施工技术措施项目清单综合单价分析表

工程名称:土建工程　　　　　　　　　　　　　　　　　　　　单位:元

项目编码	011704001001	项目名称	超高施工增加	计量单位	m^2	综合单价	41.72

定额编号	定额项目名称	单位	数量	定额综合单价									人材机价差	其他风险费	合价
				定额人工费	定额材料费	定额施工机具使用费	企业管理费		利润		一般风险费用				
				1	2	3	4	5	6	7	8	9	10	11	12
							费率(%)	(1+3)×4	费率(%)	(1+3)×6	费率(%)	(1+3)×8			1+2+3+5+7+9+10+11
AP0057	超高施工增加檐口高度(60 m以内)	100 m^2	60	176 619.60	0	4 111.2	24.10	43 556.12	12.92	23 350.42	1.5	2 710.96	0	0	250 348.3
合计				176 619.60	0	4 111.2	—	43 556.12	—	23 350.42	—	2 710.96	0	0	250 348.3

人工、材料及机械名称	单位	数量	定额单价	市场单价	价差合计	市场合价	备注
1. 人工							
建筑综合工	工日	1 535.82	115	115	0	176 619.3	
2. 材料							
(1)计价材料							
(2)其他材料费							
3. 机械							
(1)机上人工							
(2)燃油动力费							

注:《重庆市建设工程费用定额》规定房屋建筑工程的利润率为 12.92%,管理费率为 24.10%,计算基数为定额人工费与定额施工机具使用费之和,价差暂不考虑。

表 21.1.9　施工技术措施项目清单综合单价分析表

工程名称:土建工程　　　　　　　　　　　　　　　　　　　　单位:元

<table>
<tr><td>项目编码</td><td>011704001002</td><td colspan="2">项目名称</td><td colspan="5">超高施工增加</td><td colspan="2">计量单位</td><td colspan="2">m^2</td><td colspan="2">综合单价</td><td>55.64</td></tr>
<tr><td rowspan="4">定额编号</td><td rowspan="4">定额项目名称</td><td rowspan="4">单位</td><td rowspan="4">数量</td><td colspan="9">定额综合单价</td><td rowspan="3">人材机价差</td><td rowspan="3">其他风险费</td><td rowspan="2">合价</td></tr>
<tr><td rowspan="3">定额人工费
1</td><td rowspan="3">定额材料费
2</td><td rowspan="3">定额施工机具使用费
3</td><td colspan="2">企业管理费</td><td colspan="2">利润</td><td colspan="2">一般风险费用</td></tr>
<tr><td>4</td><td>5</td><td>6</td><td>7</td><td>8</td><td>9</td><td>12</td></tr>
<tr><td>费率(%)</td><td>(1+3)×4</td><td>费率(%)</td><td>(1+3)×6</td><td>费率(%)</td><td>(1+3)×8</td><td>10</td><td>11</td><td>1+2+3+5+7+9+10+11</td></tr>
<tr><td>AP0059</td><td>超高施工增加檐口高度(100 m以内)</td><td>100 m^2</td><td>70</td><td>270 206.30</td><td>0</td><td>10 975.3</td><td>24.10</td><td>67 764.77</td><td>12.92</td><td>36 328.66</td><td>1.5</td><td>4 217.72</td><td>0</td><td>0</td><td>389 492.75</td></tr>
<tr><td colspan="4">合计</td><td>270 206.30</td><td>0</td><td>10 975.3</td><td>—</td><td>67 764.77</td><td>—</td><td>36 328.66</td><td>—</td><td>4 217.72</td><td>0</td><td>0</td><td>389 492.75</td></tr>
</table>

人工、材料及机械名称	单位	数量	定额单价	市场单价	价差合计	市场合价	备注
1. 人工							
建筑综合工	工日	2 349.62	115	115	0	270 206.3	
2. 材料							
(1)计价材料							
(2)其他材料费							
3. 机械							
(1)机上人工							
(2)燃油动力费							

注:《重庆市建设工程费用定额》规定房屋建筑工程的利润率为 12.92%,管理费率为 24.10%,计算基数为定额人工费与定额施工机具使用费之和,价差暂不考虑。

表 21.1.10　施工技术措施项目清单计价表

工程名称:土建工程　　　　　　　　　　　　　　　　　　　　　　第　页共　页

序号	项目编码	项目名称	项目特征描述	计量单位	工程量	金额(元)		
						综合单价	合价	其中:暂估价
1	011703001001	垂直运输	1.建筑物建筑类型及结构形式:框架结构 2.建筑物檐口高度:30 m以内	m^2	1 200.00	25.85	31 025.04	
2	011703001002	垂直运输	1.建筑物建筑类型及结构形式:框架结构 2.建筑物檐口高度:70 m以内	m^2	6 000.00	38.45	230 702.29	
3	011703001003	垂直运输	1.建筑物建筑类型及结构形式:框架结构 2.建筑物檐口高度:100 m以内	m^2	7 000.00	43.16	302 140.79	
4	011704001001	超高施工增加	1.建筑物建筑类型及结构形式:框架结构 2.建筑物檐口高度:60 m以内	m^2	6 000.00	41.72	250 348.3	
5	011704001002	超高施工增加	1.建筑物建筑类型及结构形式:框架结构 2.建筑物檐口高度:100 m以内	m^2	7 000.00	55.64	389 492.75	

【例 21.1.2】某宿舍楼工程用自升式塔式起重机2台，且2台自升式塔式起重机的公称起重力矩分别为400 kN·hm和600 kN·hm,试完成塔式起重机安拆的清单计价。

大型机械设备进出场及安拆工程量按使用机械设备的数量以台次计算,所以清单工程量为2台。

查《重庆市房屋建筑与装饰工程计价定额》中的大型机械设备进出场及安拆,套用相应项目,综合单价计算过程见表21.1.11至表21.1.13。

表 21.1.11　施工技术措施项目清单综合单价分析表

工程名称:土建工程　　　　　　　　　　　　　　　　　　　　　　　　单位:元

项目编码	011705001001	项目名称		大型机械设备进出场及安拆					计量单位		台次		综合单价		14 197.80
定额编号	定额项目名称	单位	数量	定额综合单价									人材机价差	其他风险费	合价
				定额人工费	定额材料费	定额施工机具使用费	企业管理费		利润		一般风险费用				
							4	5	6	7	8	9			12
				1	2	3	费率(%)	(1+3)×4	费率(%)	(1+3)×6	费率(%)	(1+3)×8	10	11	1+2+3+5+7+9+10+11
AP0071	自升式塔式起重机安拆(400 kN·hm以内)	台次	1	6 256.00	137.12	3 894.65	24.10	2 446.31	12.92	1 311.46	1.5	152.26	0	0	14 197.80
合计				6 256.00	137.12	3 894.65	—	2 446.31	—	1 311.46	—	152.26	0	0	14 197.80

人工、材料及机械名称	单位	数量	定额单价	市场单价	价差合计	市场合价	备注
1. 人工							
建筑综合工	工日	54.4	115	115	0	6 256.00	
2. 材料							
(1)计价材料							
(2)其他材料费							
3. 机械							
(1)机上人工							
(2)燃油动力费							

注:《重庆市建设工程费用定额》规定房屋建筑工程的利润率为12.92%,管理费率为24.10%,计算基数为定额人工费与定额施工机具使用费之和,价差暂不考虑。

表 21.1.12　施工技术措施项目清单综合单价分析表

工程名称:土建工程　　　　　　　　　　　　　　　　　　　　　　　　　　单位:元

项目编码	011705001002	项目名称	大型机械设备进出场及安拆	计量单位	台次	综合单价	16 238.96

定额编号	定额项目名称	单位	数量	定额综合单价									人材机价差	其他风险费	合价
				定额人工费	定额材料费	定额施工机具使用费	企业管理费		利润		一般风险费用				
							4	5	6	7	8	9			12
				1	2	3	费率(%)	(1+3)×4	费率(%)	(1+3)×6	费率(%)	(1+3)×8	10	11	1+2+3+5+7+9+10+11
AP0072	自升式塔式起重机安拆(600 kN·hm以内)	台次	1	6 992.00	151.14	4 622.08	24.10	2 798.99	12.92	1 500.54	1.5	174.21	0	0	16 238.96
合计				6 992.00	151.14	4 622.08	—	2 798.99	—	1 500.54	—	174.21	0	0	16 238.96

人工、材料及机械名称	单位	数量	定额单价	市场单价	价差合计	市场合价	备注
1.人工							
建筑综合工	工日	60.8	115	115	0	6 992.00	
2.材料							
(1)计价材料							
(2)其他材料费							
3.机械							
(1)机上人工							
(2)燃油动力费							

注:《重庆市建设工程费用定额》规定房屋建筑工程的利润率为12.92%,管理费率为24.10%,计算基数为定额人工费与定额施工机具使用费之和,价差暂不考虑。

表 21.1.13 施工技术措施项目清单计价表

工程名称:土建工程　　　　　　第 页 共 页

序号	项目编码	项目名称	项目特征	计量单位	工程量	金额(元)		
						综合单价	合价	其中:暂估价
1	011705001001	大型机械设备进出场及安拆	1. 机械设备名称:自升式塔式起重机 2. 机械设备规格、型号:公称起重力矩为 400 kN·hm	台次	1	14 197.80	14 197.80	
2	011705001002	大型机械设备进出场及安拆	1. 机械设备名称:自升式塔式起重机 2. 机械设备规格、型号:公称起重力矩为 600 kN·hm	台次	1	16 238.96	16 238.96	

【例 21.1.3】某工程设有钢筋混凝土柱 20 根,柱下独立基础形式如图 21.1.2 所示,试计算该工程垫层(厚 0.1 m)和独立基础模板清单工程量。

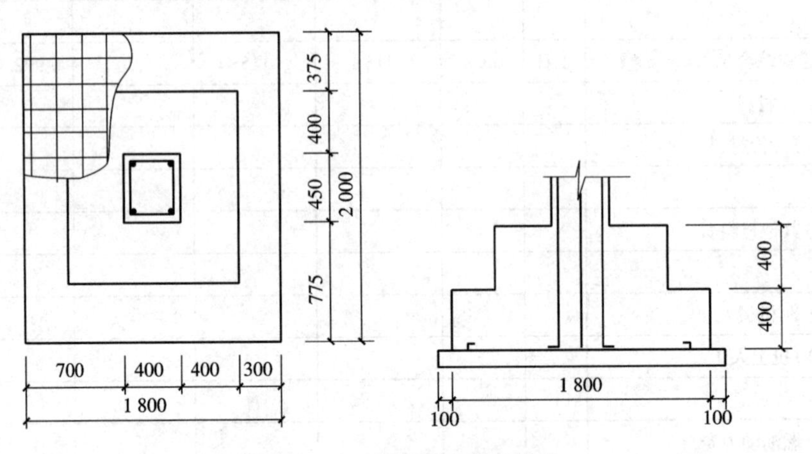

图 21.1.2 柱下独立基础形式

该独立基础为阶梯形,其模板接触面积应分阶计算。计算如下:

$S_{垫} = (1.8 + 0.2 + 2.0 + 0.2) \times 2 \times 0.1 = 0.84\ m^2$

$S_{上} = (1.2 + 1.25) \times 2 \times 0.4\ m = 1.96\ m^2$

$S_{下} = (1.8 + 2.0) \times 2 \times 0.4\ m = 3.04\ m^2$

独立基础模板工程量:

$S = (1.96 + 3.04) \times 20 = 100\ m^2$

【例 21.1.4】如图 21.1.3 所示,现浇混凝土框架柱 20 根,组合钢模板,钢支撑,计算钢模板清单工程量。

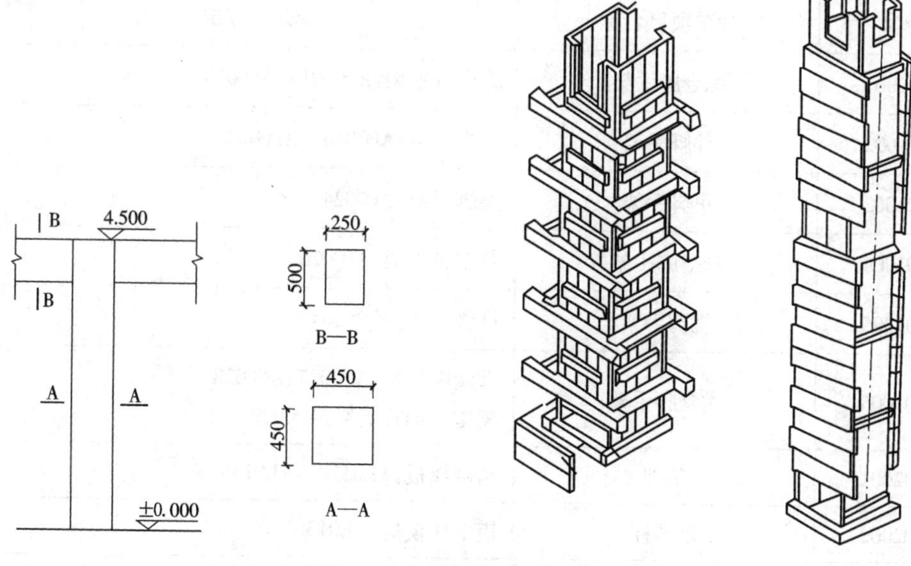

图21.1.3　现浇混凝土框架柱

提示：柱模板按柱周长乘以柱高以m^2计算。

(1)柱、梁相交时，不扣除梁头所占柱模板面积。

(2)柱、板相交时，不扣除板厚所占柱模板面积。

(1)现浇混凝土框架柱钢模板工程量：

$0.45\times4\times4.50\times20=162.00\ m^2$

(2)超高次数：

$4.5-3.6=0.90\ m\approx1$ 次

混凝土框架柱钢支撑一次超高工程量：

$0.45\times4\times20\times(4.50-3.60)=32.40\ m^2$

任务2　措施项目工程量清单计价

2.1　单价措施项目清单计价

《重庆市建设工程工程量清单计价编制指南》列出了房屋建筑与装饰工程单价措施项目(施工技术措施项目)与定额项目的对应关系，具体见表21.2.1。

表 21.2.1　单价措施项目与定额项目的对应关系(摘录)

项目编码	清单项目名称	建筑工程定额编号
011701001	综合脚手架	综合脚手架:AP0001 ~ AP0015
011701002	外脚手架	外脚手架:AP0016 ~ AP0023
011701003	里脚手架	里脚手架:AP0024
011701004	悬空脚手架	悬空脚手架:AP0025
011701005	挑脚手架	挑脚手架:AP0026
011701006	满堂脚手架	满堂脚手架:AP0027、AP0028 满堂式钢管支架:AP0029
011702001	基础	基础模板:AE0118 ~ AE0135
011702002	矩形柱	矩形柱模板:AE0136
011702003	构造柱	构造柱模板:AE0141
011702004	异型柱	斜柱、多边形(异型)柱、薄壁柱模板:AE0137 ~ AE0140
011702005	基础梁	基础梁模板:AE0142、AE0143
011702006	矩形梁	矩形梁、斜梁模板:AE0144、AE0151
011702007	异型梁	异型梁、斜梁模板:AE0145、AE0151
011702008	圈梁	圈梁模板:AE0146、AE0147
011702009	过梁	过梁模板:AE0148
011702010	弧形、拱形梁	弧形、拱形梁模板:AE0149、AE0150
011702011	直形墙	直形墙模板:AE0152、AE0154 ~ AE0156
011702012	弧形墙	弧形墙模板:AE0153、AE0154 ~ AE0156
011702014	有梁板	有梁板模板:AE0157
011702015	无梁板	无梁板模板:AE0158
011702016	平板	平板模板:AE0159
011702017	拱板	拱板模板:AE0160
011702018	薄壳板	薄壳板模板:AE0161
011702019	空心板	空心板模板:AE0162

续表

项目编码	清单项目名称	建筑工程定额编号
011702020	其他板	斜板模板:AE0163
011702022	天沟、檐沟	挑檐模板:AE0166
011702023	雨篷、悬挑板、阳台板	悬挑板模板:AE0164、AE0165
011702024	楼梯	楼梯模板:AE0167 ~ AE0169
011702025	其他现浇构件	零星构件模板:AE0172
011702026	电缆沟、地沟	地沟(电缆沟)模板:AE0171
011702027	台阶	台阶模板:AE0170
011703001	垂直运输	单层:AP0041 ~ AP0044、LG0001、LG0002 多、高层:AP0045 ~ AP0055、LG0003 ~ LG0013
011704001	超高施工增加	超高施工增加:AP0056 ~ AP0066、LG0014 ~ LG0024
011705001	大型机械设备进出场及安拆	大型机械设备进出场及安拆:AP0071 ~ AP0111

2.2 总价措施项目清单计价

根据《重庆市建设工程费用定额》,总价措施项目(施工组织措施项目)以费率计算。房屋建筑工程、机械(爆破)土石方工程的组织措施费和建设工程竣工档案编制费以定额人工费与定额施工机具使用费之和为计费基础;装饰装修工程、人工土石方的组织措施费和建设工程竣工档案编制费以定额人工费为计费基础;房屋建筑工程的安全文明施工费以工程造价为计费基础,装饰工程的安全文明施工费以人工费为计费基础;住宅工程质量分户验收费以住宅单位工程建筑面积为计费基础;费率标准可以按表21.2.2计取。

表 21.2.2　施工组织措施项目费费率

<table>
<tr><th colspan="2" rowspan="2">专业工程</th><th colspan="4">一般计税法</th><th colspan="4">简易计税法</th></tr>
<tr><th>组织措施费（%）</th><th>安全文明专项费用（%）</th><th>建设工程竣工档案编制费（%）</th><th>住宅工程质量分户验收费（元/m²）</th><th>组织措施费（%）</th><th>安全文明专项费用（%）</th><th>建设工程竣工档案编制费（%）</th><th>住宅工程质量分户验收费（元/m²）</th></tr>
<tr><td rowspan="3">房屋建筑工程</td><td>公共建筑工程</td><td>6.2</td><td rowspan="2">3.59</td><td>0.42</td><td rowspan="6">1.32</td><td>6.61</td><td rowspan="2">3.74</td><td>0.44</td><td rowspan="6">1.35</td></tr>
<tr><td>住宅工程</td><td>6.88</td><td>0.56</td><td>7.33</td><td>0.58</td></tr>
<tr><td>工业建筑工程</td><td>7.9</td><td>3.41</td><td>0.48</td><td>8.42</td><td>3.55</td><td>0.50</td></tr>
<tr><td colspan="2">机械(爆破)土石方工程</td><td>4.80</td><td rowspan="2">0.77 元/m²</td><td>0.20</td><td>5.11</td><td rowspan="2">0.85 元/m²</td><td>0.21</td></tr>
<tr><td colspan="2">人工土石方工程</td><td>2.22</td><td>0.19</td><td>2.37</td><td>0.20</td></tr>
<tr><td colspan="2">装饰工程</td><td>8.63</td><td>11.88</td><td>1.23</td><td>9.19</td><td>12.37</td><td>1.28</td></tr>
<tr><td colspan="2">合计</td><td></td><td></td><td></td><td></td><td></td><td></td><td></td><td></td></tr>
</table>

提示：重庆市城乡建设委员会《关于印发〈重庆市建设工程安全文明施工费计取及使用管理规定〉的通知》（渝建发〔2014〕25号）中规定：建筑工程安全文明施工费以税前工程造价为计费基础，计费标准分工业建筑和民用建筑；装饰工程（含幕墙工程）安全文明施工费以人工费（含价差）为基础计算。

2.3　措施项目清单计价案例

【例21.2.1】已知某办公楼土建工程，试完成施工组织措施项目清单计价表21.2.3。定额人工费和定额施工机具使用费之和为50万元，安全文明施工费为2万元。

表 21.2.3　施工组织措施项目清单计价表

工程名称：××建筑工程　　　　标段：　　　　第　页　共　页

序号	项目编码	项目名称	计算基础	费率（%）	金额（元）	调整费率（%）	调整后金额（元）	备注
1		组织措施费	分部分项工程人工费＋分部分项工程机械费＋技术措施人工费＋技术措施机械费	6.2	＝500 000×6.2% ＝31 000			
2		安全文明施工费	税前合计	3.59	20 000			

续表

序号	项目编码	项目名称	计算基础	费率（%）	金额（元）	调整费率（%）	调整后金额（元）	备注
3		建设工程竣工档案编制费	分部分项工程人工费＋分部分项工程机械费＋技术措施人工费＋技术措施机械费	0.42	＝500 000×0.42% ＝2 100			
4		住宅工程质量分户验收费	住宅单位工程建筑面积	0	0			
5								
6								
7								
8								
9								
10								
11								
12								
合计					53 100			

编制人（造价人员）：　　　　　　　　　　复核人（造价工程师）：

单价措施项目清单计价的方法与分部分项工程量清单的计价方法相同。

（1）根据《重庆市房屋建筑与装饰工程计价定额》，选择对应的计价定额，例如AP0007多层建筑综合脚手架（檐口高度在20 m以内），AP0045多、高层垂直运输（檐口高度在30 m以内）。

（2）计算定额工程量。《重庆市房屋建筑与装饰工程计价定额》中，综合脚手架及垂直运输的工程量计算规则相同，均等于建筑工程的建筑面积。

（3）利用清单综合单价分析表计算综合单价，见表21.2.4。

（4）施工技术措施项目清单计价表见表21.2.5。

课堂活动：教师可自由选择图纸，再根据以上内容计算相应综合脚手架及垂直运输两项单价措施项目的综合单价，并分别编制施工技术措施项目清单综合单价分析表（表21.2.4）和施工技术措施项目清单计价表（表21.2.5）。

表 21.2.4　施工技术措施项目清单综合单价分析表

工程名称：××建筑工程　　　　标段：　　　　第　页共　页

项目编码		项目名称							计量单位				综合单价(元)		
				定额综合单价			企业管理费		利润		一般风险费用		人材机价差	其他风险费	
定额编号	定额项目名称	单位	数量	定额人工费	定额材料费	定额施工机具使用费	4	5	6	7	8	9	10	11	合价(元)
				1	2	3	费率(%)	(1+3)×4	费率(%)	(1+3)×6	费率(%)	(1+3)×8			
合计															

人工、材料及机械名称	单位	数量	定额单价	市场单价	价差合计	市场合价	备注
1. 人工							
建筑综合工							
2. 材料							
(1)计价材料							
(2)其他材料费							
3. 机械							
(1)机上人工							
(2)燃油动力费							

表21.2.5　施工技术措施项目清单计价表

工程名称：××建筑工程　　　　标段：　　　　第　页　共　页

序号	项目编码	项目名称	项目特征描述	计量单位	工程量	金额(元)		
						综合单价	合价	其中：暂估价
	一	施工技术措施项目						
本页小计								
合　计								

习　题

一、多项选择题

1. 以下属于《工程量计算规范》规定的措施项目的有(　　)。

A. 脚手架　　B. 二次搬运

C. 混凝土、钢筋混凝土模板　　D. 边坡支护

E. 大型机械设备进出场及安拆

2. 以下属于《重庆市建设工程工程量计算规则》技术措施项目的有(　　)。

A. 大型机械设备进出场及安拆　　B. 二次搬运

C. 临时设施　　D. 脚手架

E. 施工排水

3. 以下属于《重庆市建设工程工程量计算规则》组织措施项目的有(　　)。

A. 安全文明施工费　　B. 二次搬运

C. 临时设施　　D. 脚手架

E. 施工排水

二、判断题

1. 重庆建筑工程措施项目中的技术措施项目费以基价直接工程费为计费基础。(　　)

2. 重庆建筑工程措施项目中的组织措施项目费以费率计算。(　　)

3.《重庆市房屋建筑与装饰工程计价定额》中各类混凝土模板的工程量以混凝土与模板的接触面积计算。(　　)

4. 装饰工程规费以定额基价人工费为计算基础。(　　)

5. 投标人在填写措施项目清单时,可变更和增减招标人提供的清单项目。(　　)

6.《重庆市建设工程费用定额》中规定的装饰工程费率标准为4.87%。(　　)

三、综合题

1. 请完成下面的单位工程汇总表。

单位工程汇总表

工程名称:土建工程　　　　第　页　共　页

序号	汇总内容	金额(元)	其中:暂估价(元)
1	分部分项工程费	32 639.47	
1.1	建筑工程	32 639.47	
1.2	拆除工程	0	
2	措施项目费	351.84	
3	其他项目费	6 000	

续表

序号	汇总内容	金额(元)	其中:暂估价(元)
4	规费	1 602.06	—
5	税前造价	40 593.37	
6	安全文明施工费(税前造价)×3.74%		—
7	税金		
合计			

2. 某高层建筑尺寸如下图所示,框架剪力墙结构,女儿墙高度为1.8 m,由某总承包公司承包,施工组织设计中,垂直运输采用自升式塔式起重机及单笼施工电梯。试完成该高层建筑物的垂直运输、超高施工增加项目的清单计价。

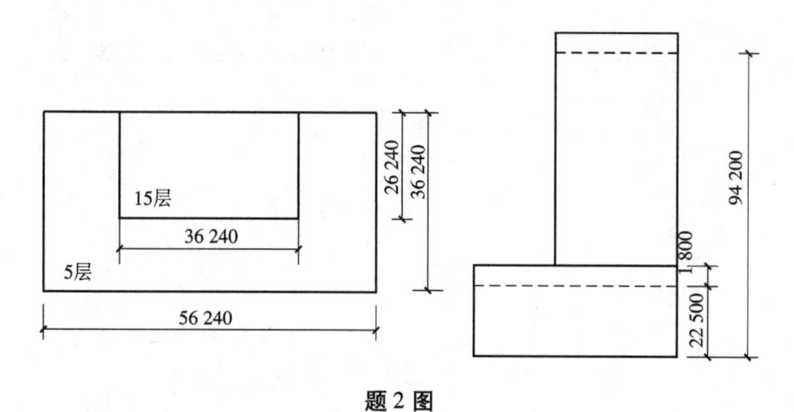

题2图

3. 某框架剪力墙结构高层建筑尺寸如下图所示,试完成该高层建筑物的垂直运输、超高施工增加项目的清单计价。

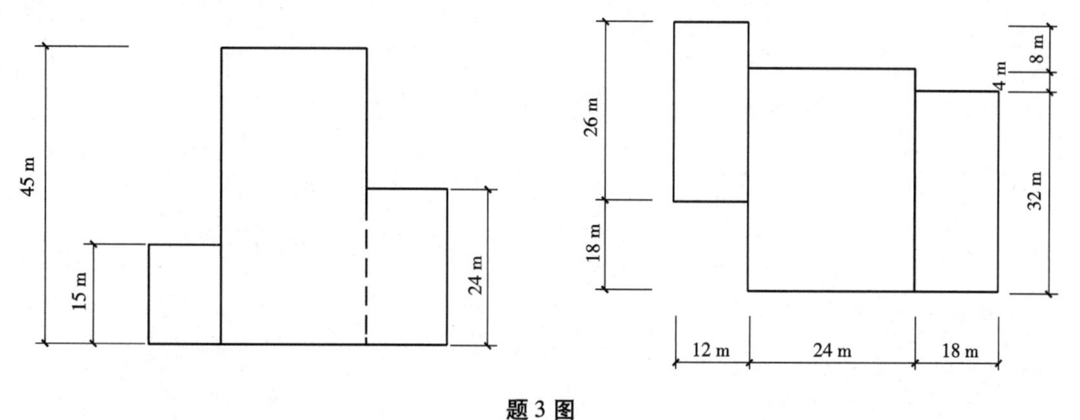

题3图

4. 某科技馆工程使用塔式起重机(8 t)2台,塔式起重机的基础为12 m^3,基础混凝土现场搅拌。工程完工后,塔吊基础需要拆除(不考虑塔基模板、钢筋和地脚螺栓等因素)。试完成大型机械设备进出场及安拆的清单计价。

5. 某现浇钢筋混凝土有梁板,如下图所示,胶合板模板,钢支撑,试完成有梁板模板的清单计价。

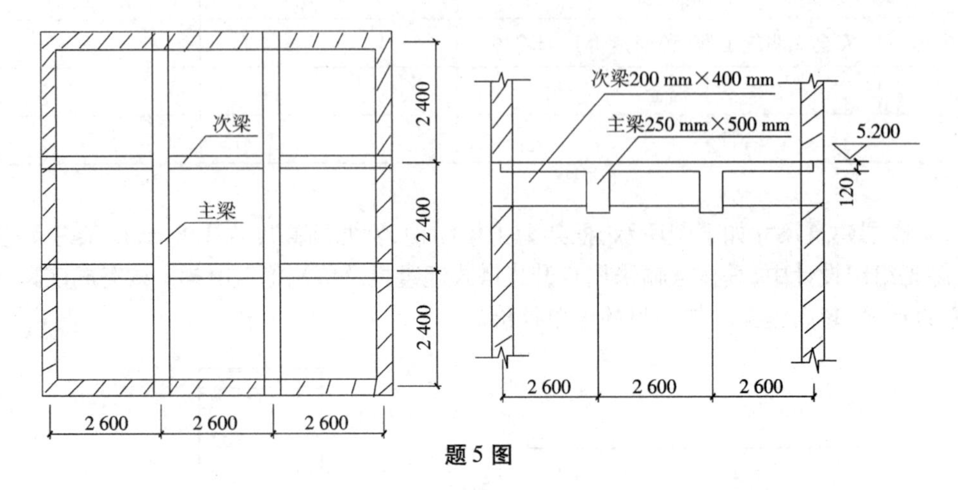

题5图

学习情境22　其他项目、规费、税金清单编制与计价

任务1　其他项目、规费、税金清单编制

1.1　房屋建筑与装饰工程其他项目清单编制

其他项目清单编制与计价

其他项目清单包括暂列金额、暂估价、计日工、总承包服务费等，格式见表22.1.1。若出现未列的项目，投标人可根据工程具体情况补充。

表22.1.1　其他项目清单与计价汇总表

工程名称：　　　　标段：　　　　第　页　共　页

序号	项目名称	金　额(元)	结算金额(元)	备注
1	暂列金额			明细详见表22.2.2
2	暂估价			
2.1	材料(工程设备)暂估价/结算价	—		明细详见表22.2.3
2.2	专业工程暂估价/结算价			明细详见表22.2.4
3	计日工			明细详见表22.2.5
4	总承包服务费			明细详见表22.2.6
5				
合　计				

注：材料(工程设备)暂估价计入清单项目综合单价，此处不汇总。

1. 暂列金额

暂列金额是招标人在工程量清单中暂定并包括在合同价款中的一笔款项,用于工程合同签订时尚未确定或者不可预见的所需材料、工程设备、服务的采购,施工中可能发生的工程变更、合同约定调整因素出现时的合同价款调整以及发生的索赔、现场签证确认等的费用。

暂列金额在实际履约过程中可能发生,也可能不发生,由发包人暂定并掌握使用。暂列金额由招标人根据工程复杂程度、设计深度、工程环境条件等特点确定,一般可以按分部分项工程费的10% ~15%计算。招标人应将暂列金额与拟用项目明细列出,格式见表22.1.2,但如确实不能详列也可只列暂列金额总额。

表22.1.2　暂列金额明细表

工程名称:　　　　　　　　　　　　标段:　　　　　　　　　　　　第　页　共　页

序号	项目名称	计量单位	暂定金额(元)	备注
1				
2				
3				
4				
5				
6				
7				
合　计				—

注:此表由招标人填写,如不能详列,也可只列暂列金额总额,投标人应将上述暂列金额计入投标总额中。

2. 暂估价

1)材料(工程设备)暂估价

材料(工程设备)暂估价是指招标人在工程量清单中提供的用于支付必然发生但暂时不能确定价格的材料、工程设备的单价以及专业工程的金额。暂估价是在招标阶段预见肯定要发生,只是因为标准不明确或者需要由专业承包人完成,暂时无法确定具体价格。暂估价包括材料暂估单价、专业工程暂估价。

暂估价中的材料(工程设备)暂估单价按照工程造价管理机构发布的工程造价信息或参考市场价格确定。暂估价材料(工程设备)的数量和拟用项目应当在材料(工程设备)暂估单价表及调整表(表22.1.3)的备注栏给予补充说明。《工程量计算规范》要求招标人针对每一类暂估价给出相应的拟用项目,即按照材料(工程设备)的名称分别给出,以便材料(工程设备)暂估价能计入项目综合单价中。

表22.1.3　材料(工程设备)暂估单价表及调整表

工程名称：　　　　标段：　　　　第　页　共　页

序号	材料(工程设备)名称、规格、型号	计量单位	数量		暂估(元)		确认(元)		差额±(元)		备注
			暂估	确认	单价	合价	单价	合价	单价	合价	
合　计											

注：此表由招标人填写“暂估单价”，并在备注栏说明暂估价的材料、工程设备拟用在哪些清单项目上，投标人应将上述材料、工程设备暂估单价计入工程量清单综合单价报价表中。

2）专业工程暂估价

专业工程暂估价由招标人在专业工程暂估价表及结算价表(表22.1.4)中填写工程名称、工程内容、暂估金额。暂估价中的专业工程暂估价应分不同专业，按有关计价规定估算。

表22.1.4　专业工程暂估价表及结算价表

工程名称：　　　　标段：　　　　第　页　共　页

序号	工程名称	工程内容	暂估金额(元)	结算金额(元)	差额±(元)	备注
合　计						—

注：此表暂估金额由招标人填写，投标人应将“暂估金额”计入投标总价中。结算时按合同约定结算金额填写。

课堂活动：分组讨论，比较暂列金额和暂估价的不同。

3.计日工

计日工是在施工过程中，承包人完成发包人提出的工程合同范围以外的零星项目或工作，按合同中约定的单价计价的一种方式。编制工程量清单时，“项目名称”“计量单位”“暂定数量”由招标人填写，格式见表22.1.5。

表 22.1.5 计日工表

工程名称：　　　　　　　　　　　　标段：　　　　　　　　　　　　第　页　共　页

编号	项目名称	计量单位	暂定数量	实际数量	综合单价（元）	合价（元）	
						暂定	实际
一	人　　工						
1							
2							
3							
4							
人工小计							
二	材　　料						
1							
2							
3							
4							
材料小计							
三	施工机械						
1							
2							
3							
4							
施工机械小计							
四	企业管理费和利润						
总　计							

注：此表“项目名称”“计量单位”“暂定数量”由招标人填写，编制招标控制价时，单价由招标人按有关计价规定确定；投标时，单价由投标人自主报价，按暂定数量计算合价计入投标总价中。结算时按发承包双方确定的实际数量计算合价。

4. 总承包服务费

总承包服务费是总承包人为配合协调发包人进行的专业工程发包，对发包人自行采购的材料、工程设备等进行保管以及施工现场管理、竣工资料汇总整理等服务所需的费用。

总承包服务费是为了解决招标人在法律、法规允许的条件下进行专业工程发包以及自行供应材料、设备，并需要总承包人对发包的专业工程提供协调和配合服务（如分包人使用总包人的脚手架、水电接剥等）；对供应的材料、设备提供收、发和保管服务以及对施工现场进行统一管理；对竣工资料进行统一汇总整理等发生的费用。招标人应当按投标人的投标报价向投标人（总承包人）支付该项费用。总承包服务费计价表格式见表22.1.6。

表22.1.6 总承包服务费计价表

工程名称： 标段： 第 页 共 页

序号	项目名称	项目价值（元）	服务内容	计算基础	费率（%）	金额（元）
1	发包人发包专业工程					
2	发包人供应材料					
合 计						

注：此表“项目名称”“服务内容”由招标人填写，编制招标控制价时，费率和金额由招标人按有关计价规定确定；投标时，费率和金额由投标人自主报价，计入投标总价中。

5. 房屋建筑与装饰工程其他项目清单编制案例

【**例**22.1.1】某房屋建筑与装饰工程分部分项工程费为5 167 000元，招标人按分部分项工程费的10%计算暂列金额，编制的其他项目清单与计价如表22.1.7所示。

表22.1.7 其他项目清单与计价汇总表

工程名称：××建筑工程 标段： 第 页 共 页

序号	项目名称	金 额（元）	结算金额（元）	备注
1	暂列金额	516 700		明细详见表22.1.8
2	暂估价	200 000		
2.1	材料（工程设备）暂估价/结算价	—		明细详见表22.1.9
2.2	专业工程暂估价/结算价	200 000		明细详见表22.1.10
3	计日工			明细详见表22.1.11
4	总承包服务费			明细详见表22.1.12
5				
6				
合 计				—

表 22.1.8　暂列金额明细表

工程名称：××建筑工程　　　　标段：　　　　第　页　共　页

序号	项目名称	计量单位	暂定金额(元)	备注
1	工程量清单中工程量偏差和设计变更	项	200 000	
2	政策性调整和材料价格风险	项	200 000	
3	其他	项	116 700	
4				
5				
合　计			516 700	—

表 22.1.9　材料(工程设备)暂估单价表

工程名称：××建筑工程　　　　标段：　　　　第　页　共　页

序号	材料(工程设备)名称、规格、型号	计量单位	数量		暂估(元)		确认(元)		差额±(元)		备注
			暂估	确认	单价	合价	单价	合价	单价	合价	
1	钢筋(规格、型号综合)	t			5 200						用在所有现浇混凝土钢筋清单项目
2	水泥 32.5	t			250						用在所有使用 32.5 水泥的现浇混凝土清单项目
3	水泥 42.5	t			280						用在所有使用 42.5 水泥的现浇混凝土清单项目
4	页岩空心砖	m^3			80						用在所有使用页岩空心砖砌筑的清单项目
合　计											

表 22.1.10　专业工程暂估价表及结算价表

工程名称：××建筑工程　　　　标段：　　　　第　页　共　页

序号	工程名称	工程内容	暂估金额(元)	结算金额(元)	差额±(元)	备注
1	铁花栏杆	安装	50 000			
2	铝塑门窗工程	安装	150 000			
合　计			200 000			

表22.1.11　计日工表

工程名称：××建筑工程　　　　标段：　　　　第　页　共　页

编号	项目名称	单位	暂定数量	综合单价	合价
一	人　　工				
1	普工	工日	200		
2	技工(综合)	工日	100		
人工小计					
二	材　　料				
1	钢筋(规格、型号综合)	t	2		
2	水泥32.5	t	3		
3	特细砂	t	20		
4	碎石(5～40 mm)	t	10		
5	页岩空心砖	m^3	5		
材料小计					
三	施工机械				
1	自升式塔式起重机400 kN·m	台班	5		
2	混凝土搅拌机350 L	台班	3		
施工机械小计					
合　　计					

表22.1.12　总承包服务费计价表

工程名称：××建筑工程　　　　标段：　　　　第　页　共　页

序号	工程名称	项目价值(元)	服务内容	费率(%)	金额(元)
1	发包人发包专业工程	200 000	1. 按专业工程承包人的要求提供施工工作面，并对施工现场进行统一管理，对竣工资料进行统一整理汇总 2. 为专业工程承包人提供垂直运输机械和焊接电源接入点，并承担垂直运输费和电费 3. 为铁花栏杆、铝塑门窗安装后进行补缝和找平，并承担相应费用		

续表

序号	工程名称	项目价值(元)	服务内容	费率(%)	金额(元)
2	发包人供应材料	100 000	对发包人供应的材料进行验收、保管和使用发放		
合计					

1.2　房屋建筑与装饰工程规费项目清单编制

规费项目清单编制与计价

1. 规费

规费是根据国家法律、法规规定，由省级政府或省级有关权力部门规定施工企业必须缴纳的，应计入建筑安装工程造价的费用，应按照下列内容列项。

(1)工程排污费。

(2)社会保障费：包括养老保险费、失业保险费、医疗保险费、生育保险费。

(3)住房公积金。

(4)危险作业意外伤害保险费。

规费项目清单与计价表格式见表22.1.13。

表22.1.13　规费项目清单与计价表

工程名称：　　　　标段：　　　　第　页　共　页

序号	项目名称	计算基础	计算基数	计算费率(%)	金额(元)
1	规费	定额人工费			
1.1	工程排污费	按工程所在地环保部门收取标准，按实计入			
1.2	社会保障费	定额人工费			
(1)	养老保险费	定额人工费			
(2)	失业保险费	定额人工费			
(3)	医疗保险费	定额人工费			
(4)	生育保险费	定额人工费			
1.3	住房公积金	定额人工费			
1.4	危险作业意外伤害保险费	定额人工费			
合　计					

2. 房屋建筑与装饰工程规费项目清单编制案例

【例 22. 1. 2】某房屋建筑与装饰工程规费项目清单如表 22. 1. 14 所示。

表 22. 1. 14　规费项目清单与计价表

工程名称：××建筑工程　　标段：　　第　页　共　页

序号	项目名称	计算基础	计算基数	费率(%)	金额(元)
1	规费	按有关规定计算	158 640	15. 13	24 002. 23
	合　计				

1. 3　房屋建筑与装饰工程税金项目清单编制

税金项目清单编制与计价

税金是国家税法规定的应计入建筑安装工程造价内的增值税销项税额。它是以商品(含应税劳务)在流转过程中产生的增值额作为计税依据而应征收的一种流转税。

增值税 = 销项税额 − 进项税额

1. 进项税

进项税额 = 可抵扣成本费用 × 适用税率 + 可抵设备投资 × 适用税率

1)人工费

人工费不包含进项税额。

2)材料费

(1)材料费中的计价与未计价材料均按不含税价格确定；其他材料费、五金材料费、照明及安全费用、脚手架材料费、支架摊销费、校验材料费、滑轮绳卡摊销费、橡胶球摊销费、设备摊销费等以“元”为单位的零星材料费用分类扣减进项税额。

(2)材料价格为不含税价格时，则不需扣减计算进项税额。

(3)计价和未计价材料费扣税基础包含材料价差。

计价和未计价材料进项税额清单与计价表、材料费进项税额清单与计价表格式分别见表 22. 1. 15 与表 22. 1. 6。

表 22. 1. 15　计价和未计价材料进项税额清单与计价表

工程名称：　　标段：　　第　页　共　页

序号	项目名称	计算基础	计算基数	计算费率(%)	金　额(元)
1	商品混凝土、砖、瓦、灰、砂、石、土	材料费			
2	草类制品，棉、麻及其制品，绳、纸及其制品，毯类制品，水，天然气	材料费			

续表

序号	项目名称	计算基础	计算基数	计算费率(%)	金　额(元)
3	苗木	材料费			
4	上述材料以外的其他材料	材料费			

表22.1.16　材料费进项税额清单与计价表

工程名称：　　　　　　　　　　　　标段：　　　　　　　　　　　　第　页　共　页

序号	项目名称	计算基础	计算基数	计算费率(%)	金　额(元)
1	其他材料费、五金材料费、照明及安全费用、脚手架材料费、支架摊销费、校验材料费、滑轮绳卡摊销费、橡胶球摊销费、设备摊销费等	定额材料费			

3）机械费

(1)机械费按可分解费用的机械、不可分解费用的机械、定额中其他机械费、垂直运输通信费、超高降效机械费、回程费、本机使用台班费、脚手架机械使用费、机具摊销费等分类扣减进项税额(表22.1.17)。

(2)燃料动力费中的材料价格均按不含税价格计入。

表22.1.17　机械费进项税额清单与计价表

工程名称：　　　　　　　　　　　　标段：　　　　　　　　　　　　第　页　共　页

序号	项目名称	计算基础	计算基数	计算费率(%)	金　额(元)
1	可分解费用的机械	材料费			
1.1	折旧费及大修理费	定额费用			
1.2	经常修理费	定额费用			
1.3	安拆费及场外运费	定额费用			
1.4	燃料动力费				
2	不可分解费用的机械	定额机械费			
3	定额中其他机械费	定额机械费			
4	垂直运输通信费、超高降效机械费、回程费、本机使用台班费、脚手架机械使用费、机具摊销费等	定额机械费			
5	通风空调系统调试费	定额费用			

4)组织措施费

(1)组织措施费根据夜间施工费,冬雨季施工增加费,已完工程及设备保护费,材料检验试验费,二次搬运费,包干费,工程定位复测、点交及场地清理费的费用内容分类计算进项税额(表22.1.18)。

(2)二次搬运费按实签证计算时,应按不含税价格计取,不再采用扣减系数计算进项税额。

表22.1.18　组织措施费进项税额清单与计价表

工程名称：　　　　　　　　　　　　标段：　　　　　　　　　　　　第　页　共　页

序号	项目名称	计算基础	计算基数	计算费率(%)	金　额(元)
1	夜间施工费	夜间施工费			
2	冬雨季施工增加费	冬雨季施工增加费			
3	已完工程及设备保护费	已完工程及设备保护费			
4	材料检验试验费	材料检验试验费			
5	二次搬运费	二次搬运费			
6	包干费	包干费			
7	工程定位复测、点交及场地清理费	工程定位复测、点交及场地清理费			

5)企业管理费等

企业管理费等按企业管理费、安全文明施工费、建设工程竣工档案编制费、住宅工程质量分户验收费、总承包服务费计算进项税额(表22.1.19)。

表22.1.19　企业管理费、安全文明施工费、建设工程竣工档案编制费、住宅工程质量分户验收费、总承包服务费进项税额清单与计价表

工程名称：　　　　　　　　　　　　标段：　　　　　　　　　　　　第　页　共　页

序号	项目名称	计算基础	计算基数	计算费率(%)	金　额(元)
1	企业管理费	企业管理费			
2	安全文明施工费	安全文明施工费			
3	建设工程竣工档案编制费	建设工程竣工档案编制费			
4	住宅工程质量分户验收费	住宅工程质量分户验收费			
5	总承包服务费	总承包服务费			

进项税额汇总计算表的格式见表22.1.20。

表 22.1.20　进项税额汇总计算表

序号	项目名称	金额(元)
1	材料费进项税额	
2	机械费进项税额	
3	施工组织措施费进项税额	
4	企业管理费进项税额	
5	安全文明施工费进项税额	
6	建设工程竣工档案编制费进项税额	
7	住宅工程质量分户验收费进项税额	
8	总承包服务费进项税额	
合计		

2. 销项税

销项税额 = 税前工程造价 × 建筑业增值税税率 11%

其中,税前工程造价为人工费、材料费、施工机械(具)使用费、企业管理费、利润和规费之和,各项费用均以不包含增值税可抵扣进项税额的价格计算。

任务 2　其他项目、规费、税金清单计价

2.1　房屋建筑与装饰工程其他项目清单计价

其他项目清单包括暂列金额、暂估价、计日工、总承包服务费等(见本学习情境任务 1),出现未列的项目,投标人可根据工程具体情况补充。

1. 暂列金额

招标人提供的其他项目清单中已经包括了暂列金额,暂列金额包括在合同价款中,但并不直接属承包人所有。投标人在投标报价时,必须按照招标人提供的其他项目清单中确定的金额填写,不得变动,并将暂列金额汇总到工程投标价中。

2. 暂估价

投标人在投标报价时,不得变动和更改暂估价。材料暂估价、工程设备暂估价按招标人在其他项目清单中列出的单价计入综合单价;专业工程暂估价按招标人在其他项目清单中列出的金额填写。

3. 计日工

按招标人在其他项目清单中列出的项目和估算的数量，由投标人自主确定各项人工、材料、机械台班的综合单价，并计算计日工费用。

计日工是对零星项目或工作采取的一种计价方式，类似于定额计价中的签证记工，包括以下含义：

(1)完成计日作业所需的人工、材料、施工机械台班等，其单价由投标人通过投标报价确定，其价格是包含管理费、利润、风险费在内的综合单价；

(2)“计日工”的数量按实际完成发包人发出的计日工指令的数量确定。

4. 总承包服务费

根据招标文件中列出的内容和提出的要求自主确定。投标人依据招标人在招标文件中列出的分包专业工程内容和供应材料、设备情况，按照招标人提出的协调、配合与服务要求和施工现场管理需要自主确定总承包服务费。

投标人计算总承包服务费，可参照下列标准：

(1)招标人仅要求对分包的专业工程进行总承包管理和协调时，按分包的专业工程估算造价的1.5%计算；

(2)招标人要求对分包的专业工程进行总承包管理和协调并同时要求提供配合服务时，根据招标文件中列出的配合服务内容和提出的要求按分包的专业工程估算造价的3% ~5%计算；

(3)招标人自行供应材料的，按招标人供应材料价值的1%计算。

5. 房屋建筑与装饰工程其他项目计价与管理案例

【例22.2.1】根据例22.1.1某房屋建筑与装饰工程的其他项目清单，完成其他项目清单计价。

计价过程见表22.2.1至表22.2.6。

表22.2.1　其他项目清单与计价汇总表

工程名称：××建筑工程　　　　标段：　　　　第　页　共　页

序号	项目名称	金额(元)	结算金额(元)	备注
1	暂列金额	516 700		明细详见表22.2.2
2	暂估价	200 000		
2.1	材料(工程设备)暂估价/结算价	—		明细详见表22.2.3
2.2	专业工程暂估价/结算价	200 000		明细详见表22.2.4
3	计日工	34 261		明细详见表22.2.5
4	总承包服务费	11 000		明细详见表22.2.6

续表

序号	项目名称	金额(元)	结算金额(元)	备注
5				
合　计		761 961		

表 22.2.2　暂列金额明细表

工程名称：× ×建筑工程　　　　标段：　　　　第　页 共　页

序号	项目名称	计量单位	暂定金额(元)	备注
1	工程量清单中工程量偏差和设计变更	项	200 000	
2	政策性调整和材料价格风险	项	200 000	
3	其他	项	116 700	
4				
5				
6				
合　计			516 700	—

表 22.2.3　材料(工程设备)暂估单价及调整表

工程名称：× ×建筑工程　　　　标段：　　　　第　页 共　页

序号	材料(工程设备)名称、规格、型号	计量单位	数量		暂估(元)		确认(元)		差额±(元)		备注
			暂估	确认	单价	合价	单价	合价	单价	合价	
1	钢筋(规格、型号综合)	t			5 200						用在所有现浇混凝土钢筋清单项目
2	水泥 32.5	t			250						用在所有使用32.5水泥的现浇混凝土清单项目
3	水泥 42.5	t			280						用在所有使用42.5水泥的现浇混凝土清单项目

续表

序号	材料(工程设备)名称、规格、型号	计量单位	数量		暂估(元)		确认(元)		差额±(元)		备注
			暂估	确认	单价	合价	单价	合价	单价	合价	
4	页岩空心砖	m^3			80						用在所有使用页岩空心砖砌筑的清单项目
合　计											

表22.2.4　专业工程暂估价表

工程名称：××建筑工程　　　　标段：　　　　第　页　共　页

序号	工程名称	工程内容	暂估金额(元)	结算金额(元)	差额±(元)	备注
1	铁花栏杆	安装	50 000			
2	铝塑门窗工程	安装	150 000			
合　计			200 000			—

表22.2.5　计日工表

工程名称：××建筑工程　　　　标段：　　　　第　页　共　页

编号	项目名称	单位	暂定数量	实际数量	综合单价(元)	合价(元)	
						暂定	实际
一	人　工						
1	普工	工日	200		50		10 000
2	技工(综合)	工日	100		80		8 000
3							
4							
人工小计							18 000
二	材　料						
1	钢筋(规格、型号综合)	t	2		5 400		10 800
2	水泥32.5	t	3		350		1 050
3	特细砂	t	20		50		1 000
4	碎石(5～40 mm)	t	10		60		600

续表

编号	项目名称	单位	暂定数量	实际数量	综合单价（元）	合价（元）	
						暂定	实际
5	页岩空心砖	m^3	5		130		650
材料小计							14 100
三	施工机械						
1	自升式塔式起重机 400 kN·m	台班	5		369.23		1 846.15
2	混凝土搅拌机 350 L	台班	3		105.15		315.45
3							
4							
施工机械小计							2 161
四、企业管理费和利润							
总　计							34 261

表 22.2.6　总承包服务费计价表

工程名称：××建筑工程　　　　标段：　　　　第　页　共　页

序号	工程名称	项目价值（元）	服务内容	计算基础	费率（%）	金额（元）
1	发包人发包专业工程	200 000	1.按专业工程承包人的要求提供施工工作面，并对施工现场进行统一管理，对竣工资料进行统一整理汇总 2.为专业工程承包人提供垂直运输机械和焊接电源接入点，并承担垂直运输费和电费 3.为铁花栏杆、铝塑门窗安装后进行补缝和找平，并承担相应费用		5	10 000
2	发包人供应材料	100 000	对发包人供应的材料进行验收、保管和使用发放		1	1 000
	合　计					11 000

2.2　房屋建筑与装饰工程规费项目清单计价

规费应按国家、省级或行业建设主管部门的规定计算，不得作为竞争性费用。规费清单项目及费用计取标准由国家及省级建设主管部门依据规定确定，在工程造价计价时应按国家或省级、行业建设主管部门的有关规定计算。

1. 规费

《重庆市建设工程费用定额》规定：

(1)建筑工程规费以定额基价直接费为计算基础，费率标准为4.87%；

(2)装饰工程规费以定额基价人工费为计算基础，费率标准为25.20%。

提示：费率标准未含工程排污费，工程排污费另行按实计算。

2. 房屋建筑与装饰工程规费项目计价与管理案例

【例22.2.2】某项目定额基价直接费为4 250 000元，试完成该项目规费项目清单计价。

规费项目清单与计价见表22.2.7。

表22.2.7　规费项目清单与计价表

工程名称：××建筑工程　　　　标段：　　　　第　页　共　页

序号	项目名称	计算基础	费率(%)	金额(元)
1	规费	4 250 000	4.87	206 975
合　计				206 975

【例22.2.3】某装饰装修工程定额基价人工费为120 000元，试完成该项目规费项目清单计价。

规费项目清单与计价见表22.2.8。

表22.2.8　规费项目清单与计价表

工程名称：××装饰工程　　　　标段：　　　　第　页　共　页

序号	项目名称	计算基础	费率(%)	金额(元)
1	规费	120 000	25.20	30 240
合　计				30 240

2.3 房屋建筑与装饰工程税金项目清单计价

1.进项税

(1)材料费中的计价材料、未计价材料价格在《重庆工程造价信息》发布不含税材料信息价前,应按照国家税务政策规定确定不含税材料价格,也可参照表22.2.9中的扣税系数计算进项税额。

表22.2.9 计价和未计价材料进项税额清单与计价表

工程名称: 标段: 第 页 共 页

序号	项目名称	计算基础	计算基数	计算费率(%)	金额(元)
1	商品混凝土、砖、瓦、灰、砂、石、土	材料费		2.91	
2	草类制品,棉、麻及其制品,绳、纸及其制品,毯类制品,水,天然气	材料费		11.50	
3	苗木	材料费		8.80	
4	上述材料以外的其他材料	材料费		14.53	

(2)其他材料费、五金材料费、照明及安全费用、脚手架材料费、支架摊销费、校验材料费、滑轮绳卡摊销费、橡胶球摊销费、设备摊销费等以"元"为单位的零星材料费用分类扣减进项税额,按表22.2.10中的扣减系数计算进项税额。材料价格为不含税价格时,则不需要扣减计算进项税额。计价和未计价材料费扣税基础包含材料价差。

表22.2.10 材料费进项税额清单与计价表

工程名称: 标段: 第 页 共 页

序号	项目名称	计算基础	计算基数	计算费率(%)	金额(元)
1	其他材料费、五金材料费、照明及安全费用、脚手架材料费、支架摊销费、校验材料费、滑轮绳卡摊销费、橡胶球摊销费、设备摊销费等	定额材料费		14.53	

(3)机械费。

①机械费按可分解费用的机械、不可分解费用的机械、定额中其他机械费、垂直运输通信费、超高降效机械费、回程费、本机使用台班费、脚手架机械使用费、机具摊销费等分类扣减进项税额,按表22.2.11规定的扣减系数计算进项税额。

②燃料动力费中的材料价格均按不含税价格计入。

表22.2.11 机械费进项税额清单与计价表

工程名称： 标段： 第 页 共 页

序号	项目名称	计算基础	计算基数	计算费率(%)	金 额(元)
1	可分解费用的机械				
1.1	折旧费及大修理费	定额费用		14.53	
1.2	经常修理费	定额费用		7.26	
1.3	安拆费及场外运费	定额费用		5.95	
1.4	燃料动力费				
2	不可分解费用的机械	定额机械费		10.17	
3	定额中其他机械费	定额机械费		10.17	
4	垂直运输通信费、超高降效机械费、回程费、本机使用台班费、脚手架机械使用费、机具摊销费等	定额机械费		10.17	
5	通风空调系统调试费	定额费用		10.90	

(4)组织措施费。

①组织措施费根据夜间施工费，冬雨季施工增加费，已完工程及设备保护费，材料检验试验费，二次搬运费，包干费，工程定位复测、点交及场地清理费的费用内容，按表22.2.12规定的扣减系数分类计算进项税额。

②二次搬运费按实签证计算时，应按不含税价格计取，不再采用扣减系数计算进项税项。

表22.2.12 组织措施费进项税额清单与计价表

工程名称： 标段： 第 页 共 页

序号	项目名称	计算基础	计算基数	计算费率(%)	金 额(元)
1	夜间施工费	夜间施工费		5.09	
2	冬雨季施工增加费	冬雨季施工增加费		7.99	
3	已完工程及设备保护费	已完工程及设备保护费		5.23	
4	材料检验试验费	材料检验试验费		5.66	
5	二次搬运费	二次搬运费		4.76	
6	包干费	包干费		6.80	
7	工程定位复测、点交及场地清理费	工程定位复测、点交及场地清理费		6.14	

(5)企业管理费等。企业管理费、安全文明施工费、建设工程竣工档案编制费、住宅工程

质量分户验收费、总承包服务费，按表22.2.13规定的扣减系数计算进项税额。

表22.2.13　企业管理费、安全文明施工费、建设工程竣工档案编制费、住宅工程质量分户验收费、总承包服务费进项税额清单与计价表

工程名称：　　　　　　　　　　　　标段：　　　　　　　　　　第　页　共　页

序号	项目名称	计算基础	计算基数	计算费率(%)	金　额(元)
1	企业管理费	企业管理费		1.50	
2	安全文明施工费	安全文明施工费		8.85	
3	建设工程竣工档案编制费	建设工程竣工档案编制费		4.25	
4	住宅工程质量分户验收费	住宅工程质量分户验收费		1.98	
5	总承包服务费	总承包服务费		5.80	

进项税额汇总计算表的格式见表22.2.14。

表22.2.14　进项税额汇总计算表

序号	项目名称	金额(元)
1	材料费进项税额	
2	机械费进项税额	
3	施工组织措施费进项税额	
4	企业管理费进项税额	
5	安全文明施工费进项税额	
6	建设工程竣工档案编制费进项税额	
7	住宅工程质量分户验收费进项税额	
8	总承包服务费进项税额	
合计		

2. 销项税

销项税额 = 税前工程造价 × 建筑业增值税税率11%

其中，税前工程造价为人工费、材料费、施工机械(具)使用费、企业管理费、利润和规费之和，各项费用均以不包含增值税可抵扣进项税额的价格计算。

习　题

一、单项选择题

1.(　　)是招标人在工程量清单中暂定并包括在合同价款中的一笔款项,用于施工合同签订时尚未确定或者不可预见的所需材料、设备、服务的采购,施工中可能发生的工程变更、合同约定调整因素出现时的工程价款调整及发生的索赔、现场签证确认等的费用。

A.暂列金额　B.暂估价　C.计日工　D.总承包服务费

2.(　　)是招标人在工程量清单中提供的用于支付必然发生但暂时不能确定价格的材料的单价以及专业工程的金额。

A.暂列金额　B.暂估价　C.计日工　D.总承包服务费

3.(　　)是在施工过程中,承包人完成发包人提出的施工图纸以外的零星项目或工作,按合同中约定的综合单价计价的一种形式。

A.暂列金额　B.暂估价　C.计日工　D.总承包服务费

4.(　　)是总承包人为配合协调发包人进行的工程分包,对自行采购的设备、材料等进行保管、服务以及施工现场管理、竣工资料汇总整理等服务所需的费用。

A.暂列金额　B.暂估价　C.计日工　D.总承包服务费

5.(　　)是根据国家税法规定必须缴纳的,应计入建安工程造价的费用。

A.暂列金额　B.暂估价　C.规费　D.税金

6.规费项目中,除(　　)外,其他项目都是以工程直接费为计费基础,乘以费率进行计算。

A.工程排污费　B.危险作业意外伤害保险费

C.社会保障费　D.住房公积金

二、多项选择题

1.其他项目清单应按照(　　　)内容列项。

A.暂列金额　B.暂估价　C.计日工　D.总承包服务费

E.税金

2.暂估价由(　　　)组成。

A.分部分项工程量清单　B.材料暂估单价

C.工程设备暂估单价　D.规费项目和税金项目清单

E.专业工程暂估价

3.规费包括(　　　)。

A.工程排污费　B.工程定额测定费　C.社会保障费　D.住房公积金

E.危险作业意外伤害保险

4.社会保障费包括(　　　)。

A.工程排污费　B.养老保险费　C.安全文明施工费　D.失业保险费

E.医疗保险费

5. 税金包括(　　　　)。

A. 工程排污费　　B. 增值税　　C. 销项税　　D. 城市维护建设税

E. 教育费附加

三、简答题

试说出税金的概念及其包括的项目,并简述计算方法。

四、计算题

某建筑工程规费项目清单计价,定额基价直接费为 5 360 000 元,试计算规费。

规费项目清单与计价表

工程名称:××建筑工程　　　　标段:　　　　第　页 共　页

序号	项目名称	计算基础	费率(%)	金额(元)
1	规费			
合　计				

附　录

附录 1　课程标准

课程标准

附录 2　教学设计方案

教学设计方案

附录 3　教学课件

教学课件

附录4　试题及答案

试卷

监理员考试
试题及答案

施工员考试
试题及答案

预算员试题题库

附录5　相关图纸

建筑施工图(CAD)

建筑施工图(PDF)

结构施工图(CAD)

结构施工图(PDF)

附录6　案例

项目案例